未来を変える
ロボット図鑑

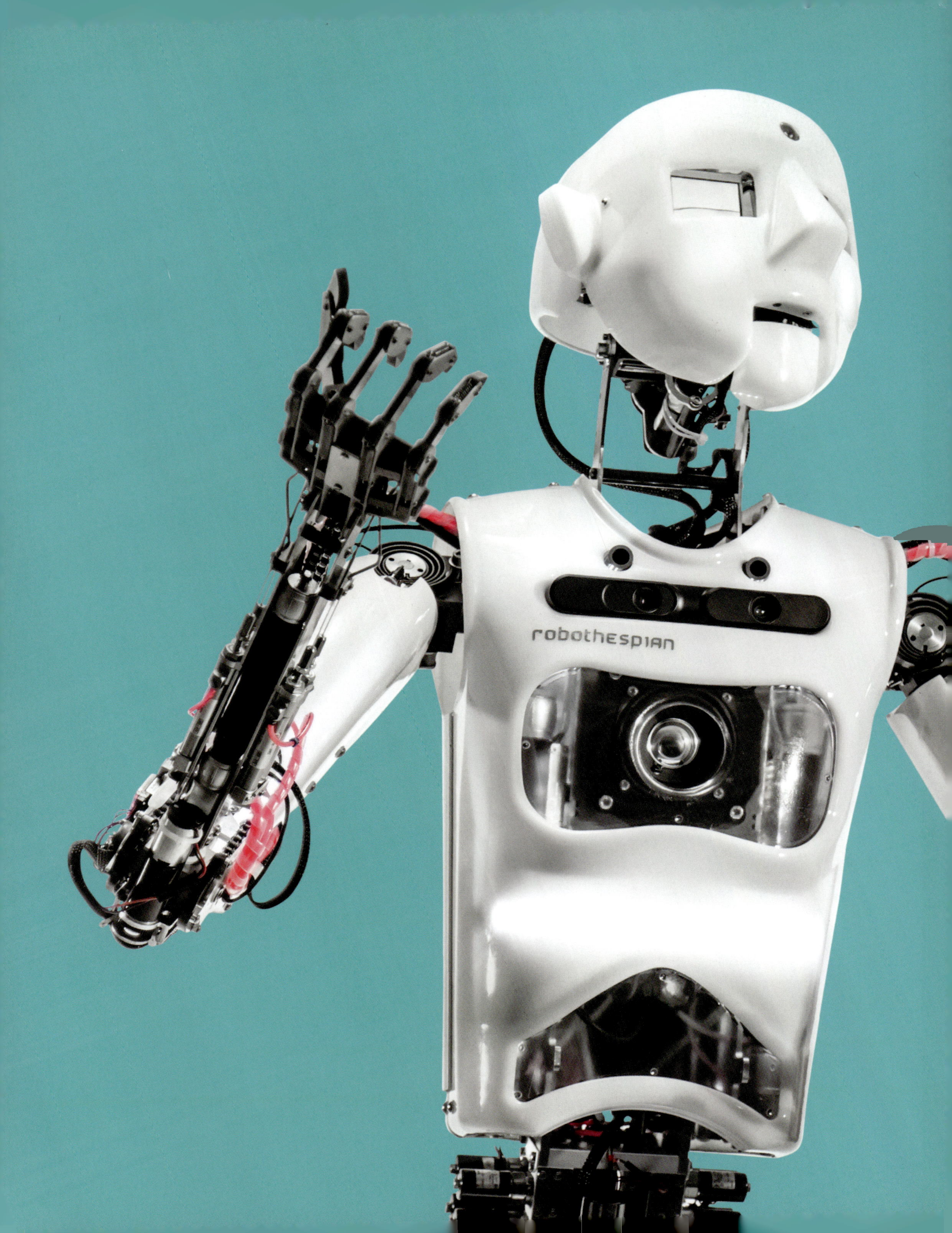
robothespian

未来を変える
ロボット図鑑

監修▶ルーシー・ロジャーズほか
著▶ローラ・ブラーほか
訳▶喜多 直子

創元社

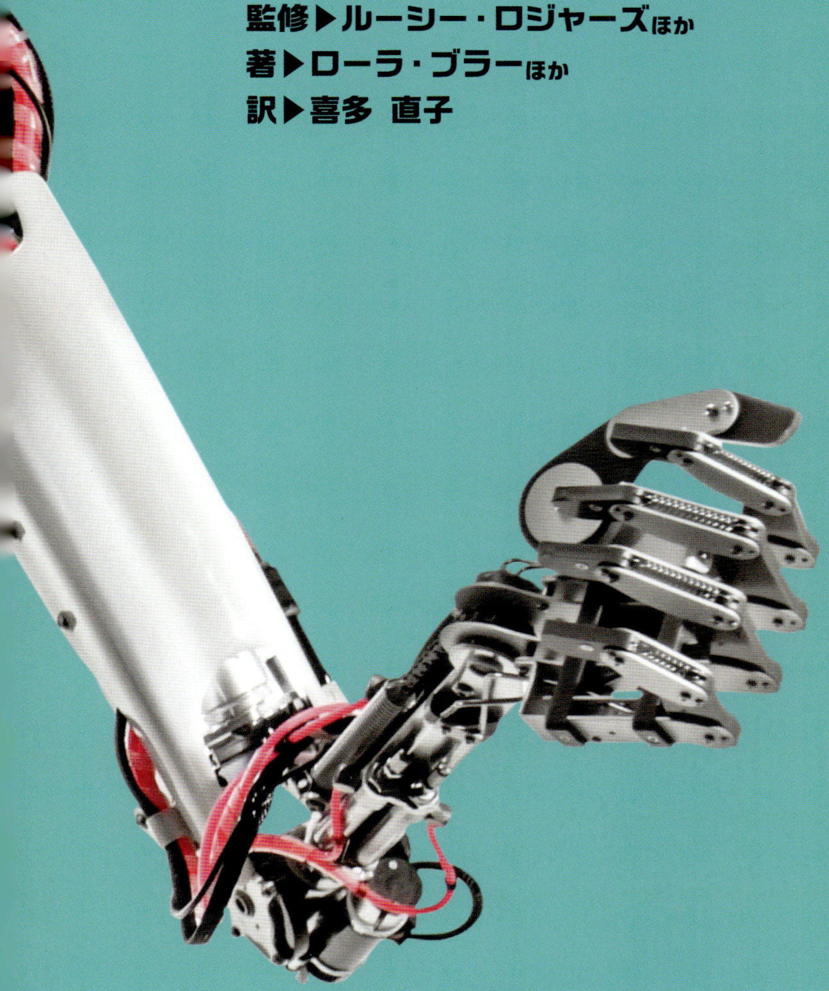

DK | Penguin Random House

Original Title:
ROBOT

Japanese translation rights arranged with
Dorling Kindersley Limited, London
through Fortuna Co., Ltd. Tokyo.

For sale in Japanese territory only.

Printed and bound in China

A WORLD OF IDEAS:
SEE ALL THERE IS TO KNOW

www.dk.com

CON

TENTS もくじ

IN THE HOME 家庭用ロボット

AT WORK 産業《さんぎょう》用ロボット

EVERYDAY BOTS 生活の中のロボット

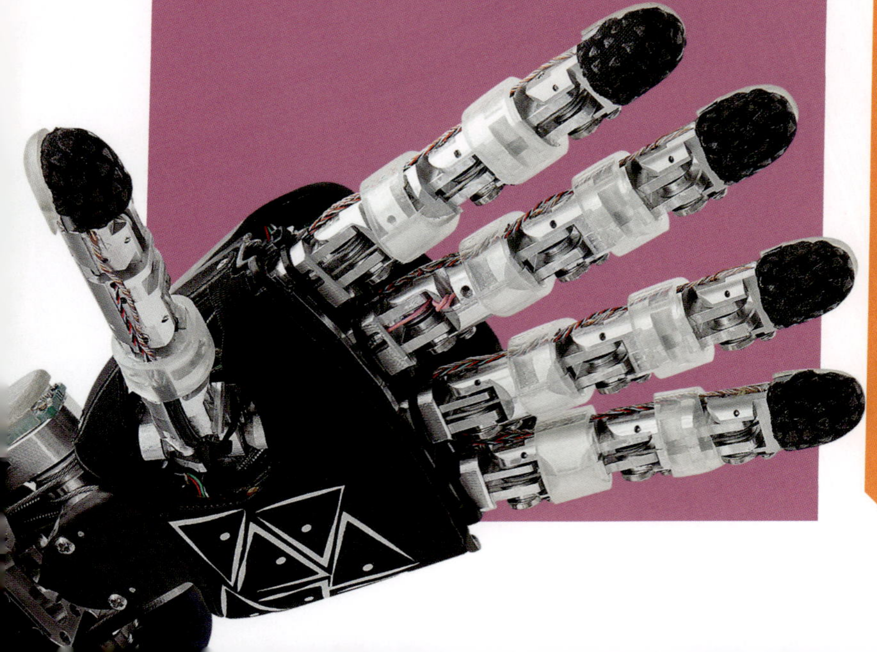

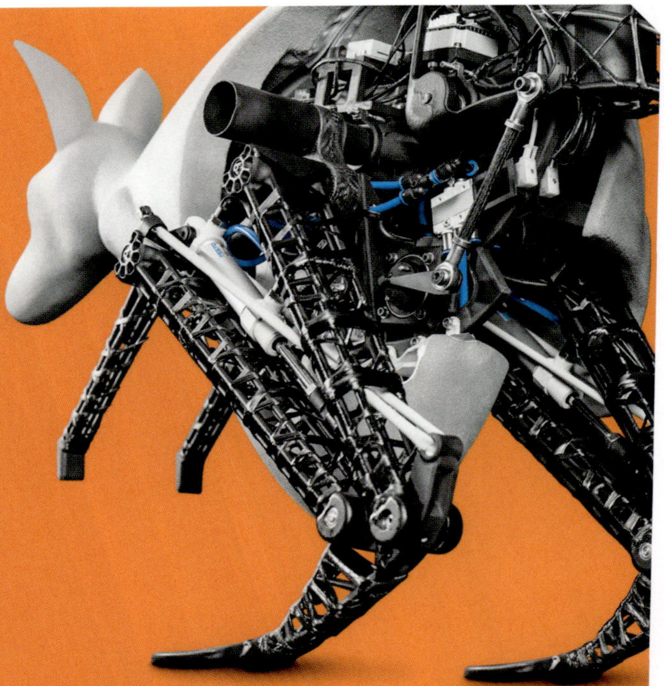

GOING TO EXTREMES おどろきのロボット

HERO BOTS ロボットのヒーローたち

製品《せいひん》の仕様

それぞれのアイコンがしめすもの

開発国
ロボットが生まれた国

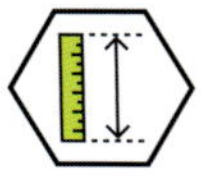

高さ
ロボットのサイズ（身長）

電源《でんげん》
ロボットの動力

開発元
ロボットを開発した企業《きぎょう》や組織《そしき》の名前

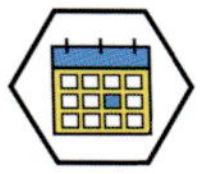

開発／発売年
ロボットを開発、または発売した年

重さ
ロボットの重量《じゅうりょう》

特長《とくちょう》
そのロボットのすぐれた点

FOREWORD

まえがき

わたしがまだ小さかったころ、ロボットは、本やまんがや映画《えいが》でしか見たことのない、はるか未来《みらい》のマシンでした。ある日の仮装《かそう》パーティーに、わたしはロボットのかっこうで出かけたことがあります。アルミホイルをぐるぐるまきつけた段《だん》ボール箱をすっぽりかぶっていったのです。しかし、ロボットはもう未来《みらい》のものではありません。ロボットがより身近なものになった世の中に、わたしはわくわくしています。現代《げんだい》のロボットは、わたしが子どものころに思いえがいていたものとはずいぶんちがっています。アルミホイルははりついていませんし、当時は想像《そうぞう》もできなかったような仕事をりっぱにやってのけます。

わたしの一番のお気に入りは、テーブルの上をよたよた歩く、ぜんまいじかけのロボットでした。みなさんがロボットをつくるとしたら、どんなロボットをつくりますか？　いろんなロボットがあるから、まよってしまいますね。脚《あし》を動かして歩くものや、車輪《しゃりん》やキャタピラですすむもの。ヘビのようにくねくねすすむものや、魚のようにすいすいおよぐもの。鳥のように空を飛《と》び回《まわ》るロボットだってあります。人間の目には見えないものが見え、感じることのできないにおいをかぎわけられるロボットもあります。わたしたちの身近で活躍《かつやく》するロボットもあれば、人間がたどりつけない深い海の底《そこ》や、宇宙《うちゅう》の惑星《わくせい》などで、調《ちょう》査《さ》をおこなっているロボットもあります。みなさんは、どんなロボットがすきですか？　人間があやつる操縦型《そうじゅうがた》ロボット？　それとも、自分で動くことができる自律型《じりつがた》ロボット？　ロボットといっしょにはたらきたい？　ペットにしたい？　それとも、友だちになりたい？

この本には、人間の生活をたすけるロボットがたくさん登場します。歩行をたすける装着《そうちゃく》型《がた》ロボットから、危険《きけん》な仕事や不衛生《ふえいせい》な作業を安全におこなうための産業《さんぎょう》用ロボットまで、世界にはさまざまな種類《しゅるい》のロボットがあります。そんな現代《げんだい》のロボットの、大きさやしくみ、機能《きのう》などをこの本では紹介《しょうかい》しています。これはロボットのカタログではありません。ロボットがどのようにはたらき、感知し、動き、考えるのかを知るための本です。

わたしが小さい子どもだったころから、ロボットは長い道のりを歩んできました。しかし、これから数年のうちにさらなる進化をとげ、わたしたちの生活の一部になっているはずです。現在《げんざい》、そして、これからやってくる未来《みらい》のために、ロボットのすばらしいはたらきや役割《やくわり》、設計《せっけい》や動くしくみについて、いっしょに学んでいきましょう。

ルーシー・ロジャーズ
エンジニア
IMechE（英国機械技術者協会）研究員

M/16
KUKA
KUKA

THE RISE OF ROBOTS

ロボットの誕生《たんじょう》

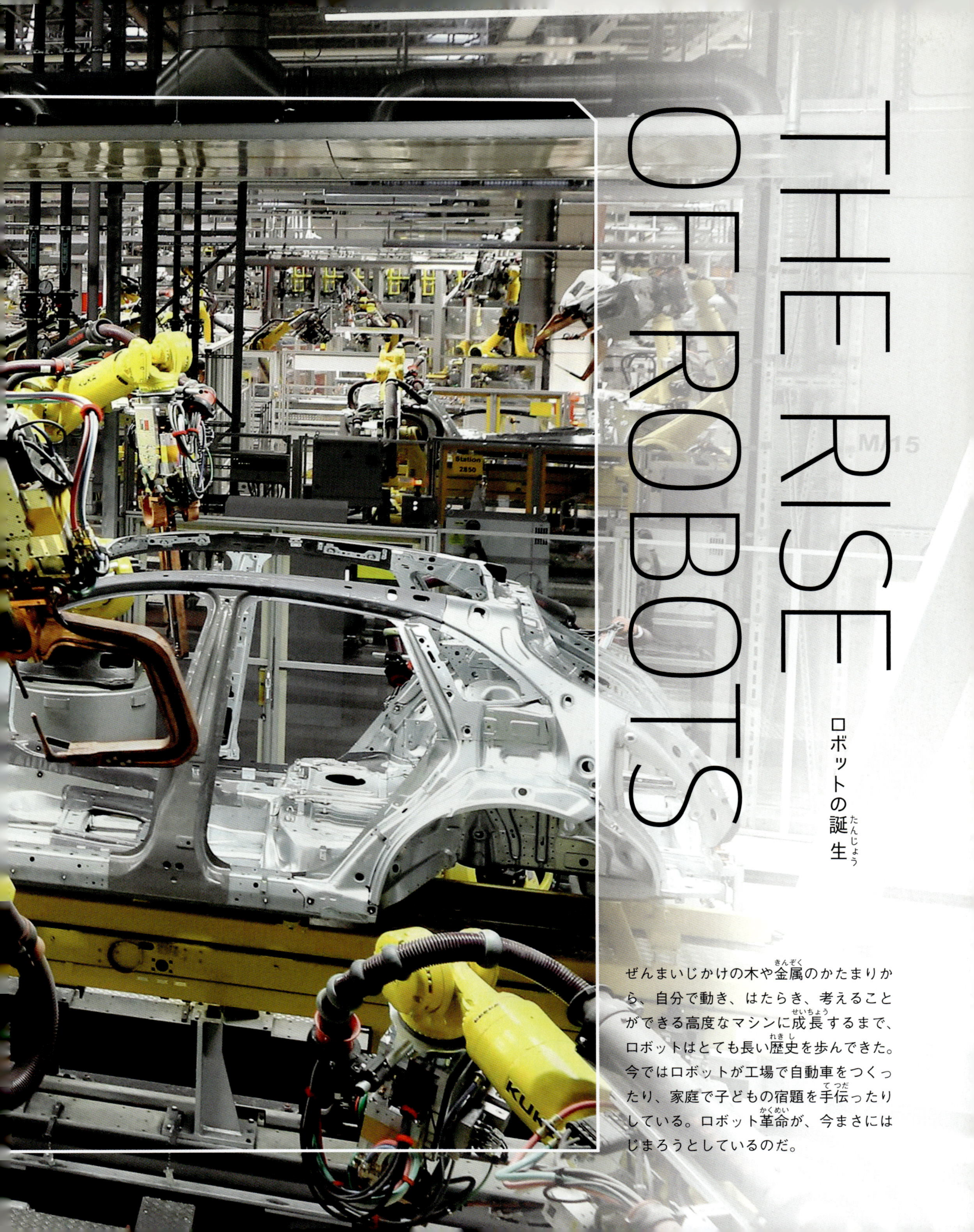

ぜんまいじかけの木や金属《きんぞく》のかたまりから、自分で動き、はたらき、考えることができる高度なマシンに成長《せいちょう》するまで、ロボットはとても長い歴史《れきし》を歩んできた。今ではロボットが工場で自動車をつくったり、家庭で子どもの宿題を手伝《てつだ》ったりしている。ロボット革命《かくめい》が、今まさにはじまろうとしているのだ。

WHAT IS A ROBOT?

ロボットとは？

ロボットと聞いて、まっさきに何を思いうかべるだろう。光を出し、きみょうな声ではなすぴかぴかの人型《がた》ロボット？　それとも、たくさんの機械《きかい》がずらりとならんで仕事をする、巨大《きょだい》な工場の組み立てライン？　ロボットは、たのしい友だち？　それとも、人間をおびやかすおそろしいマシン？　ロボットは、みずから感知し、考え、動くことができる。それぞれ大きさやかたち、かしこさがことなり、さまざまな作業ができるよう設計《せっけい》されている。

これはロボットではなく、かざりとしてつけられる首輪《くびわ》。

首輪《くびわ》

ロボットの基本《きほん》

ロボットは、人間によってプログラムされている。そのロボットが感知し、考え、動く能力《のうりょく》は、たくさんの回路基《き》板《ばん》（サーキットボード）がコントロールしている。

ボディカバーの裏側《うらがわ》

タッチセンサー
人間がふれると、それを感知する。ミロは背中《せなか》をなでると反応《はんのう》する。

回路基板《きばん》が、ロボットの動きから、プロセッサやセンサーのはたらきまで、さまざまな機能《きのう》をコントロールしている。

ブルートゥース基板《きばん》（無線通信用《むせんつうしん》）

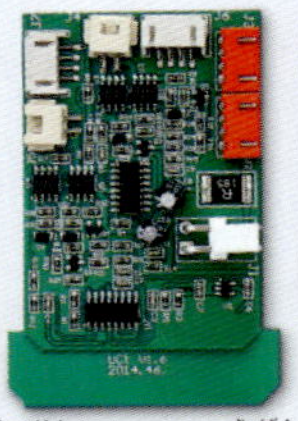

車輪《しゃりん》ドライブ基板《きばん》

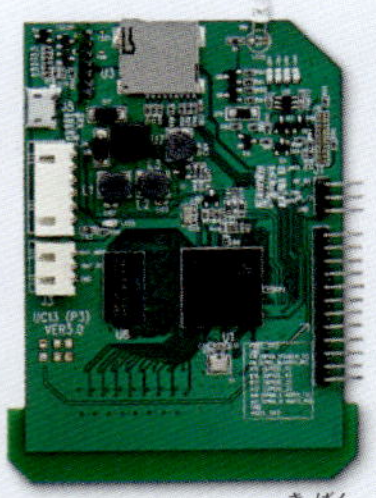

フォアブレイン基板《きばん》（このロボットの「頭脳《ずのう》」）

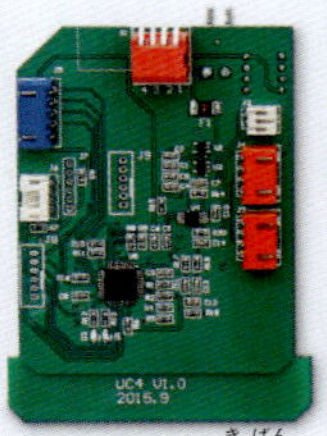

プロセッサ基板《きばん》（命令《めいれい》を処理《しょり》する）

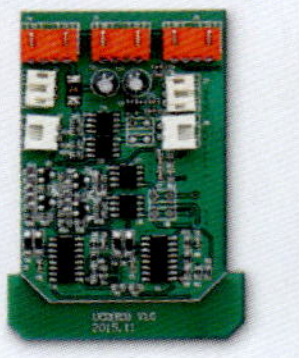

首のモーター、リフトモーター、方向きりかえのコントロール基板《きばん》

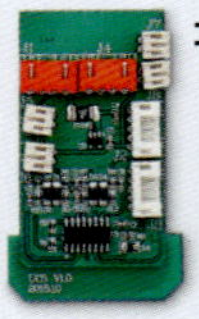

フロントセンサー基板《きばん》

しっぽのモーターのコントロール基板《きばん》

最初《さいしょ》のロボット

ロボットは現代《げんだい》の発明品ではない。世界初《はつ》のロボットは、紀元前《きげんぜん》400年ごろにつくられた。古代ギリシアの数学者だったアルキタスが、蒸気《じょうき》で飛《と》ぶハト型《がた》ロボットをつくったといわれている。

ロボットの機能《きのう》

人間のようにさまざまな動きができる現代《げんだい》のロボットは、よりかしこく、より便利《べんり》なものへと進化している。あそぶ、はたらく、ものをつくる、修理《しゅうり》するなど、おおくの作業ができる。

ロボットの役割《やくわり》

危険《きけん》な仕事や単純《たんじゅん》なくりかえし作業、不衛生《ふえいせい》な仕事などは、ロボットにまかせれば安心だ。ロボットなら、つかれることも、たいくつすることもない。しかし、ロボットにただしく作業させるためには、きちんと指示《しじ》を出さなければならない。

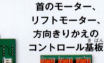

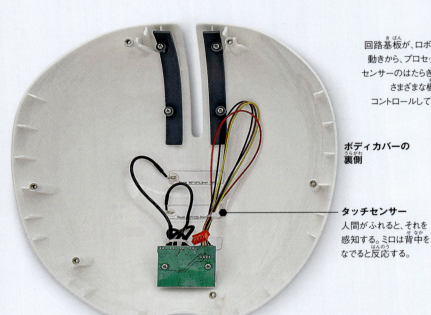

MiRo ミロ

コミュニケーション

ミロをはじめとするおおくのロボットが、光、動き、表情《ひょうじょう》などをつかい、感情《かんじょう》や考えを人間につたえる。センサーをつかって、人間とコミュニケーションをとることもできる。

感知する

ロボットは、さまざまなセンサーによって必要《ひつよう》な情報《じょうほう》をあつめて動きをきめる。センサーは、光や画像《がぞう》、音や接触《せっしょく》、圧力《あつりょく》や位置《いち》など、あらゆる情報《じょうほう》をひろいあつめる。ミロは耳を動かして、音がする場所をさぐる。

考える

ロボットの「頭」には、さまざまな回路基板《きばん》が入っている。それぞれの回路基板《きばん》が情報《じょうほう》を処理《しょり》し、仕事をするための指令《しれい》をおくる。「考える」ためにインターネットにつなぐ必要《ひつよう》があるものもあるが、自分であるていどの行動をきめられるロボットもある。

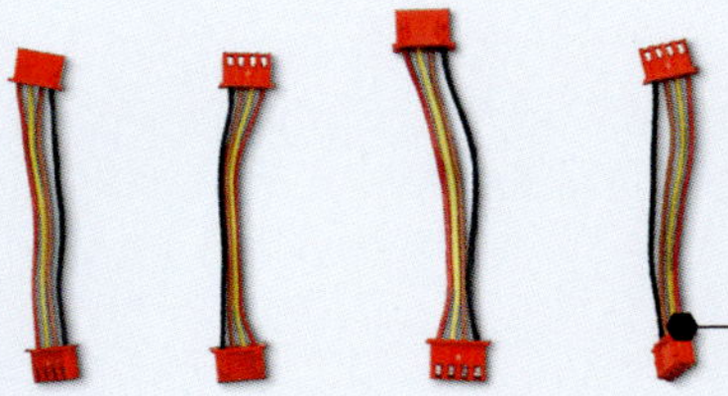

ロボットの部品はワイヤでつながっていて、たがいに情報《じょうほう》をやりとりすることができる。

コネクティングワイヤ
（接続線《せつぞく》）

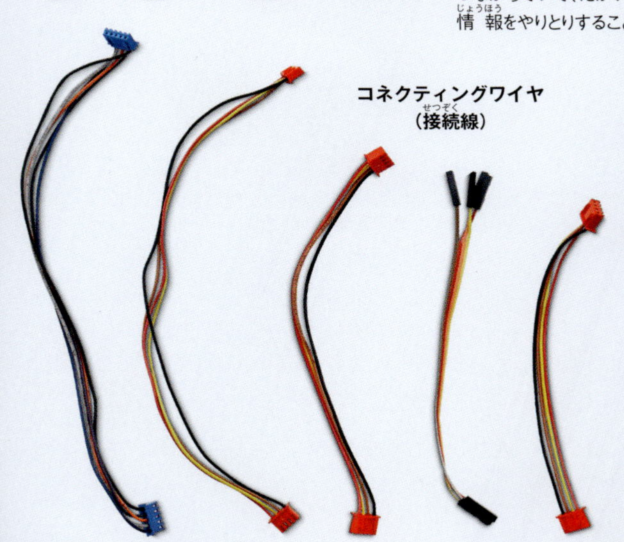

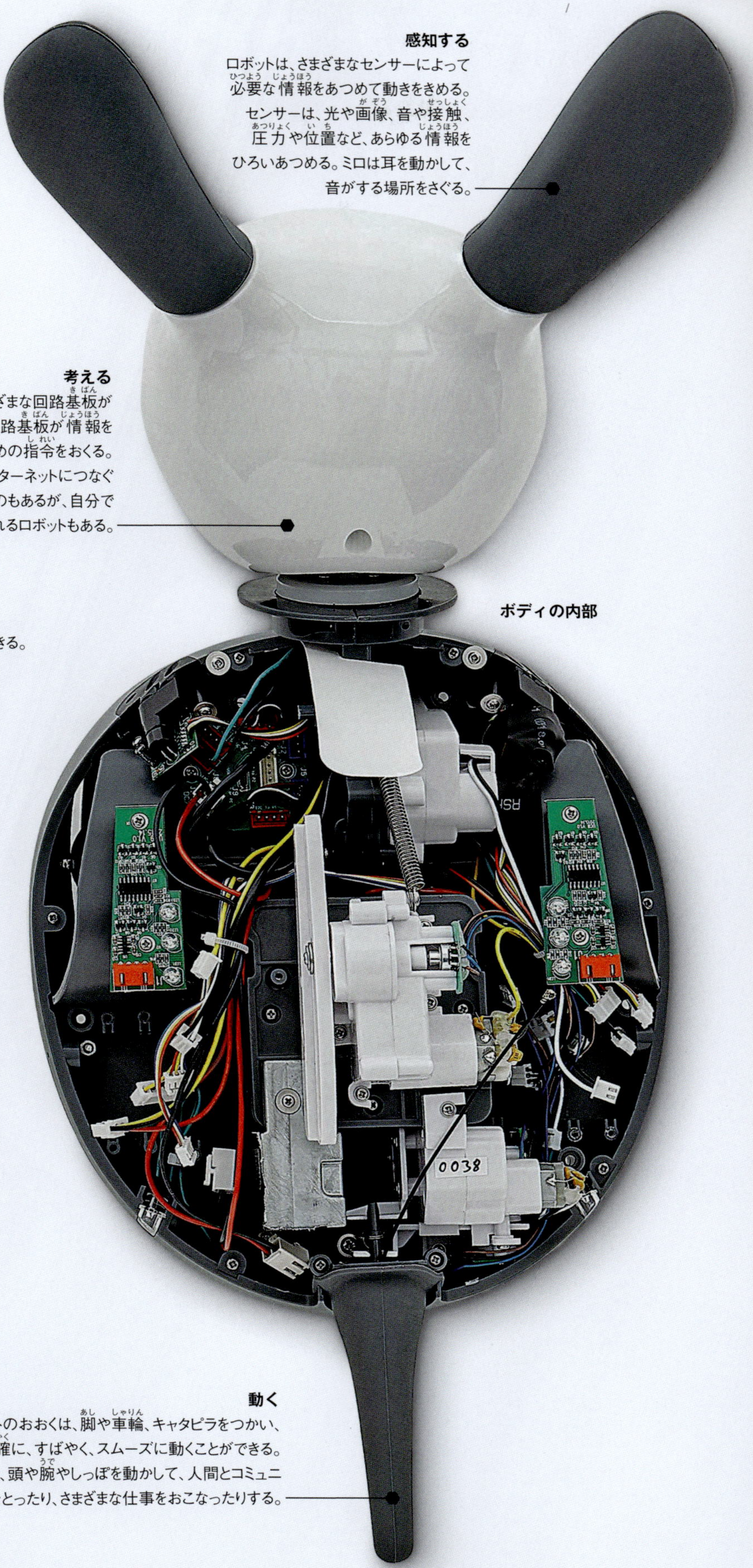

ボディの内部

動く

ロボットのおおくは、脚《あし》や車輪《しゃりん》、キャタピラをつかい、正確《せいかく》に、すばやく、スムーズに動くことができる。また、頭や腕《うで》やしっぽを動かして、人間とコミュニケーションをとったり、さまざまな仕事をおこなったりする。

現実《げんじつ》の世界へ

ロボットはこれまで、たくさんの本や映画《えいが》の中でえがかれてきた。SF小説《しょうせつ》や映画《えいが》が、ロボット技術《ぎじゅつ》者におおくのヒントをあたえている。

HOW ROBOTS WORK

ロボットが動くしくみ

ほとんどのロボットは、おなじような基本《きほん》コンポーネント（部品を組み立ててできたさらに大きな部品）でなり立っている。典型的《てんけいてき》なロボットは、動くためのコンポーネント、まわりの情報《じょうほう》をあつめるための感知システム、物体とかかわりをもつコンポーネント、電源《でんげん》、すべてをコントロールするコンピュータの「頭脳《ずのう》」など、いくつかのコンポーネントがボディの中におさめられている。目的《もくてき》にあわせて何通りにも組み合わせることができるので、世界中でさまざまなロボットが誕生《たんじょう》している。

ボディの構造《こうぞう》

ロボットのボディは、内部の部品をまもるためにがんじょうでなくてはならず、また、必要《ひつよう》な動きができるつくりでなくてはならない。コンピュータチップのような小さなものから、家がすっぽり入るほど巨大《きょだい》なものまで、大きさもさまざまだ。くねくねすすむヘビ型《がた》ロボットなど、動物の動きをまねてつくられたものもある。

モバイルロボット

キャタピラや車輪《しゃりん》や脚《あし》をつかって動き回るロボットもある。カメラがついたモバイルロボットは、地震《じしん》がおこった地域《ちいき》やくずれた建物《たてもの》の中など、危険《きけん》な場所でも動き回り、撮影《さつえい》ができる。どろや雪や雨の中もすすむことができる。

ロボットのアームには人間の肩《かた》やひじ、手首にあたる部分がある。

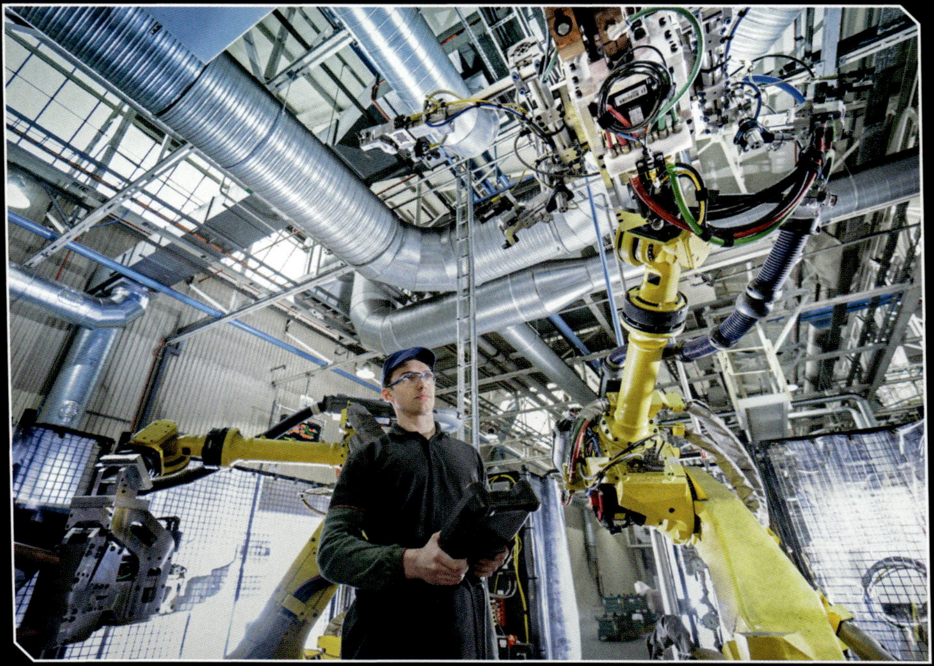

ロボットを動かす「頭脳《ずのう》」

プロセシングユニット（処理装置《しょりそうち》）というコンピュータの「頭脳《ずのう》」が、命令《めいれい》を実行し、ロボットを動かしている。しかし、ほとんどのロボットは、プログラムされた動きしかおこなうことができない。つまり、ロボットを動かしているほんとうの「頭脳《ずのう》」は、ロボット技術《ぎじゅつ》者なのだ。ロボット技術《ぎじゅつ》者は、ロボットを設計《せっけい》し、組み立て、ただしく作業ができるようプログラムする。作業の内容《ないよう》がかわれば、プログラムを変更《へんこう》する。

センサー（感知システム）

おおくのロボットにはセンサーがついている。センサーは、ロボットが動きをコントロールし、ただしく反応《はんのう》できるよう、データをあつめ、まわりのようすをしらせる。カメラ、動き感知センサー、圧力《あつりょく》センサーなどもセンサーのなかまだ。赤外線、超《ちょう》音波、レーザーで情報《じょうほう》をあつめる高度なものもある。

パワーオン！

ロボットを動かすためには、アクチュエータとよばれる作動装置《そうち》に電力を供給《きょうきゅう》しなければならない。バッテリー式のものや、コンセントにプラグをさしこむタイプのもの、空気圧《くうきあつ》や油圧《ゆあつ》で動くものもある。NASAの火星探査機《たんさき》には、バッテリーを充電《じゅうでん》する太陽電池がつみこまれている。

内部に組みこまれた圧力《あつりょく》センサーが、つかんだ物体のかたさをロボットの「頭脳《ずのう》」につたえる。
ガラスびんなどのこわれやすい物体もつかむことができる。

器用《きよう》な「手さき」

人間が手を動かせるように、ロボットもエンドエフェクタ（手さき）を動かすことができる。エンドエフェクタには、ドリル、手術器具《しゅじゅつきぐ》、スプレーガン、溶接《ようせつ》トーチなど、さまざまな種類《しゅるい》のものがある。物体をつかんだり、はこんだりするなど、それぞれの作業にあったエンドエフェクタがつかわれる。

ANCIENT AUTOMATA

古代のオートマタ

大昔から、人類《じんるい》はロボットのような機械《きかい》をつくり出してきた。空飛《と》ぶ木製《もくせい》の鳥や、実物大のほえるライオンなど、さまざまな機械《きかい》が人びとをたのしませ、おどろかせてきたのだ。そうした機械《きかい》のほとんどは、支配《しはい》者へのおくりものとしてつくられたものだった。ほかにも、時間をしらせたり、星の位置《いち》をおしえたりするものもあったが、それらはすべて「オートマタ」（機械《きかい》人形）とよばれるもので、今のロボットのような知能《ちのう》をもたず、作業をいくつもおこなうことができなかった。しかし、そんなオートマタの発明が、現代《げんだい》のロボット時代への道をきりひらいたのだ。

英雄《えいゆう》イアソンが登場するギリシア神話の中で、タロースは身長2.5メートルの怪物《かいぶつ》としてえがかれている。

神話の中の怪物《かいぶつ》

ギリシア神話や伝説《でんせつ》の中には、人間のすがたをした機械《きかい》じかけの怪物《かいぶつ》が登場する。青銅製《どうせい》の機械《きかい》人形、タロースもその1つだ。炎《ほのお》と鍛冶《かじ》の神ヘーパイストスによってつくり出されたタロースは、海賊《かいぞく》や侵入《しんにゅう》者からクレタ島の海岸をまもっていたとされている。

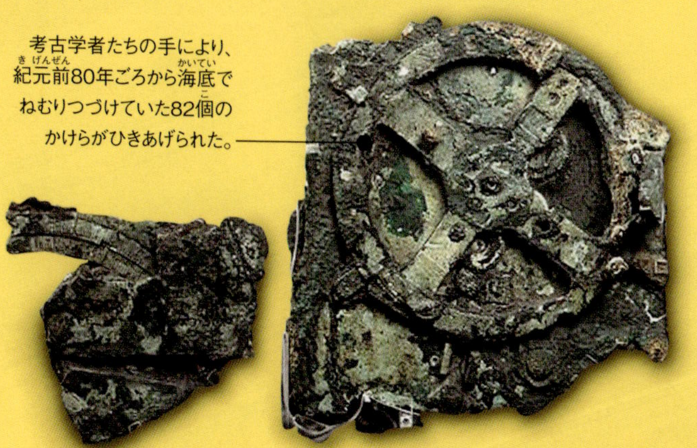

考古学者たちの手により、紀元前《きげんぜん》80年ごろから海底《かいてい》でねむりつづけていた82個《こ》のかけらがひきあげられた。

アンティキティラ島の機械《きかい》

このかたい岩石のようなものは、三角形の歯と目もりつきのリングを組み合わせた歯車式の機械《きかい》だ。これは「アンティキティラ島の機械《きかい》」とよばれるもので、古代ギリシア人が、太陽、月、夜空の星の動きをしるためにつかっていた装置《そうち》だと考えられている。この機械《きかい》はいわば、古代のコンピュータだったのだ。

30分ごとに球が出て、ヘビの口の中にすべりおちる。

水時計

今から800年ほどまえ、アル＝ジャザリーという中東の発明家が、すぐれた機械装置《きかいそうち》をつぎつぎとうみ出した。とくに有名なのが、水を動力につかった「象《ぞう》時計」だ。ジャザリーは1206年、『巧妙《こうみょう》な機《き》械装置《かいそうち》に関《かん》する知識《ちしき》の書』という本に、発明した機械《きかい》のつくりかたを書きのこしている。

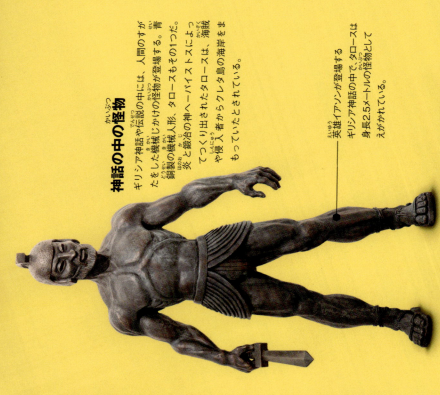

蒸気《じょうき》がふき出す力で、
球体が回転する。

アレクサンドリアの発明

紀元前《きげんぜん》3世紀《せいき》から紀元前《きげんぜん》1世紀《せいき》にかけて、古代エジプトの都市アレクサンドリアでは、すばらしい発明品がたくさんつくられた。噴水《ふんすい》の水やワインをのむ鳥と、給仕人《きゅうじにん》のオートマタがとりつけられた水時計もその1つだ。蒸気機関《じょうききかん》を発明した工学者、アレクサンドリアのヘロンも有名だ。ヘロンの蒸気機関《じょうききかん》は「アイオロスの球」ともよばれ、容器《ようき》の中の水が熱《ねっ》せられると球が回転するしくみになっている。

プラハの天文時計

1400年代には、大聖堂《だいせいどう》やまちの中心地に、1時間ごとにオートマタが動く時計がおかれるようになった。中でも、プラハの天文時計はとくに有名だ。チェコ共和国《きょうわこく》の首都プラハの市役所で、現在《げんざい》も時をきざみつづけている。

球がシンバルを鳴らし、
象《ぞう》つかいがたいこをたたく。

機械《きかい》じかけの修道士《しゅうどうし》

1560年代、スペインの国王フェリペ2世が、時計職人《しょくにん》のフアネロ・トリアーノに命じて、ほんもののそっくりな修道士《しゅうどうし》の人形をつくらせた。機械《きかい》じかけの修道士《しゅうどうし》は、脚《あし》を動かして「歩行」するだけでなく、目と口と頭を動かすこともできた。450年たった今でも、この機械《きかい》式の修道士《しゅうどうし》はかわらず動くことができる。

歯車式の装置《そうち》が修道《しゅうどう》服の内側《うちがわ》にかくされている。

茶はこび人形

1800年代に日本でつくられた「からくり」とよばれる人形型《がた》ロボット。劇場《げきじょう》や裕福《ゆうふく》な家庭にあり、お茶をはこぶときにつかわれた。手にもったおぼんの茶わんにお茶をそそぐと、客のほうへすすみ、おじぎをする。客が茶わんをとり、お茶をのんでからふたたびおぼんにもどすと、方向転換《てんかん》してもとの場所へかえっていく。

ADVANCED AUTOMATA

進化したオートマタ

16世紀《せいき》になると、人間や動物にそっくりな動きをする機械《きかい》人形がつくられるようになった。はばたいたり鳴いたりする金属製《きんぞくせい》のアヒルから、機械《きかい》じかけで動く軍隊《ぐんたい》まで、さまざまな作品が世界中の人びとの目をたのしませた。こうしたオートマタは、とても精巧《せいこう》につくられていて、今でも文字を書いたり、歌を歌ったり、お茶をはこんだりできるものもある。わたしたちが最先端《さいせんたん》のロボットにおどろかされるように、その時代の人びともまた、ふしぎな機械《きかい》人形の出現《しゅつげん》に目を見はったのだ。

人間が機械《きかい》の中にかくれて人形の腕《うで》を動かしていた。

インチキを見やぶれ！

1770年代には、ハンガリーの発明家、ヴォルフガング・フォン・ケンペレンが、世にもふしぎな機械《きかい》人形をひろうした。ローブをまとい、頭にターバンを巻《ま》いた男性《だんせい》がチェスをするというオートマタだった。しかし、この機械《きかい》人形は、まったくのでたらめだった。じつはチェスボードの下にかくれた人間が人形をあやつっていたのだ。

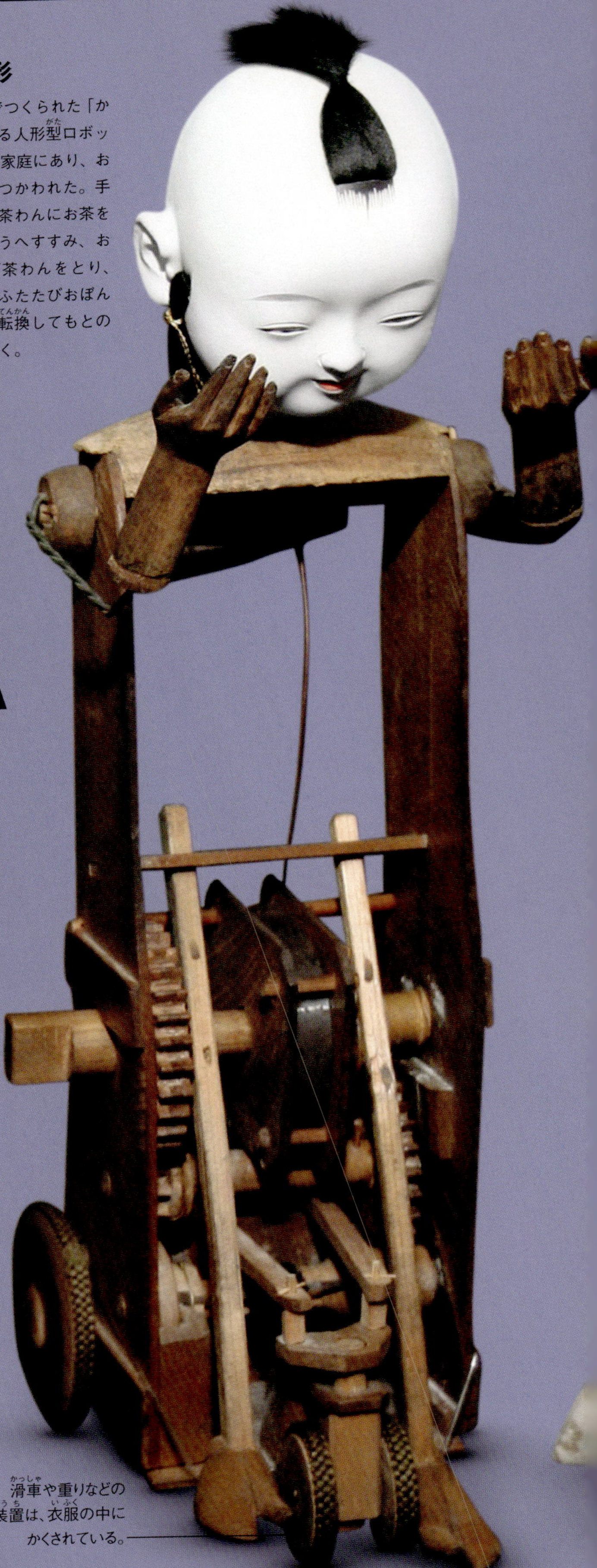

滑車《かっしゃ》や重りなどの装置《そうち》は、衣服《いふく》の中にかくされている。

頭についたぜんまいを
まくことで動く。

文字を書く人形

1770年代のおわり、スイスの時計職人《しょくにん》だったピエール・ジャケ・ドローが、3体のオートマタをつくりあげた。彼《かれ》の最高傑作《さいこうけっさく》は、つくえにむかう少年が、ペンさきをインクつぼにつけ、40種類《しゅるい》の文字を紙に書くことができるオートマタだった。

およそ6,000個《こ》もの部品で
できている。

おしゃべり人形

1840年代、ヨーゼフ・ファーバーが「はなせる機《き》械《かい》」をつくりあげた。17個《こ》のけんばんをたたくと音が出て、人形がさまざまなことばをはなす。歌を歌うこともできた。

エレクトロとスパーコ

1939年にひらかれたニューヨーク万博《ばんぱく》では、身長が2.1メートルもある巨大《きょだい》ロボットのエレクトロをひとめ見ようと、何百万人もの人びとが長い列をつくった。エレクトロは、歯車と電気モーターにより、歩いたり、腕《うで》を動かしたり、頭を回したり、指をおって数をかぞえたりし、さらには口を動かして、700語のことばをはなすことができた。エレクトロの相棒《あいぼう》で犬型《がた》ロボットのスパーコも、ちんちんをしたり、ほえたり、しっぽをふることができた。

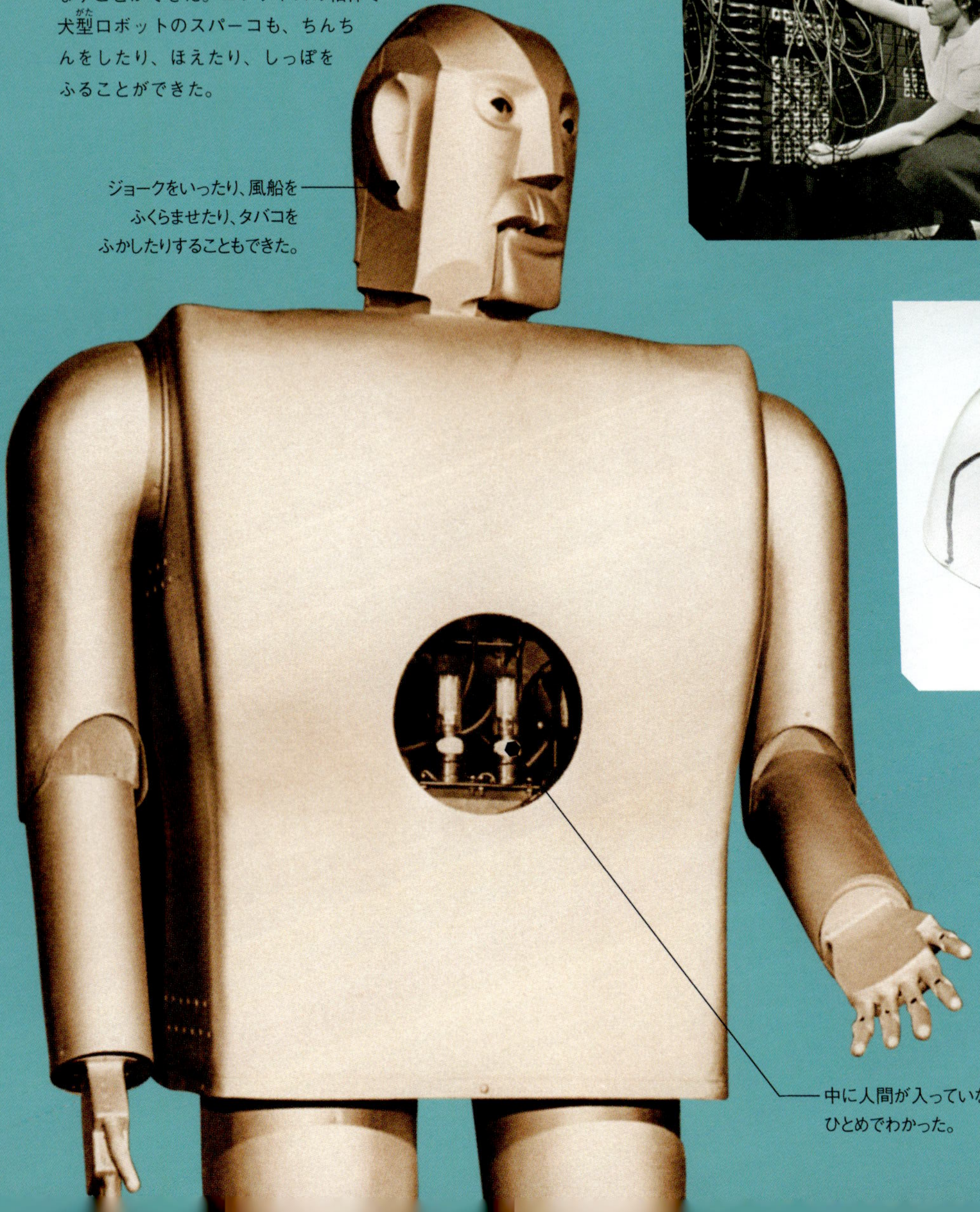

ジョークをいったり、風船をふくらませたり、タバコをふかしたりすることもできた。

中に人間が入っていないことはひとめでわかった。

エニアック

1943年から1945年に、アメリカ陸軍《りくぐん》の弾道《だんどう》計算をおこなうためにつくられたエニアックは、世界初《はつ》の大型《おおがた》電子計算機《き》だった。開発者によると、最初《さいしょ》の10年間で、それまでに人類《じんるい》がおこなってきたすべての計算量《りょう》を上回ったという。エニアックにつかわれるコードを書きあげたプログラマは、全員が女性《じょせい》だった。誕《たん》生《じょう》から50年目に、新型《しんがた》回路をもちいた改造《かいぞう》がおこなわれた。

ウォルターのカメ

1948年にウィリアム・グレイ・ウォルターがつくった動くカメ型《がた》ロボット。歩行や方向転換《てんかん》ができ、接近《せっきん》する障害《しょうがい》物を感知することができた。接触《せっしょく》と光を感知するセンサーが、モーターに電気信号《しんごう》をおくっていた。

スプートニク1号

1957年10月、ソビエト連邦《れんぽう》が世界初《はつ》の人工衛星《えいせい》を打ち上げて、人びとをあっとおどろかせた。ビーチボールほどの小さな球体が、世界に大きな衝撃《しょうげき》をあたえたのだ。ソ連《れん》の競争《きょうそう》相手だったアメリカ合衆国《がっしゅうこく》はパニックにおちいり、宇宙《うちゅう》開発を急ピッチですすめた。こうした技術《ぎじゅつ》開発は、のちのロボット開発にも大きな影響《えいきょう》をあたえた。

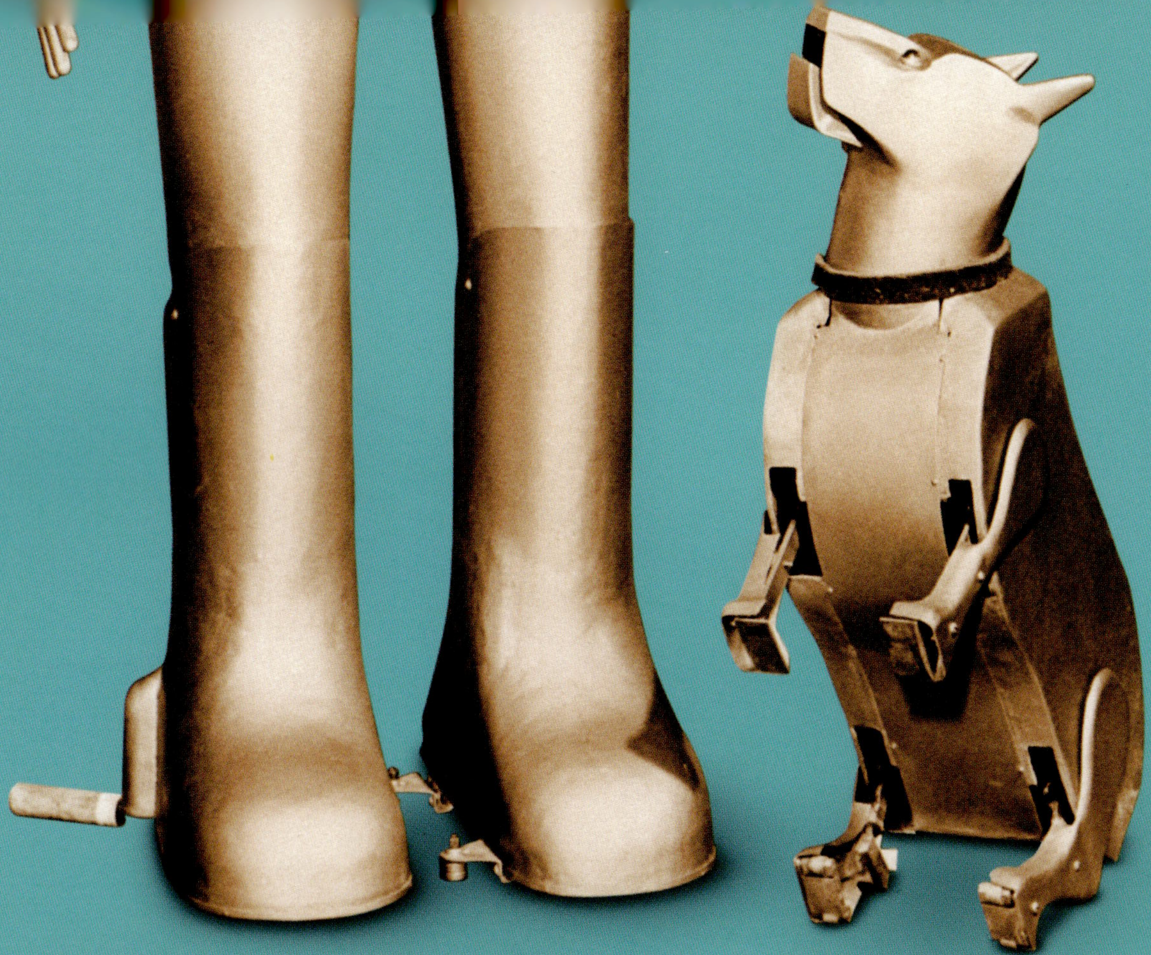

RISE OF REAL ROBOTICS

ロボット時代のはじまり

電子工学と技術《ぎじゅつ》が急速に進歩した20世紀《せいき》、ロボット革命《かくめい》がいよいよはじまりの時をむかえた。おおくの科学者たちが、サイエンスフィクション（空想科学）からヒントをえて、より高度なロボットをつくるようになったのだ。電子装置《そうち》の小型《こがた》化、低価格《ていかかく》化、高速化がロボットの進化をはやめ、アメリカとソ連《れん》の宇宙《うちゅう》開発競争《きょうそう》が、高度な技術《ぎじゅつ》を世界中にひろめた。人工知能《ちのう》の開発という大きなチャレンジとともに、ロボット時代が幕《まく》をあけたのだ。

集積《しゅうせき》回路が発明されたおかげで、コンピュータやロボットがより小型《こがた》化し、高度な作業をより効率的《こうりつてき》におこなえるようになった。

トランジスタ

1947年に電子部品のトランジスタが登場すると、世の中のあらゆるものに変化《へんか》がおこった。小型《こがた》で長もちするトランジスタは、それまでの装置《そうち》よりもすくないエネルギーで動かすことができたのだ。1958年には、アメリカの電子技術《ぎじゅつ》者だったジャック・キルビーが集積《しゅうせき》回路（IC）を発明した。この超小型《ちょうこがた》コンピュータチップの出《しゅつ》現《げん》により、現代《げんだい》のロボットや小型《こがた》パソコンが誕生《たんじょう》した。

ロボットアーム

1961年、工場ではたらく産業《さんぎょう》用ロボットが誕生《たんじょう》した。ユニメイト1900シリーズは、はじめて大量生産《たいりょうせいさん》されたロボットアームだ。1966年にはアメリカのテレビ番組に出演《しゅつえん》し、ゴルフボールをカップにしずめたり、のみものをグラスにそそいだり、バンド演奏《えんそう》の指《し》揮《き》をしたりしてみせた。

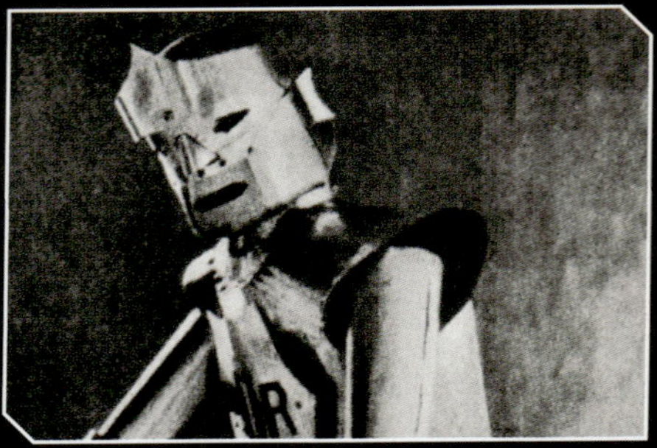

『R.U.R.』

チェコの脚本《きゃくほん》家カレル・チャペックは、1920年に発表した戯曲《ぎきょく》『R.U.R.（ロッサム万能《ばんのう》ロボット製作所《せいさくじょ》）』の中で、人造《じんぞう》人間をはじめて「ロボット」とよんだ。人間にかわって仕事をさせるため、感情《かんじょう》をもたないロボットをつくり出した会社の物語だった。

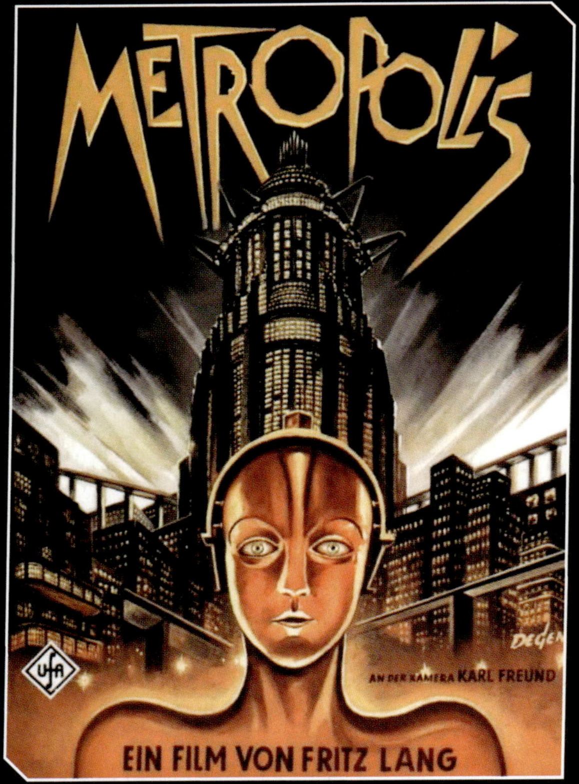

『メトロポリス』

オーストリア出身のフリッツ・ラングが監督《かんとく》をつとめたサイレント映画《えいが》『メトロポリス』には、マリアという名前のロボットが登場する。マリアは、未来《みらい》都市メトロポリスでくらす悪の科学者が、労働《ろうどう》者を支配《しはい》するためにつくり出したアンドロイドだった。

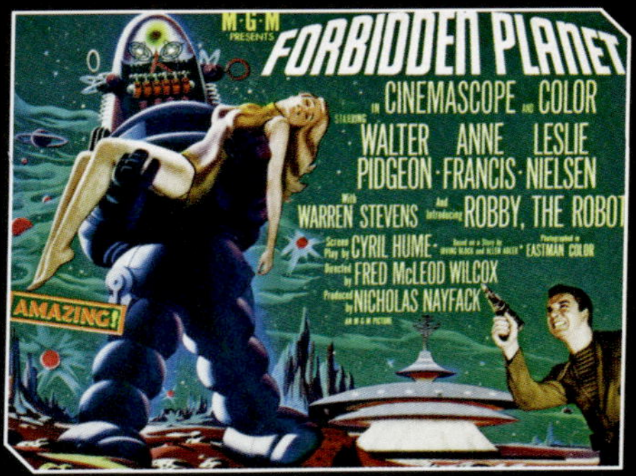

ROBOTS IN CULTURE

ロボットと文化

ロボットといえば、小説《しょうせつ》や劇《げき》、テレビや映画《えいが》に登場するロボットを思いうかべるだろう。そもそも「ロボット」ということばは、1920年代に上演《じょうえん》されたチェコの戯曲《ぎきょく》で「強制労働者《きょうせいろうどう》」という意味でつかわれたのがはじまりだった。舞台《ぶたい》やスクリーンや本の中から、現実《げんじつ》の世界へ飛《と》び出《だ》してきたロボットに、人びとはおどろき、胸《むね》をおどらせ、おそれを感じた。いっぽうで、空想科学の世界は、何十年にもわたり、科学研究の発展《はってん》に大きな影響《えいきょう》をあたえてきた。わたしたちも、ロボットと生きる未来《みらい》のために、科学技術《ぎじゅつ》がもたらす社会や倫理《りんり》の問題について学ぶことができる。

ロビー・ザ・ロボット

1956年の映画《えいが》『禁断《きんだん》の惑星《わくせい》』には、博士《はかせ》につかえるロボットのロビーが登場する。ロビーは188もの言語をはなすことができ、アームのさきに金属製《きんぞくせい》のかぎつめがあった。頭はドーム型《がた》で、「ブリキの頭」というそれまでのロボットのイメージをみごとにうちくだいた。映画《えいが》の中では、役者が2.1メートルもあるロボットスーツを着てロビーを演《えん》じている。ロボットスーツは、プラスチック、ガラス、金属《きんぞく》、ゴム、アクリル樹脂《じゅし》でできていた。

『ターミネーター』

ロボットが世界を征服《せいふく》し、人間に宣戦布告《せんせんふこく》する日はほんとうにやってくるのだろうか。1984年に1作目が公開された映画《えいが》『ターミネーター』シリーズでは、人間にそっくりの殺人《さつじん》アンドロイド、ターミネーターが未来《みらい》からやってくる。ターミネーターは、人類《じんるい》を滅亡《めつぼう》させるため、標的《ひょうてき》をつぎつぎと殺《ころ》していく。もしも計画に失敗《しっぱい》したら？　やつらはまた「もどってくる！」

クロームめっき製《せい》の骨格《こっかく》は、7人のデザイナーが6カ月ちかくもかけてつくりあげた。

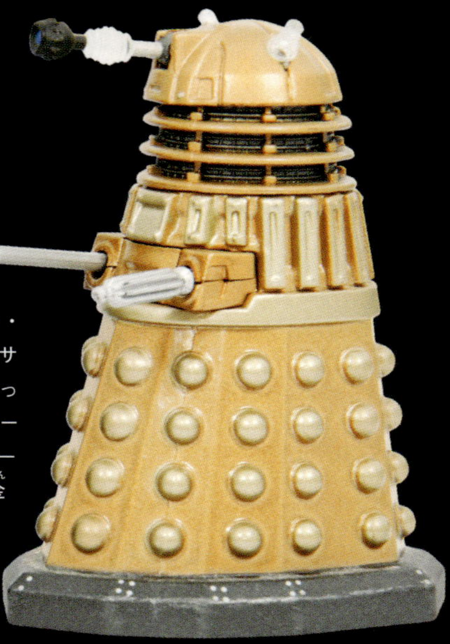

「抹殺《まっさつ》セヨ！」

1963年にはじまったイギリスのテレビドラマ『ドクター・フー』では、ダーレクという名前のサイボーグのミュータントが、人間にそっくりな種族《しゅぞく》、タイムロードのドクターを抹殺《まっさつ》しようとくわだてる。ドクターは、ダーレクがロボットではなく、金《きん》属製《ぞくせい》の装置《そうち》をまとった生命体だと見ぬいていた。にくしみに支配《しはい》されたダーレクは、あらゆる生命体を消そうとする危険《きけん》な種族《しゅぞく》だった。

アンドロイドのデータ

1987年、アメリカのテレビドラマ『スタートレック』シリーズにはじめて登場した。データは超人的《ちょうじんてき》な力をもち、自動車を片手《かたて》でもちあげることもできる。すぐれた頭脳《ずのう》にぼう大な量《りょう》の情報《じょうほう》を記憶《きおく》でき、どんなむずかしい計算もお手のものだ。ほかの架空《かくう》のロボットとおなじく、データは人格《じんかく》や感情《かんじょう》をもたない。

『アイアン・ジャイアント』

映画《えいが》に登場するロボットが、みんな悪者とはかぎらない。1999年にアメリカで制作《せいさく》されたアニメーション映画《えいが》『アイアン・ジャイアント』には、鉄でできたなぞのロボット、ジャイアントが登場する。1人の少年となかよくなったジャイアントは、世界をすくうために悪と戦《たたか》うヒーローになるのだ。

MODERN ROBOTS

現代《げんだい》のロボット

テレビや映画《えいが》にえがかれてきたロボット時代が、21世紀《せいき》とともに幕《まく》をあけた。SF映画《えいが》のようなヒューマノイドとまではいかなくても、さまざまなロボットがわたしたちの身近で活躍《かつやく》するようになった。ペットロボットから宅配《たくはい》用ドローン、支援《しえん》ロボットから外骨格型《がいこっかくがた》ロボット（パワードスーツ）まで、ロボットは現代《げんだい》社会の中で大きな役割《やくわり》をはたしている。

人間の動きに反応《はんのう》し、スクリーンに光で記号を表示《ひょうじ》させる。

ソーシャルロボット

音声アシスタントロボットのJibo（ジーボ）は、見て、聞いて、学習し、人間の生活をたすけてくれる。ちかい将来《しょうらい》、このような家庭用ロボットが、電気湯《ゆ》わかし器《き》とおなじように、一家に1台おかれる日がやってくるかもしれない。さまざまな電化製品《せいひん》をコントロールし、ニュースや天気予報《よほう》をよみあげてくれるソーシャルロボットは、たのもしい相棒《あいぼう》になってくれるだろう。

空飛《と》ぶロボット

無人航空機《むじんこうくうき》（UAV）や飛行《ひこう》ロボットともよばれるドローンは、上空のあちこちを飛《と》び回《まわ》っている。荷物をはこぶ宅配《たくはい》ドローンもあれば、被災《ひさい》地やとおくはなれた軍事基地《ぐんじきち》へ飛《と》び、ビデオカメラで撮影《さつえい》するヘキサコプター〔6枚《まい》のプロペラをもつドローン〕もある（写真上）。空飛《と》ぶロボットは、人間が行くことができない場所にも、すばやくたどりつくことができる。

友だちロボット

ソニーが開発した犬型《がた》ロボットのaibo（アイボ）は、コンパニオンロボットとよばれるあたらしいタイプのロボットだ。知能《ちのう》をもち、からだが不自由《ふじゆう》な人たちの日常《にちじょう》生活をたすけたり、特別《とくべつ》な支援《しえん》が必要《ひつよう》な子どもたちによりそったり、お年よりにくすりをのむ時間をおしえたりする。

全部で22個《こ》の関節《かんせつ》があり、しっぽをふるなど、ほんものの犬のような動きをする。

スマートカー

コンピュータのおかげで、自動車のあらゆる面が大きく進化し、まるでロボットのような自動車まで登場した。クロアチアの自動車メーカー、リマック社が発表したC_Two（コンセプト・ツー）など、最先端《さいせんたん》の自動車には自動走行の機能《きのう》がそなわっている。運転手の指示《しじ》どおりに走りつづける便利《べんり》さがあるが、安全面ではより高い信頼性《しんらいせい》がもとめられている。

安全フレームが歩行するときのバランスをたもってくれる。

目にはめこまれたOLED（有機《ゆうき》発光ダイオード）パネルが光り、さまざまな感情《かんじょう》をあらわす。

装着型《そうちゃくがた》ロボット

下半身に装着《そうちゃく》する人工装具《そうぐ》のATLAS（アトラス）2030は、神経筋疾患《しんけいきんしっかん》の子どもたちの歩行をたすける外骨格型《がいこっかくがた》ロボットだ。それぞれの部品が、じっさいの筋肉《きんにく》の動きをモデルにしてつくられている。装着《そうちゃく》型《がた》ロボットは、からだが不自由《ふじゆう》な人や、リハビリ中の人をサポートするだけでなく、身につけた人の身《しん》体能力《たいのうりょく》を高めるはたらきもある。

TYPES OF ROBOT

ロボットの種類《しゅるい》

ロボットには、さまざまなかたちや大きさのものがあり、工事現場《げんば》で作業をするものや、手術《しゅじゅつ》室ではたらくものなど、仕事のタイプごとにグループにわけられる。この本では10個《こ》のグループにわけて紹介《しょうかい》しているが、2つ以上《いじょう》のグループにあてはまるものもたくさんある。

ソーシャルロボット

人間と情報《じょうほう》のやりとりができるよう設計《せっけい》されたソーシャルロボットは、人とのコミュニケーションを理《り》解《かい》し、うけこたえができるようプログラムされている。「友だち」や「先生」などの役割《やくわり》をはたし、生活の中で手だすけをしたり、たのしませてくれたりもする。自閉《じへい》症《しょう》や学習障害《しょうがい》の子ども向けに設計《せっけい》されたロボットもある。

Leka(レカ)は、子どもの学習をサポートする球形の多機能《きのう》ロボットだ。

火星探査機《たんさき》のMars(マーズ)2020は、火星におり立って科学実験《じっけん》をおこなう予定だ。

宇宙《うちゅう》ロボット

宇宙《うちゅう》を探査《たんさ》するときは、人間のかわりにロボットをおくりこむほうが、コストがひくくて安全だ。宇宙《うちゅう》用の探査機《たんさき》は、地球よりきびしい条件《じょうけん》にたえられるよう設計《せっけい》されている。惑星《わくせい》に接近《せっきん》して調査《ちょうさ》をおこなうが、そのおくはじっさいに惑星《わくせい》に着陸《ちゃくりく》し、あつめたデータや画像《がぞう》を地球の科学者に送信《そうしん》する。

作業用ロボット

危険《きけん》な仕事や単純《たんじゅん》なくりかえし作業などにも、ロボットは積極的《せっきょくてき》にとり入れられている。岩だらけの土地やせまいスペース、あるいは悪天候《あくてんこう》の中でも、ロボットはやすまず作業をおこなう。こうしたロボットは、センサーやカメラをたよりに仕事をする。もっともひろくつかわれている作業用ロボットはロボットアームで、溶接《ようせつ》や塗装《とそう》、組み立てなど、さまざまな作業をおこなうことができる。

ロボットアームは人間をこえる力で、正確《せいかく》に仕事をする。

協働《きょうどう》ロボット（コボット）

人間といっしょに仕事ができる産業《さんぎょう》用ロボットは、協《きょう》働《どう》ロボット（コラボレーションロボット）、またはコボットとよばれている。いっしょにはたらく人間が、タブレットをつかったり、じっさいに動かしたりして、ただしく動くよう訓練《くんれん》する。プログラムされたコボットは、人間とおなじ作業スペースで、箱づめや電子部品の組み立てなど、くりかえし作業を正確《せいかく》におこなう。

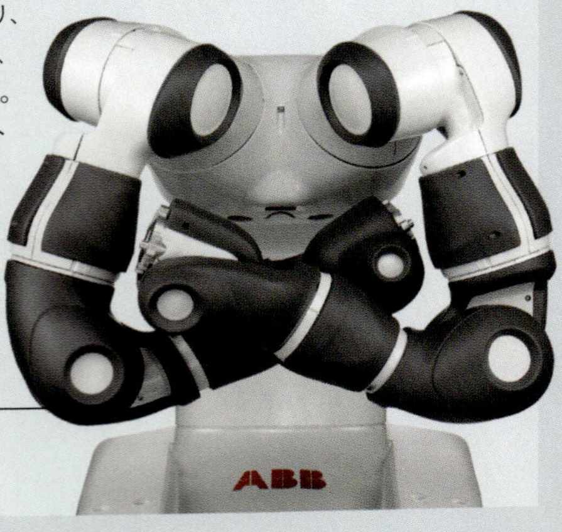

YuMi(ユーミィ)のアームはさまざまな動きができる。

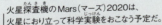

人工知能《ちのう》をそなえたiCub（アイカブ）は、人間とのコミュニケーションをとおして学習する。

ヒューマノイド（人型《がた》ロボット）

人間のすがたをまねてつくられたヒューマノイドには、頭と顔と手脚《てあし》がある。2本の脚《あし》で歩くものもあれば、車輪《しゃりん》やキャタピラですすむものもある。ヒューマノイドのおおくは、ほかのロボットよりも高度な人工知能《ちのう》をもち、自分で記《き》憶《おく》したり、考えたりするものもある。

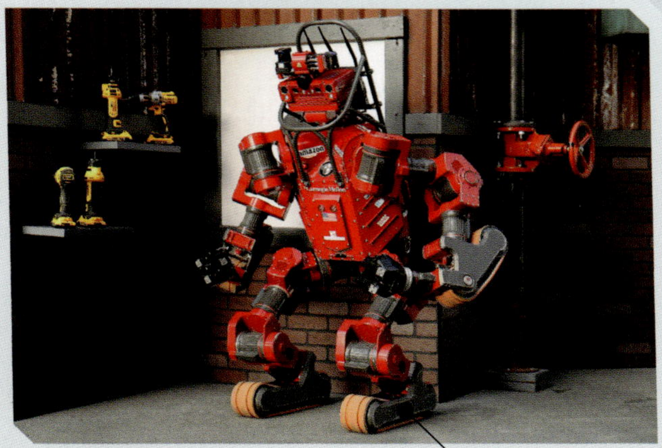

Chimp（チンプ）は被災《ひさい》者をたすける災害救助《さいがいきゅうじょ》ロボットだ。

操縦型《そうじゅうがた》ロボット

すべてのロボットが自動的《じどうてき》に動いているわけではない。はなれた場所から人間が操縦《そうじゅう》するロボットや、すぐそばから指示《しじ》をうけるロボットもたくさんある。内部のコックピットに操縦士《そうじゅうし》がすわり、中からあやつる巨大《きょだい》ロボットもある。

生体模倣《もほう》ロボット

植物や動物をモデルにしたロボットもたくさんある。それらのロボットは「生体模倣《もほう》ロボット」とよばれ、すがたかたちだけでなく、ジャンプしたり、空を飛《と》んだり、水の中をおよいだりと、行動までそっくりにつくられている。こうしたロボットの開発技術《ぎじゅつ》は、ほかのロボットにもいかされている。

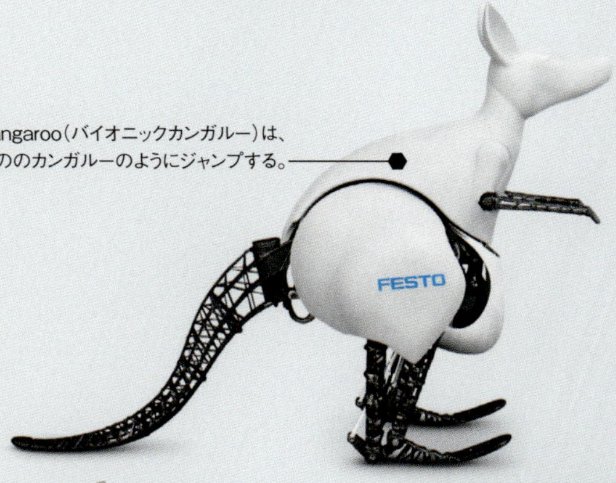

BionicKangaroo（バイオニックカンガルー）は、ほんもののカンガルーのようにジャンプする。

家庭用支援《しえん》ロボット

家庭用支援《しえん》ロボットは、そうじ、買いもの、料理《りょうり》など、さまざまな家事を手伝《てつだ》ってくれる。また、予定を管理《かんり》したり、インターネットで情報《じょうほう》をあつめたりと、まるで秘書《ひしょ》のようなはたらきをするものもある。ちかい将《しょう》来《らい》、ロボットがよりおおくの家事をたすけてくれる日がくるだろう。

Zenbo（ゼンボー）は子どものあそび相手になったり、おとなの仕事を手伝《てつだ》ったりするほか、家族のるす中は家をまもってくれる。

Kilobot（キロボット）は、一度に何台もプログラムできる。

スワームロボット

単純《たんじゅん》な構造《こうぞう》の小さなロボットが、1カ所に何百台もあつまって、1つの大きな知能《ちのう》ロボットとして行動する。社会性昆虫《せいこんちゅう》の行動をヒントにしてつくられたこのロボットは、1台だけで仕事をするロボットよりも、かんたんに作業をおこなうことができる。ロボットどうしでコミュニケーションをとり、動きをあわせて行動する。

医療《いりょう》用支援《しえん》ロボット

ロボット技術《ぎじゅつ》は医療《いりょう》の分野でも注目をあつめ、障《しょう》がい者をサポートするロボットも開発されている。人工の手脚《てあし》やロボット車いすのほか、歩いたり、ものをもちあげたりするなど、動作をたすける外骨格型《がいこっかくがた》ロボットもある。

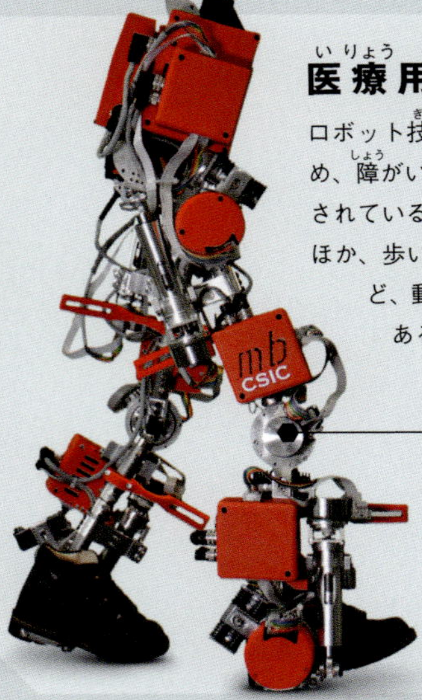

EXOTrainer（エクソトレーナー）は、せきずい性筋委縮症《せいきんいしゅくしょう》の子どもの歩行をたすけるよう設計《せっけい》されている。

IN THE HOME

家庭用ロボット

家族がくらす家の中でも、ロボットの活《かつ》躍《やく》がはじまっている。ロボットは、わたしたちをたのしませたり、部屋をそうじしたり、からだが不《ふ》自《じ》由《ゆう》な人をサポートしてくれたりする。もちろん、友だちにもなってくれる。

開発元
コンセクエンシャル・ロボティクス社／シェフィールド大学

開発国
イギリス

開発年
2016年

重さ
5キログラム

電源
バッテリー

動くしくみ

ミロは、動物をモデルにしてつくられた生体模倣《もほう》ロボットだ。センサーをつかい、音、接触《せっしょく》、光など、さまざまな刺激《しげき》に反応《はんのう》する。

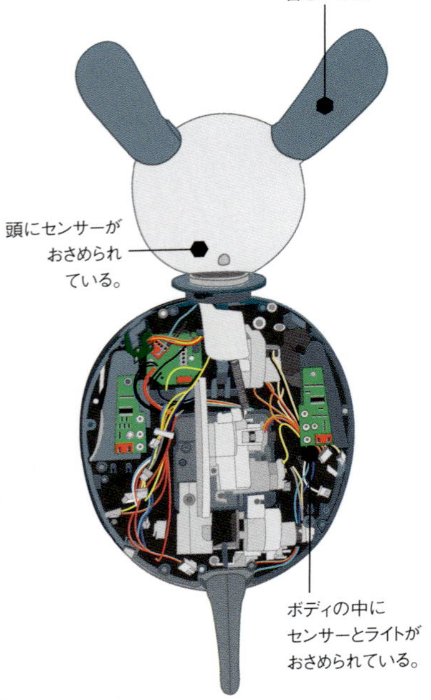
長い耳で
音をひろう。
頭にセンサーが
おさめられ
ている。
ボディの中に
センサーとライトが
おさめられている。

「動物の世界には、ロボットの未来《みらい》がつまっている」

ミロ開発者

活動のレベルによって、
目をあけたり、とじたり、
まばたきをしたりする。
きげんがわるいときは、
頭や背《せ》中《なか》をなでてやると
おちつく。

カラフルな首輪《くびわ》やスカーフなど、
アクセサリーをつけることもできる。
鼻に超《ちょう》音波センサーがあり、
段差《だんさ》からころげおちたり、
ものにぶつかったりせずに
動き回れる。

するどい感覚《かんかく》

おおくの動物とおなじように、ミロにもするどい感覚《かんかく》がある。大きな目は、光を感知して立体的《てき》にものをとらえ、ステレオマイクつきの長い耳は、角度をかえて音をひろう。からだをそっとなでると、小型《こがた》センサーがそれを感知する。

特長
さまざまなセンサー、カメラ、
マイクがそなわっている。

耳をあげたり、
向きをかえたりして、
音のする場所をさぐる。

光センサー

光センサーが明るさを感知して、昼と夜を区別《くべつ》する。LEDディスプレイでさまざまな「感情《かんじょう》」をあらわすので、「飼《か》い主《ぬし》」はミロの気持ちをしることができる。

緑色の光は、
よろこび、しあわせ、
おちつきをあらわす。

うれしいとき

赤い光は
ストレスを
あらわす。

かなしいとき

ミロどうしが鼻をよせあって、
おたがいを観察《かんさつ》し、
反応《はんのう》しあう。

ボディランゲージ（しぐさ）で
「感情《かんじょう》」をあらわす。

気になるものを見つけると、
首をかしげる。

ソーシャルロボット

MiRo ミロ

動物の脳《のう》と行動にかんする研究から誕生《たんじょう》したミロは、すべての動きをプログラムすることができる。まるでほんものの動物のようにあいらしく、けっして人を攻撃《こうげき》することはない。子どもやお年より向けにつくられたペットロボットで、さんぽ、エサやり、シャンプーなど、めんどうな世話はしなくてもよい。「飼《か》い主《ぬし》」の愛情《あいじょう》にペットのようにこたえ、たよりがいのある、たのしい相棒《あいぼう》になってくれる。

開発元
ボストン・ダイナミクス社

開発国
アメリカ

開発年
2017年

高さ
84センチメートル

重さ
30キログラム

生活の中で

スポットミニは将来《しょうらい》、からだが不自由《ふじゆう》な人たちを家庭や職場《しょくば》でサポートすることが期待されている。ボストン・ダイナミクス社では、スポットミニが専用《せんよう》のアームをつかい、重たいドアをあける動画を公開している。

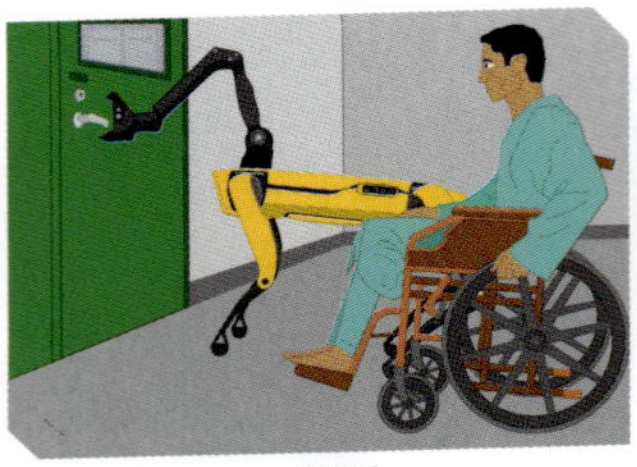

アームのさきについた装着《そうちゃく》具をつかい、ドアノブをつかむ。

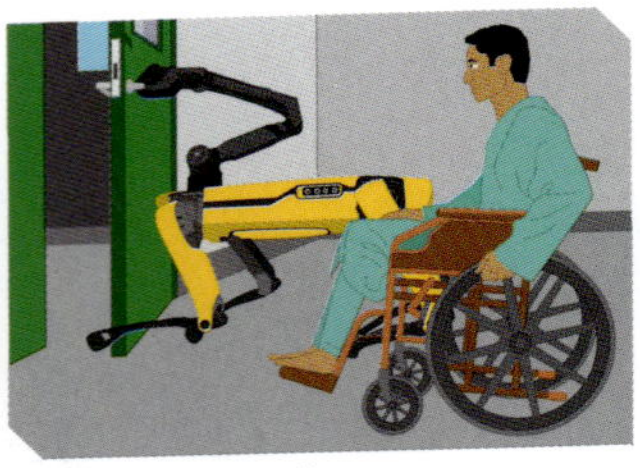

ドアがしまらないよう、脚《あし》でおさえながらドアをひく。

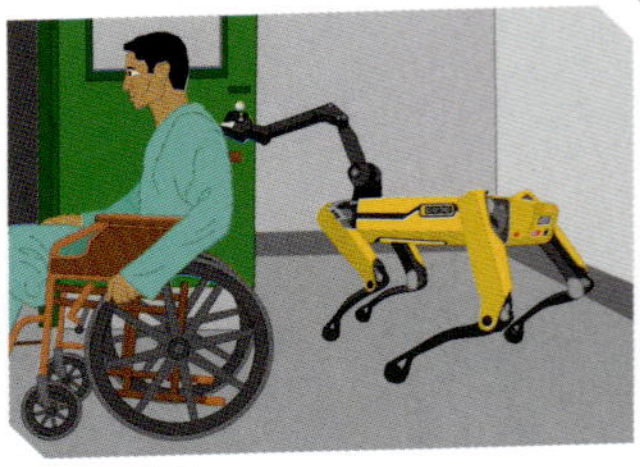

車いすが完全《かんぜん》にとおりすぎるまでドアをあけておく。

4本の脚《あし》にはそれぞれ複数《ふくすう》の関節《かんせつ》があり、なめらかで自然《しぜん》な動きができる。

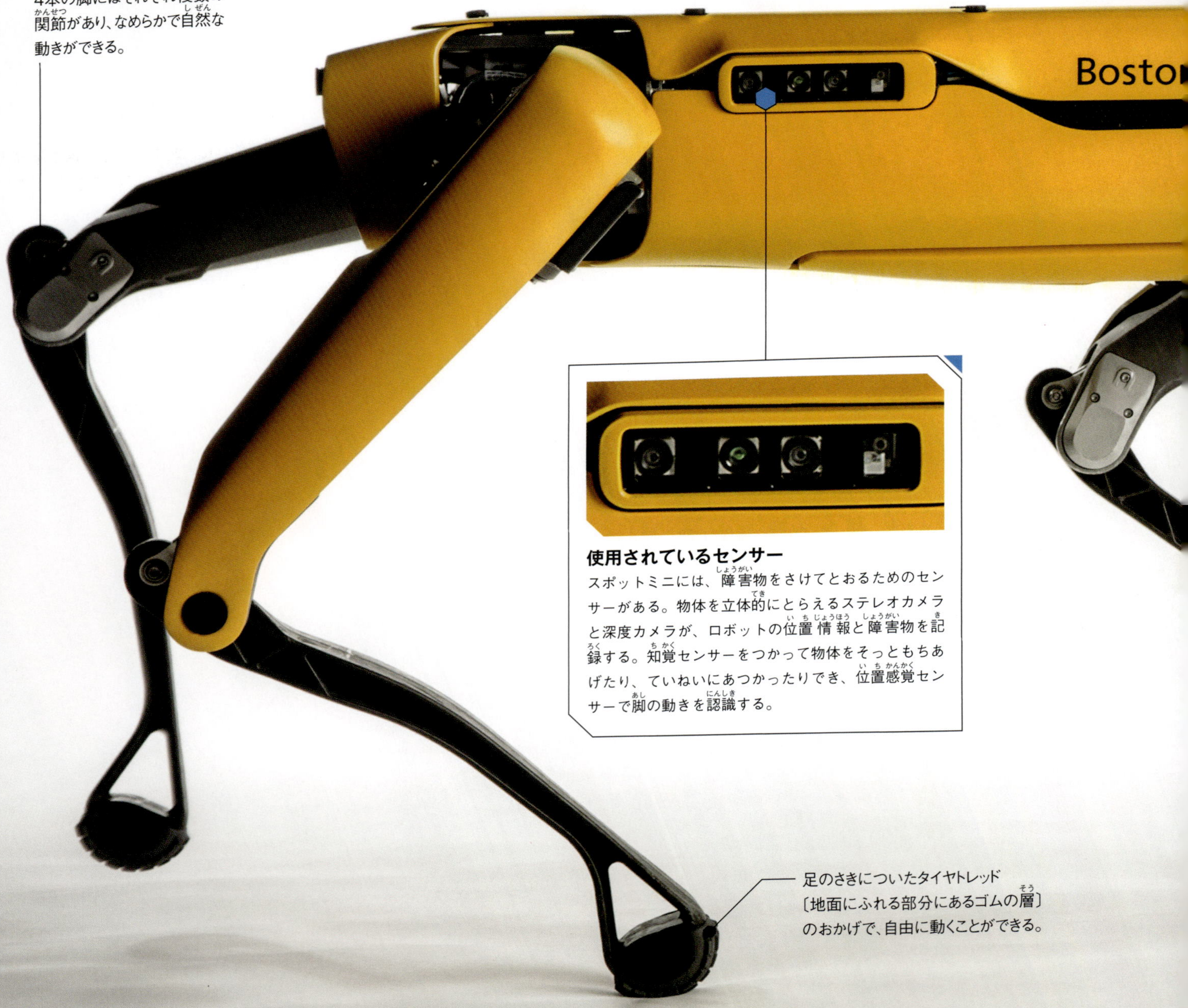

使用されているセンサー

スポットミニには、障害物《しょうがい》をさけてとおるためのセンサーがある。物体を立体的《てき》にとらえるステレオカメラと深度カメラが、ロボットの位置《いち》情報《じょうほう》と障害物《しょうがい》を記録《きろく》する。知覚《ちかく》センサーをつかって物体をそっともちあげたり、ていねいにあつかったりでき、位置感覚《いちかんかく》センサーで脚《あし》の動きを認識《にんしき》する。

足のさきについたタイヤトレッド〔地面にふれる部分にあるゴムの層《そう》〕のおかげで、自由に動くことができる。

電源
バッテリー

特長
3Dビジョンシステムで人やものを認識《にんしき》する。

家庭用支援《しえん》ロボット

SpotMini スポットミニ

4本の脚《あし》をもつスポットミニは、犬をモデルにしてつくられたヘルパーロボットだ。ほんものの犬はおいかけっこをしたり、ものをくわえてもってきたりするが、スポットミニはもっと高度な仕事ができる。すっきりとした小型《こがた》のボディを動かして、ものをひろいあげたり、階段《かいだん》をのぼったり、障害物《しょうがいぶつ》をさけてとおったりする。また、自由に動くアームをのばして、ドアをかんたんにあけることもできる。1回の充電《じゅうでん》で90分間動きつづけることができ、世界一元気な「ペット犬」として、最高《さいこう》の友だちになってくれるだろう。

プラスチック製《せい》のボディは、とてもじょうぶで長もちする。
ynamics
アームをとりつければ、ものをつかむこともできる。

SPOT スポット

ボストン・ダイナミクス社は、スポットという4足歩行型《がた》ロボットも開発している。センサーとステレオビジョン（立体視機能《しきのう》）をつかい、でこぼこがあってもバランスをたもちながらすすんでいく。1回の充《じゅう》電《でん》で45分間動くことができ、最大《さいだい》23キログラムの荷物をはこぶことができる。

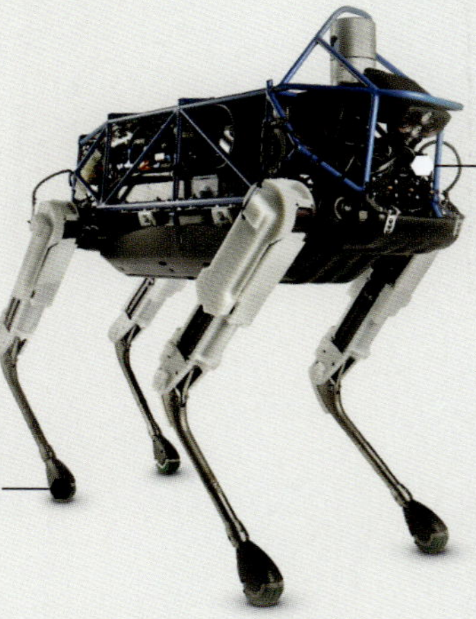
油圧《ゆあつ》モーターで動く。
すべりやすい場所でもしっかりと立つことができる。

「わたしたちが開発したロボットは可能性《かのうせい》にいどみ、ロボットの**活躍《かつやく》の場**をひろげようとしている」

ボストン・ダイナミクス社 CEO　マーク・レイバート

LEGS, WHEELS, AND TRACKS

脚《あし》、車輪《しゃりん》、キャタピラ

人間は自由に移動《いどう》することができるが、ロボットの移動手段《いどうしゅだん》は注意ぶかく設計《せっけい》され、プログラムされている。ロボットにとってとくに重要《じゅうよう》なのは、安定性《せい》、バランス、障害《しょうがい》物をさける能力《のうりょく》だ。陸上《りくじょう》で活躍《かつやく》するロボットには、脚型《あしがた》（歩行型《がた》）、車輪型《しゃりんがた》、キャタピラ型《がた》の3タイプがあり、さらにそこからさまざまな種類《しゅるい》にわかれている。ロボット技術《ぎじゅつ》者は、その中からもっともてきした移動手段《いどうしゅだん》をえらび、ロボットを設計《せっけい》している。

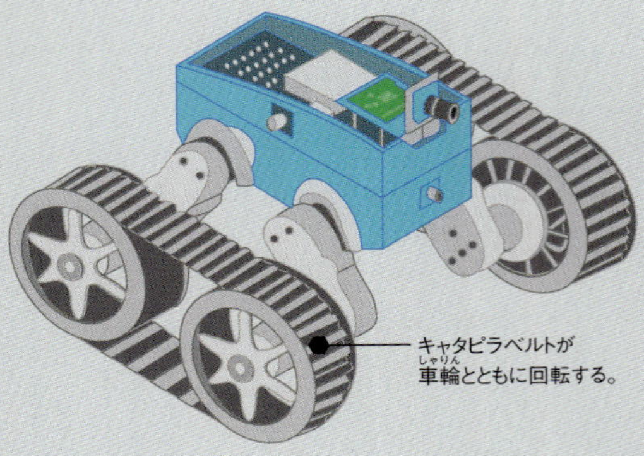

キャタピラ型《がた》ロボット

戦車《せんしゃ》やブルドーザにもつかわれるキャタピラは、地面にふれる面積《めんせき》が大きいため、車輪《しゃりん》よりもすすむスピードがおそい。しかし、急な斜面《しゃめん》でもすべらずに走行し、予測《よそく》できないでこぼこ道もすすむことができる。キャタピラ型《がた》ロボットのおおくは、一方のキャタピラを逆回転《ぎゃくかいてん》させ、進行方向をかえる。

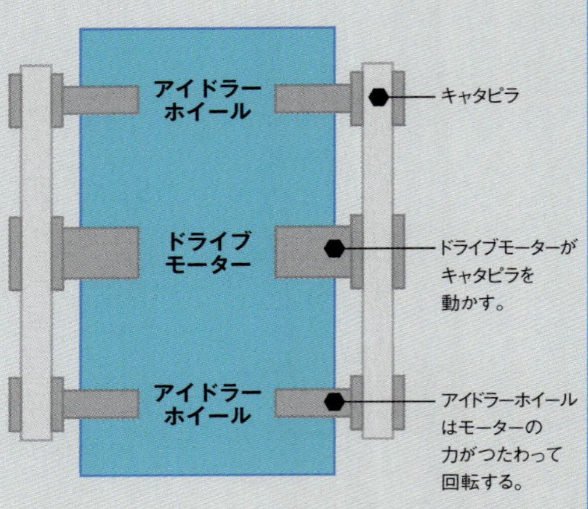

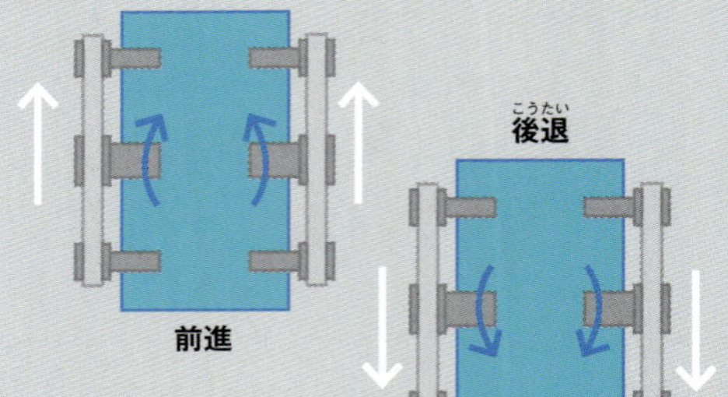

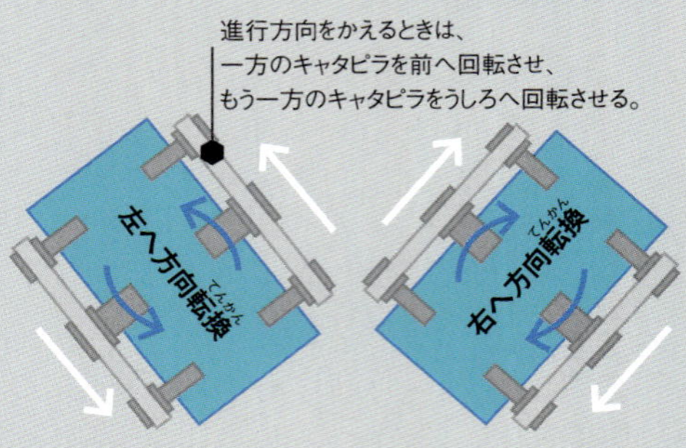

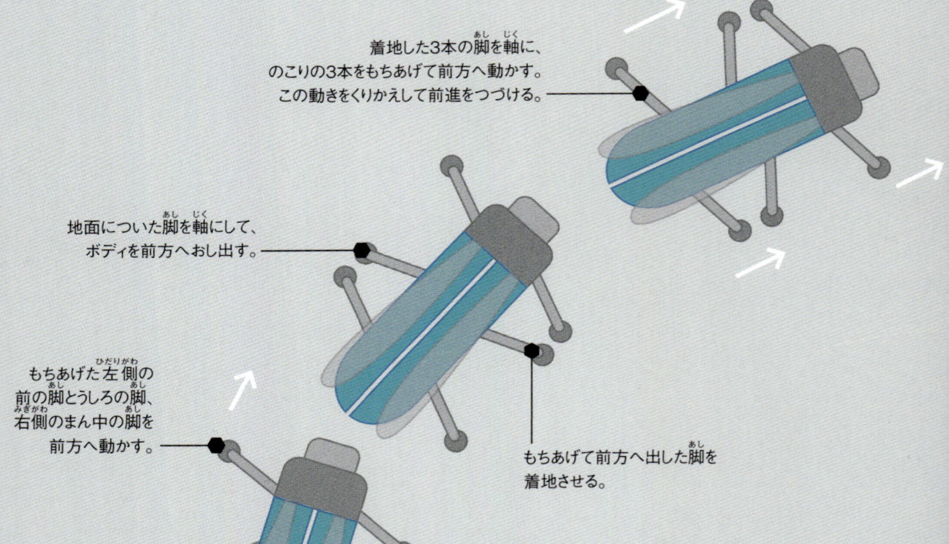

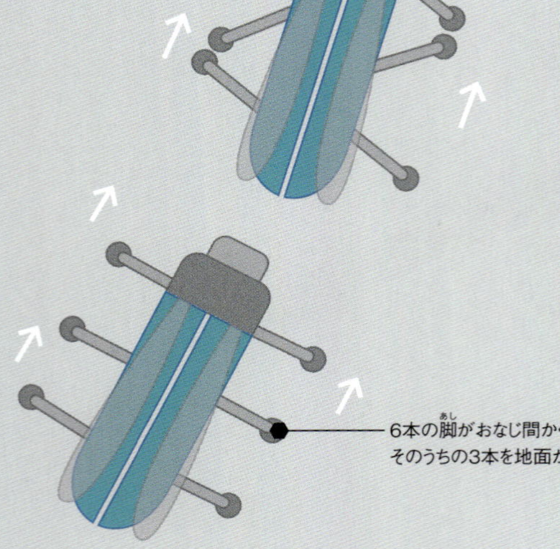

脚型《あしがた》ロボット

脚型《あしがた》ロボットは、脚《あし》をもちあげて障害《しょうがい》物をよけたり、階段《かいだん》をのぼったりできる。ただし、歩行パターンを完成《かんせい》させるためには、高度な技術《ぎじゅつ》と複雑《ふくざつ》なプログラミングが必要《ひつよう》だ。2足歩行や4足歩行、あるいは8足歩行のものもあるが、安定して自由に動くことができるのは6足歩行のロボットだ。6足歩行型《がた》ロボットは、昆虫《こんちゅう》をモデルにしてつくられている。

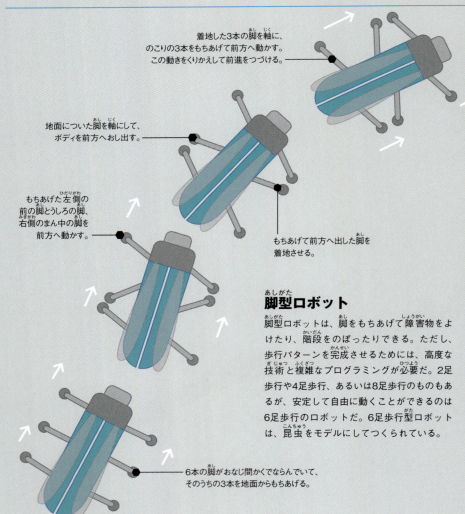

車輪型《しゃりんがた》ロボット

陸上《りくじょう》の移動手段《いどうしゅだん》の中で、もっとも単純《たんじゅん》で効率《こうりつ》がよく、もっともはやくすすむことができるのが車輪型《しゃりんがた》ロボットだ。地面にふれる面積《めんせき》がつねに小さいため、車輪《しゃりん》にかかる抵抗《ていこう》が小さく、モーターはスムーズに車輪《しゃりん》を回転させることができる。車輪型《しゃりんがた》ロボットは、たいらな地面の走行に向いていて、石がごろごろころがっているような場所にはてきさない。惑星探査《わくせいたんさ》につかわれるローバー（宇宙探査機《うちゅうたんさき》）の中には、障《しょう》害《がい》物をのりこえてすすめるよう、ボディをもちあげてかたむけることができる「ロッカーボギー機構《きこう》」をとり入れたものもある。設計《せっけい》者や技術《ぎじゅつ》者は、ロボットのつかいみちにあわせて車輪《しゃりん》のつけかたを考える。

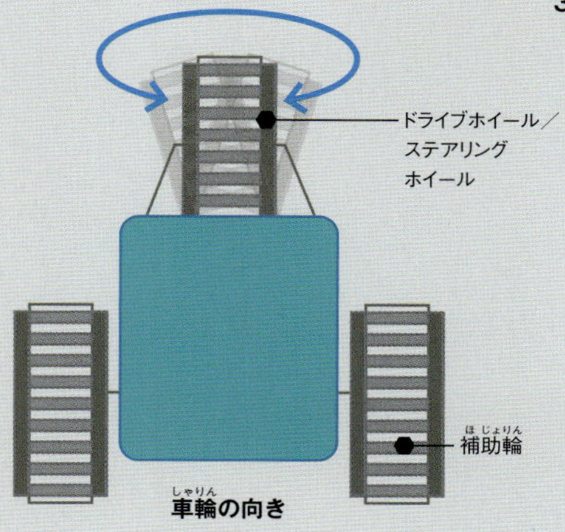

3輪型《りんがた》ロボット
うしろの2輪《りん》が補助輪《ほじょりん》となり、ロボットを安定させる。前輪《ぜんりん》は1輪《りん》で、ロボットを前進させたり、左右へ方向転換《てんかん》させたりする。ほかのロボットとくらべて設計《せっけい》がシンプルだが、方向転換《てんかん》に限界《げんかい》がある。

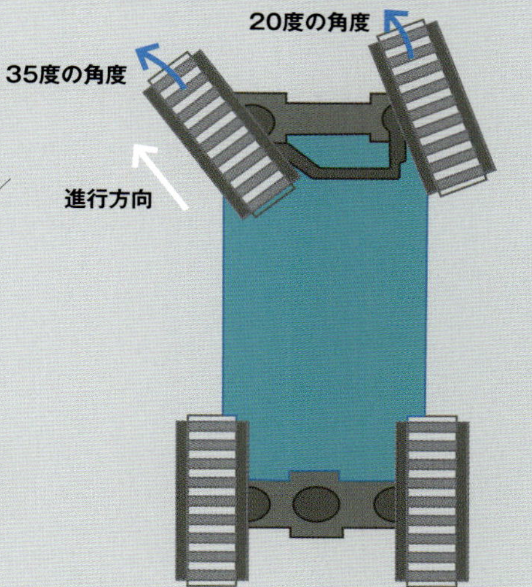

4輪型《りんがた》ロボット
ほとんどの4輪型《りんがた》ロボットには、後輪《こうりん》で前進し、前《ぜん》輪《りん》で方向を転換《てんかん》する「アッカーマンステアリング」がとり入れられている。進行方向をかえるときは、前の内輪《ないりん》が外輪《がいりん》よりも回る角度が大きいため、スリップの危険《きけん》がすくない。

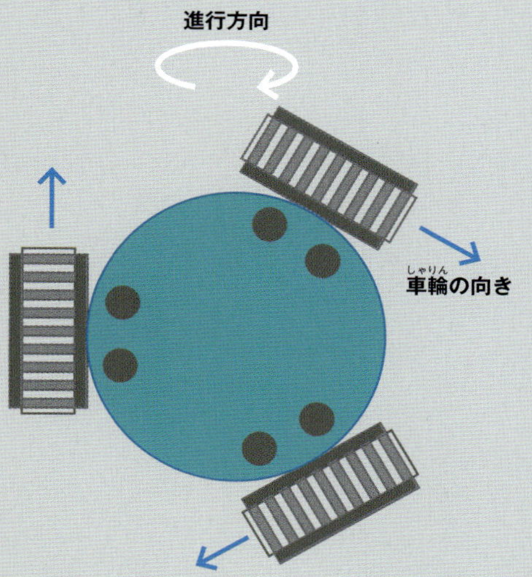

オムニホイール型《がた》ロボット
3輪型《りんがた》や4輪型《りんがた》のように車輪《しゃりん》の向きをかえるのではなく、コントローラが信号《しんごう》をおくり、それぞれの車輪《しゃりん》をことなるスピードで動かして、ロボットを前進させる。すべての車輪《しゃりん》がおなじスピードで回転すると、ロボットはその場でくるくる回転する。

バランス

人間は、脳《のう》や内耳《ないじ》、600カ所以上《いじょう》の筋肉《きんにく》をつかって、からだの平衡《へいこう》（バランス）をたもっている。ロボットは、傾斜《けいしゃ》センサーや関節《かんせつ》角度センサーなどの装置《そうち》をつかい、コンポーネントの位置《いち》や、転倒《てんとう》の危険《きけん》をモニターする。6本以上《いじょう》の脚《あし》をもつロボットのおおくは、脚《あし》の半数を地面につけてボディを安定させ、のこりの脚《あし》を動かす。2足歩行型《がた》ロボットは、一方の脚《あし》をもちあげると不安定《ふあんてい》になるため、バランスをたもつための高度な計算、プログラミング、センサーが必要《ひつよう》になる。1輪型《りんがた》や2輪型《りんがた》のロボットも、バランスをたもつためのこまかな調節《ちょうせつ》をつねにおこなわなければならない。

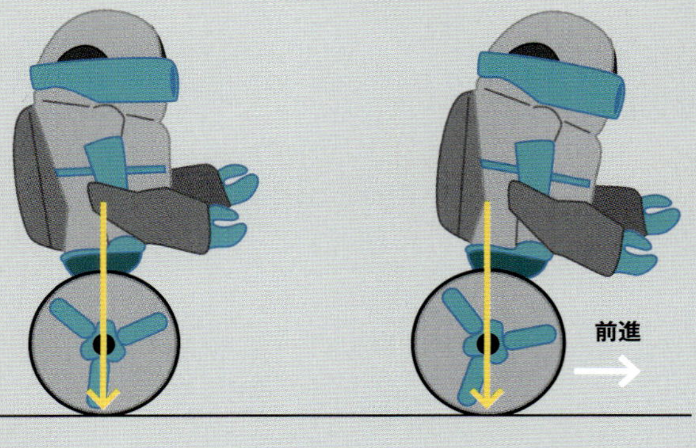

前進する
2輪型《りんがた》ロボットがまっすぐ立つときは、ボディの重心を車輪《しゃりん》の中心に向かって垂直《すいちょく》にかける。前進するときは、車輪《しゃりん》の前回転によってロボットをうしろへひっぱる力がうまれるので、その力に抵抗《ていこう》するためにボディを前へかたむける。

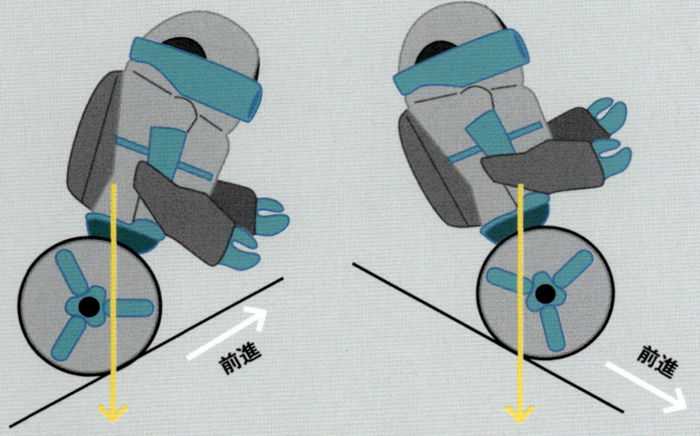

斜面《しゃめん》をすすむ
斜面《しゃめん》をのぼるときは、車輪《しゃりん》が地面にふれる部分に重心がかかるよう、ボディを前へかたむける。斜面《しゃめん》をくだるときは、おなじく車輪《しゃりん》が地面にふれる部分に重心がかかるよう、ボディをうしろへかたむける。

開発元
CSIC（スペイン高等科学研究院）／マルシ・バイオニクス社

開発国
スペイン

開発年
2016年

重さ
12キログラム

医療《いりょう》用支援《しえん》ロボット

EXOTrainer

エクソトレーナー

ロボット技術《ぎじゅつ》は、何百万人ものからだが不自由《ふじゆう》な人びとをたすけている。そして、そのおおくが子どもたちだ。外骨格型《がいこっかくがた》歩行アシスト装置《そうち》（パワードスーツ）は、身につけた人の動作をサポートする。立つ、歩くなどの動作をたすけるエクソトレーナーは、せきずい性筋《せいきん》委縮症《いしゅくしょう》（SMA）にかかった3才から14才の子どもたちのために設計《せっけい》された。せきずい性筋《せいきん》委縮症《いしゅくしょう》とは、筋肉《きんにく》がやせほそり、筋力《きんりょく》をうばう遺伝子疾患《いでんししっかん》だ。人間が歩くときの筋肉《きんにく》の動きをまねてつくられていて、装着《そうちゃく》する人にあわせて関節《かんせつ》のかたさや動く角度を調節《ちょうせつ》できる。

おとな用

ReWalk（リウォーク）6.0は、おとな向けに開発された軽量《けいりょう》の外骨《がいこっ》格型《かくがた》歩行アシスト装置《そうち》で、腰《こし》の部分にそなわったバッテリーで動く。からだを前方にかたむけると、腰《こし》とひざのモーターが動き、歩行を開始する。最高《さいこう》時速2.6キロメートルで歩くことができる。

自然《しぜん》な歩行ができるよう、コンピュータがモーターに動きを指示《しじ》する。

フレームはチタンとアルミニウムでできている。装着《そうちゃく》する人にあわせて、部品の長さを調節《ちょうせつ》できる。

動くしくみ

エクソトレーナーは、一歩ふみ出すごとに両脚《りょうあし》の関節《かんせつ》が複雑《ふくざつ》に動く。地面のかたさにあわせてすべての関節《かんせつ》のかたさを自動で調節《ちょうせつ》し、足が地面につくと、足首とひざの関節《かんせつ》がそれに反応《はんのう》して衝撃《しょうげき》をやわらげる。

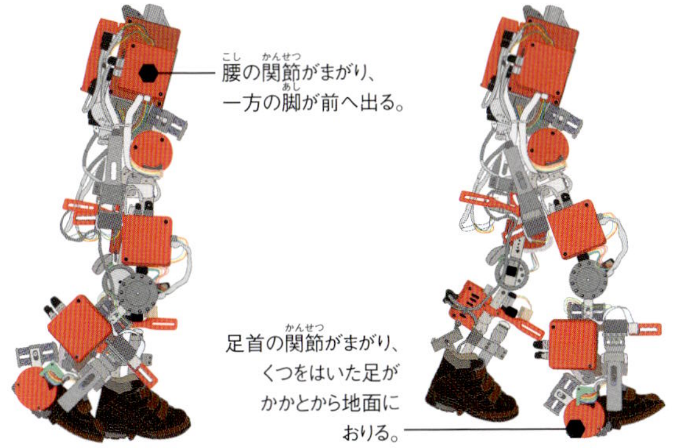
腰《こし》の関節《かんせつ》がまがり、一方の脚《あし》が前へ出る。
足首の関節《かんせつ》がまがり、くつをはいた足がかかとから地面におりる。

それぞれの脚《あし》にある5つのモーターが作動し、関節《かんせつ》を動かしてこしとひざをまげ、足をもちあげる。

モーターがまげたほうの脚《あし》を軸足《じくあし》より前へはこぶと、ひざの関節《かんせつ》がひざ下の脚《あし》をのばして、足を着地させる。

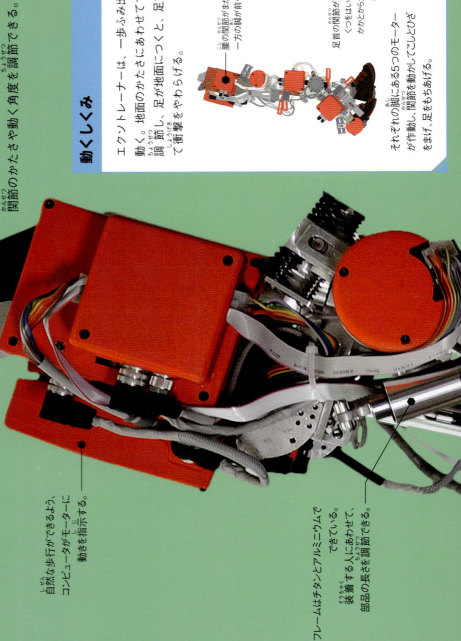

ATLAS（アトラス）2030

エクソトレーナーは、外骨格型《がいこっかくがた》歩行アシスト装置《そうち》のアトラス2030をもとにつくられた。アトラス2030は、身長95センチメートル以上《いじょう》の子ども向けに設計《せっけい》された歩行アシスト装置《そうち》で、成長《せいちょう》にあわせて調節《ちょうせつ》することができる。

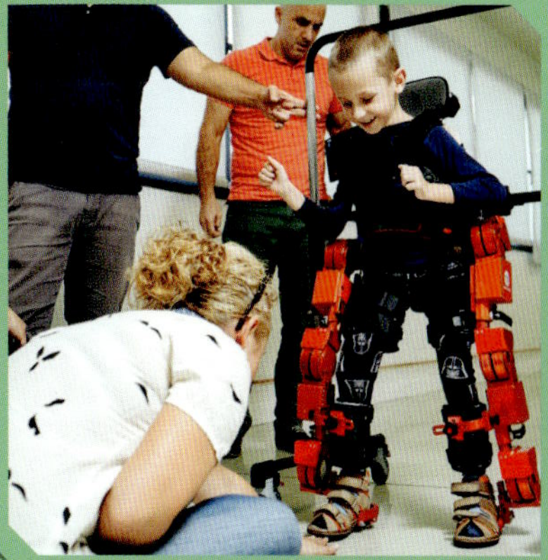

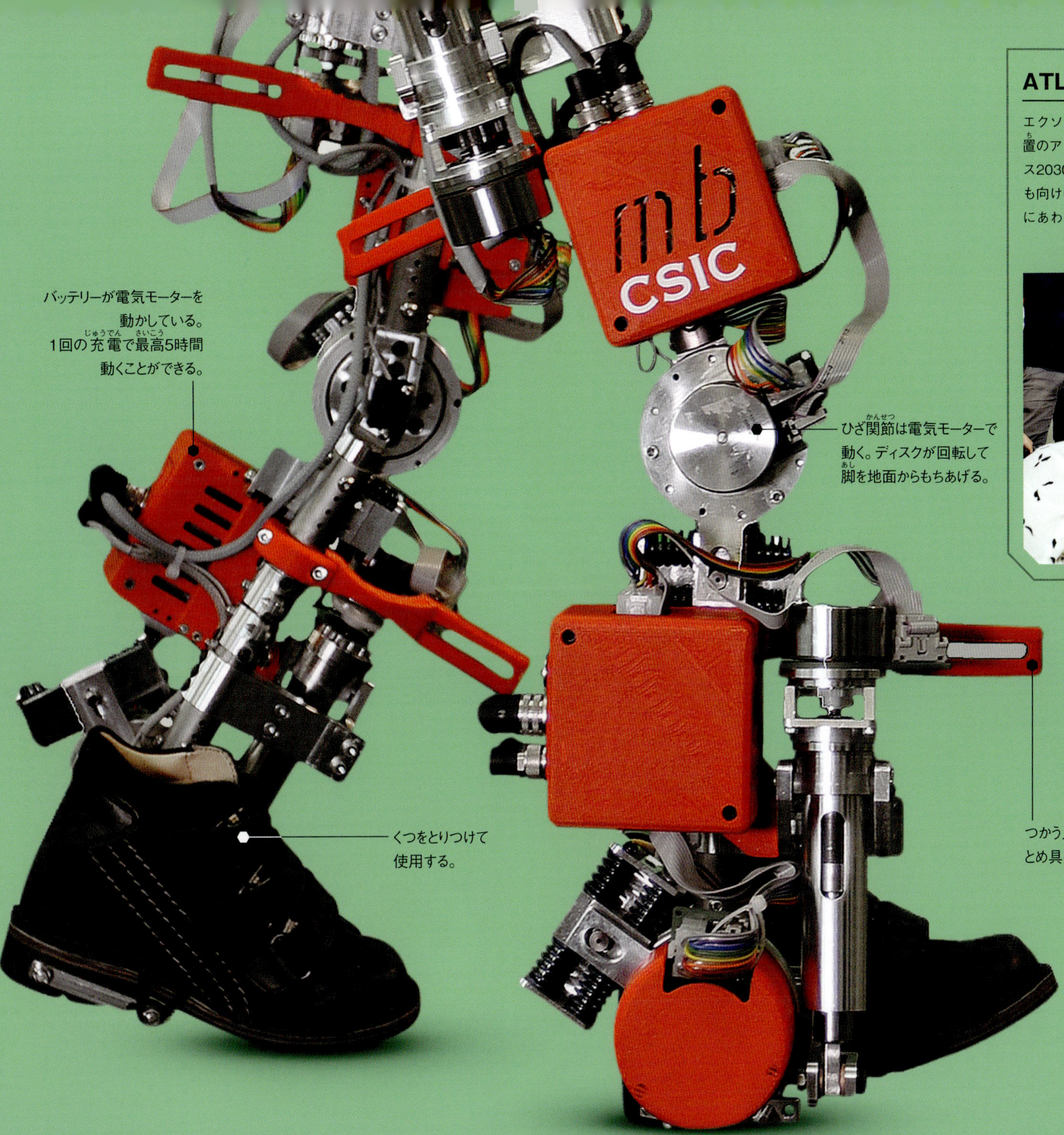
mb
CSIC
バッテリーが電気モーターを
動かしている。
1回の充電《じゅうでん》で最高《さいこう》5時間
動くことができる。
ひざ関節《かんせつ》は電気モーターで
動く。ディスクが回転して
脚《あし》を地面からもちあげる。
くつをとりつけて
使用する。
つかう人の脚《あし》にあわせて、
とめ具を調節《ちょうせつ》することができる。

電源
電気モーターと
バッテリー

特長
筋肉《きんにく》の動きを自動で
感知できる。

開発元	開発国	開発年	高さ
エイスース社	中国（台湾《たいわん》）	2016年	62センチメートル

遠隔操作《えんかくそうさ》

専用《せんよう》アプリをつかえば、はなれた場所からでも、セキュリティシステム、照明《しょうめい》、テレビ、かぎ、エアコンなどを操作《そうさ》することができる。病気やけがなどの緊急《きんきゅう》時には、画像《がぞう》や音声、映像《えいぞう》などをアプリにおくり、たすけをもとめる。

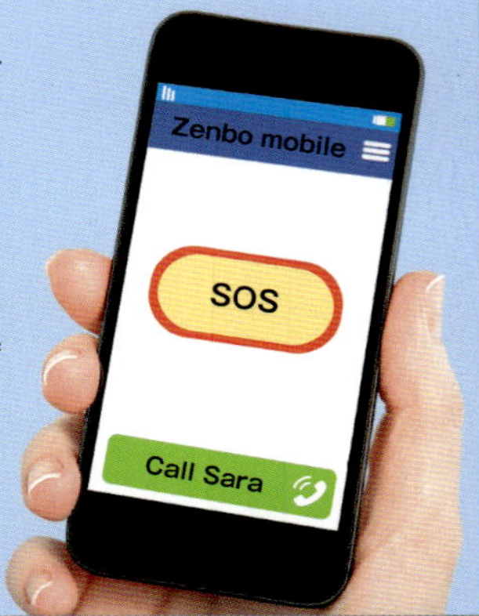
Zenbo mobile
SOS
Call Sara

家庭用支援《しえん》ロボット

ZENBO ゼンボー

家庭用ロボットのゼンボーは、家族のたのしい一員になってくれる。機械《きかい》にくわしくない人でもかんたんにつかえるよう設計《せっけい》されていて、自律的《じりつてき》に動き、ことばを理解《りかい》し、家族とコミュニケーションをとることができる。家族のるす中は家をまもり、子どものあそび相手になったり、家事を手伝《てつだ》ったり、お年よりを見まもったりする。

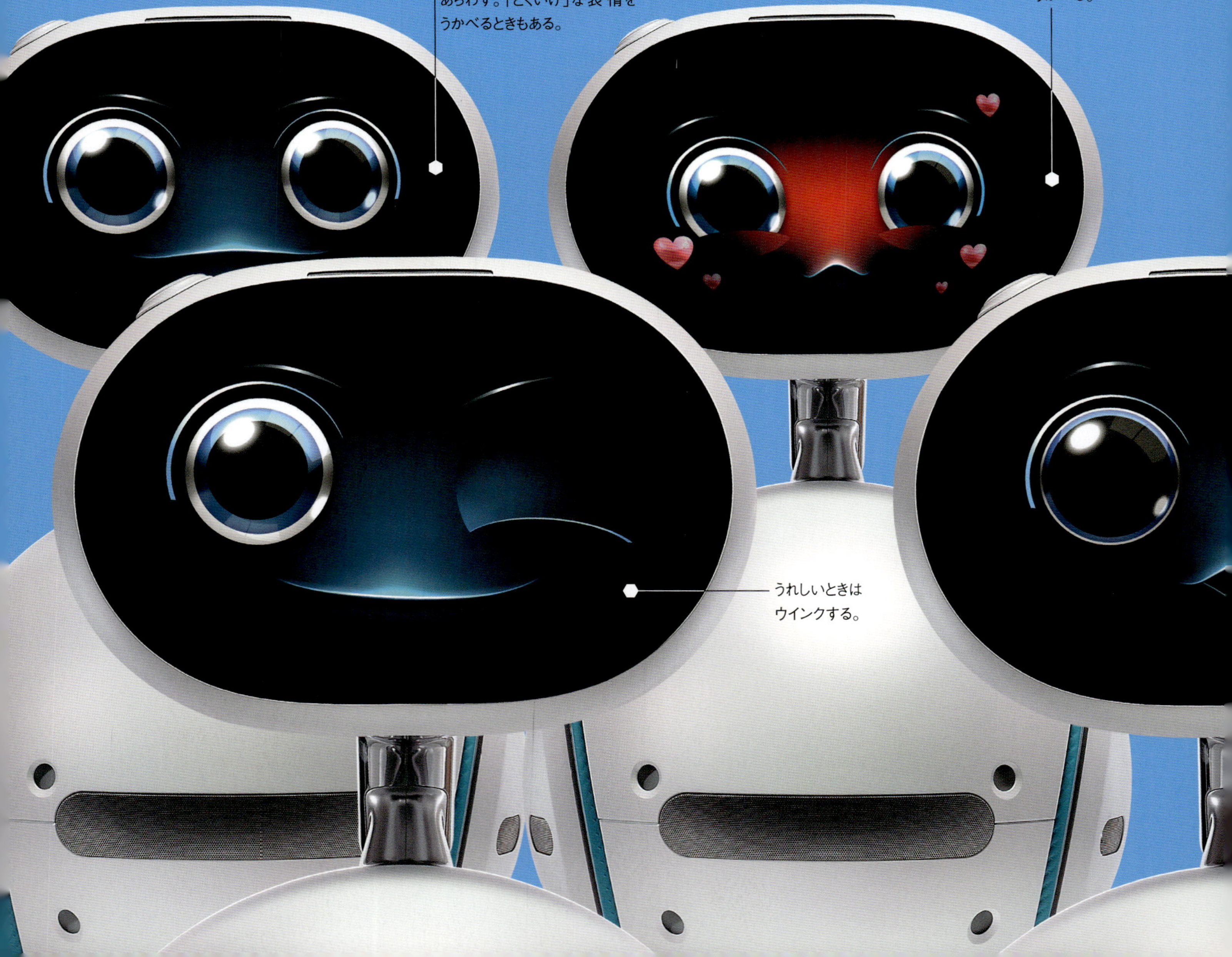
24種類《しゅるい》の表情《ひょうじょう》で「感情《かんじょう》」をあらわす。「とくいげ」な表情《ひょうじょう》をうかべるときもある。
頭をなでると、はずかしそうな表情《ひょうじょう》をうかべる。
うれしいときはウインクする。

重さ
10キログラム

電源
バッテリー

特長
ユーザーの指示《しじ》を学習して適応《てきおう》する。

タッチパネル

ゼンボーの表情をうつし出す約《やく》10インチのマルチタッチパネルでは、動画やレシピを見たり、ビデオ通話をしたりできる。また、音声コマンド（声による命令《めいれい》）で買いものをしたり、電話をかけたり、ソーシャルメディアをつかったりもでき、デジタル機器《きき》がにがてなお年よりも安心してつかえる。

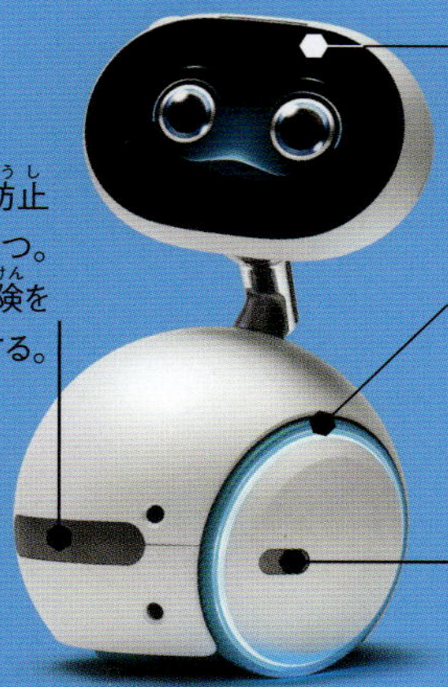
頭にはカメラ、3D深度カメラ、光センサーがおさめられている。
4つある落下防止《ぼうし》センサーのうちの1つ。段差《だんさ》などの危険《きけん》を感知する。
車輪《しゃりん》のLEDライトは、バッテリーの残量《ざんりょう》をしらせ、活動の状態《じょうたい》をおしえてくれる。
超《ちょう》音波センサーをつかってまわりのようすをしらべる。
全身

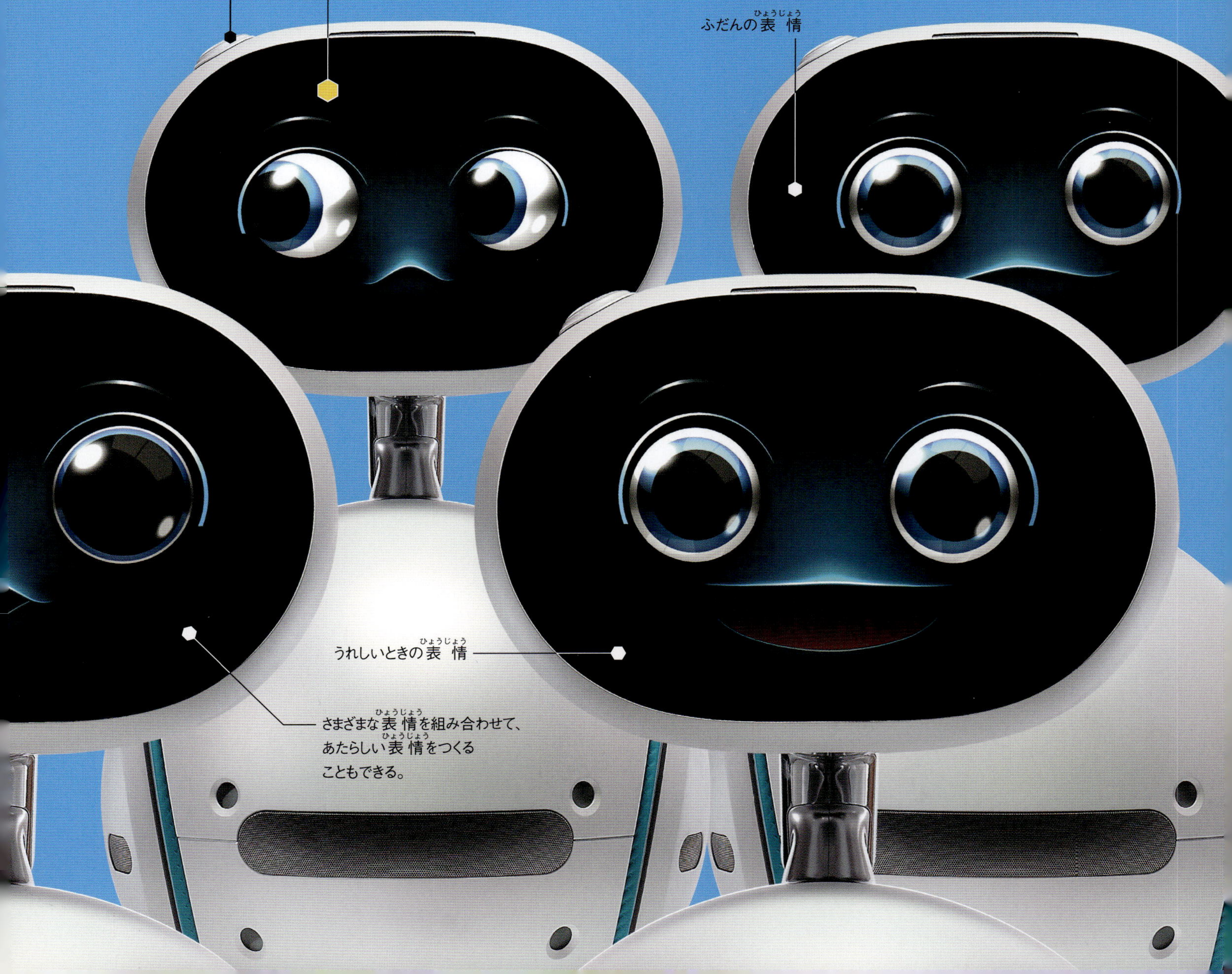
USBポートからデータの記録《きろく》やアップデートができる。
ふだんの表情《ひょうじょう》
うれしいときの表情《ひょうじょう》
さまざまな表情《ひょうじょう》を組み合わせて、あたらしい表情《ひょうじょう》をつくることもできる。

▲落ち葉がたくさんたまるまえに、きれいにあつめてくれる。

庭そうじロボット

庭そうじロボットの**Kobi（コビ）**は、草をかり、落ち葉をあつめ、庭をいつもきれいにたもってくれる。GPSシステムとセンサーをつかい、障害物《しょうがい》をよけながら仕事をする。天気予報《よほう》をもとに雪がふることをしらせ、除《じょ》雪《せつ》作業もしてくれる。スノータイヤをつけることもでき、12メートルもさきまで雪をふき飛《と》ばす。

▼バッテリーで動く。セキュリティ機能《きのう》がそなわっていて、音がしずかなモーターで時速5キロメートルですすむことができる。

HOME HELPERS 家庭用支援《しえん》ロボット

はきそうじやふきそうじをするのは、とてもめんどうだ。しかし、ロボットならそんな仕事をいくらでもひきうけてくれる。家庭用支援《しえん》ロボットは、ユーザーのリクエストを記憶《きおく》して、家事をしっかり手伝《てつだ》ってくれる。

健康《けんこう》を管理《かんり》するロボット

Pillo（ピロー）は、健康《けんこう》にかんする質《しつ》問《もん》にこたえたり、きまった時間にくすりを出してくれたりする。顔認識《にんしき》ソフトで家族の顔をおぼえ、それぞれの健《けん》康《こう》管理《かんり》を学習して記憶《きおく》する。いざというときは、医師《いし》や専門《せんもん》家に連絡《れんらく》をとり、相談したり、たすけをもとめたりする。

◀HDカメラ（高解像度画質《こうかいぞうどがしつ》カメラ）とセンサーをつかい、家族みんなの健康《けんこう》を管理《かんり》する。

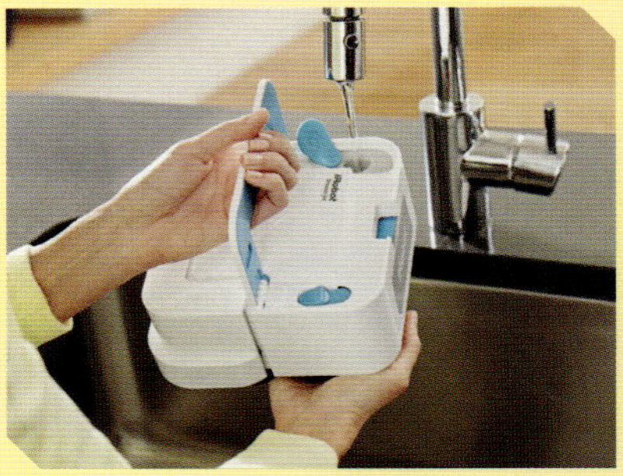

▲スプレー用の水をノズルからタンクにそそぐ。

ゆかふきロボット

この小さなロボットをゆかにおくだけで、家じゅうがぴかぴかになる。**Braava jet（ブラーバジェット）**はバッテリー式で、ゆかの水ぶきやからぶきをしてくれる。タイヤが2ついていて、最大《さいだい》25平方メートルのゆかに水をふきつけ、よごれをふきとる作業をおこなう。小さいボディで、部屋のかどやすきまなどのせまい場所にも入りこめる。

ボタン1つで起動し、
もう一度おせばそうじがスタートする。

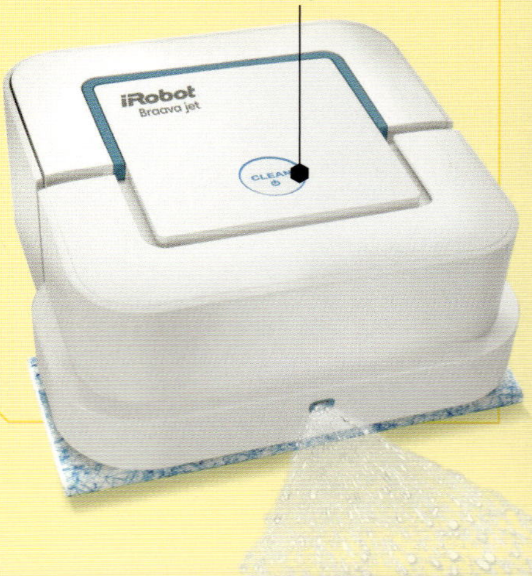

おそうじロボット

Roomba（ルンバ）900シリーズは、家じゅうのほこりをすいとってくれる高性能《こうせいのう》そうじ機《き》だ。高度なナビゲーションシステム、ビジュアルローカリゼーション（ルート設計機能《せっけいきのう》）、さまざまなセンサーをつかい、カーペットやタイルの上をすすみながら、ゴミやほこりをすってみがきあげる。自動で充電《じゅうでん》をおこない、ちり1つのこさずそうじしてくれる。

▲アプリをつかえば、外出中にそうじをスタートさせたり、家につくまでにそうじがおわるよう予約《よやく》したりできる。

▲家の中のマップ（地図）を作成《さくせい》し、障害《しょうがい》物をさけながら計画的《てき》にそうじする。

ソフトタッチバンパーが、かべを感知する。
CLEAN（クリーン）ボタンでそうじをはじめたり、おわらせたりできる。
iRobot
Roomba
CLEAN
カメラをつかって、それぞれの部屋のマップを作成《さくせい》する。

▶すっきりとしたうす型《がた》なので、家具の下までくまなくそうじできる。

プール用そうじロボット

プールであそぶのはたのしいけれど、そうじをするのはたいへんだ。しかし、**Mirra（ミラ）**をプールにしずめれば、手をまったくぬらさずにそうじすることができる。ミラは、バキューム装置《そうち》、ポンプ、ろ過《か》システムをつかって、大きな音を立てずにプールをみがき、水をきれいにしてくれる。1時間あたり18,000リットル以上《いじょう》の水を循環《じゅんかん》させて、落ち葉や虫、藻《も》やバクテリアなど、あらゆるゴミをとりのぞいてくれる。

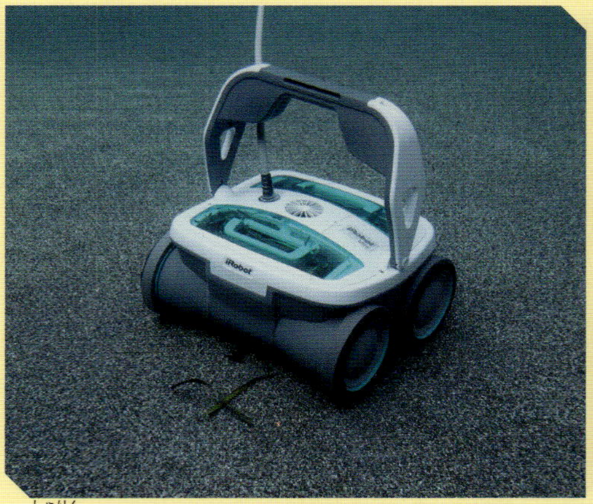

▲車輪《しゃりん》ですすみながらブラシを回転させて、プールのゆかのよごれをこすりとる。

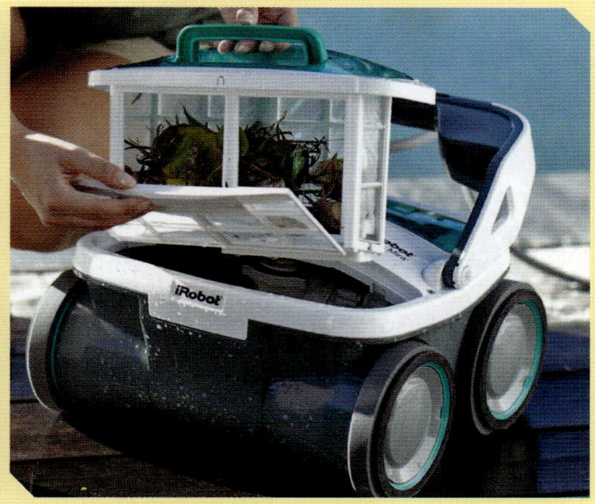

▲そうじがおわれば、バスケットをとり出して、たまったゴミをとりのぞく。

開発元
フーボックス・
ロボティクス社

開発国
ブラジル

開発年
2016年

動くしくみ

あらかじめ登録《とうろく》した5種類《しゅるい》の表情《ひょうじょう》の中から、ユーザーが1つの表情《ひょうじょう》をえらび、車いすを動かす。車いすはそれぞれの表情《ひょうじょう》にしたがい、前進、後退《こうたい》、左折《させつ》、右折《うせつ》、停止《ていし》のいずれかの動きをする。カメラにうつした表情《ひょうじょう》をウィリー7が感知すると、ジョイスティックにとりつけられた装置《そうち》に信号《しんごう》をおくり、車いすを動かす。

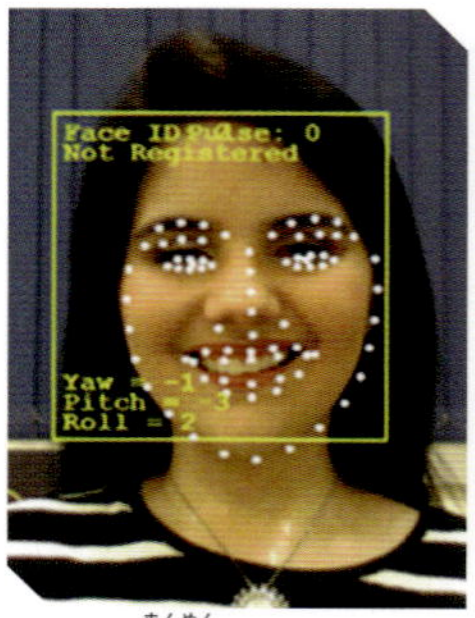
満面《まんめん》のえみ

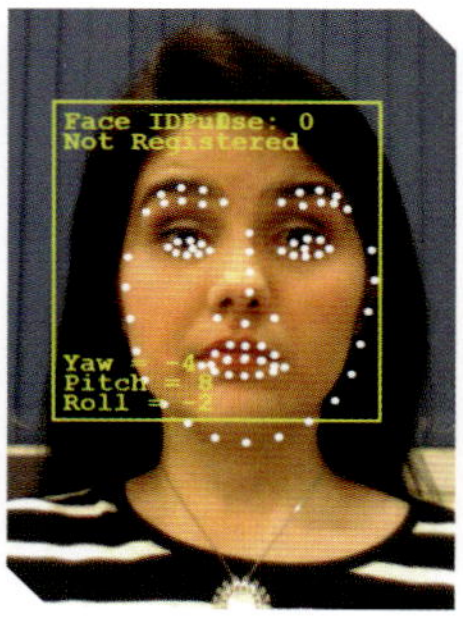
まゆをあげる

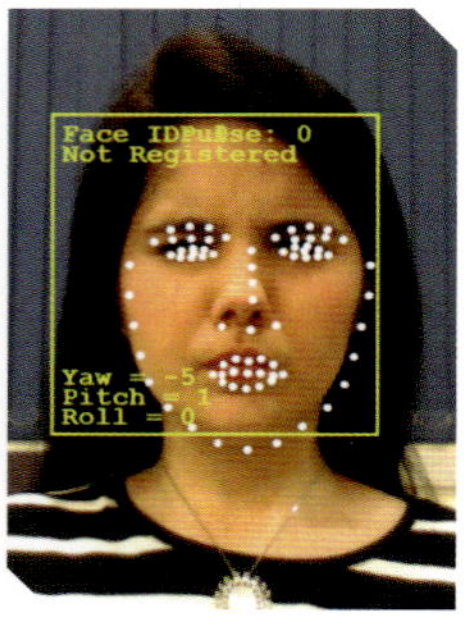
まゆをさげる

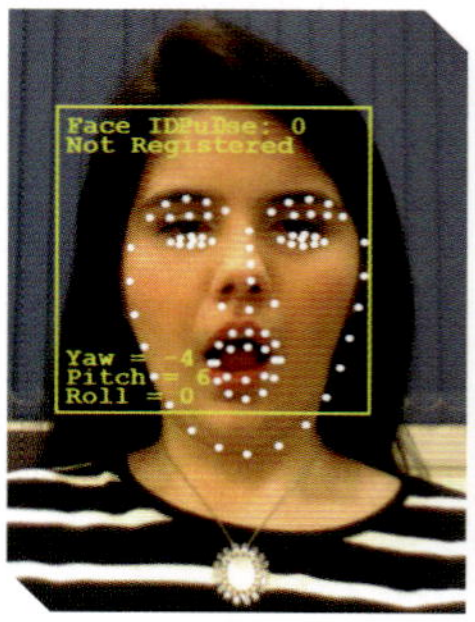
あごをさげる

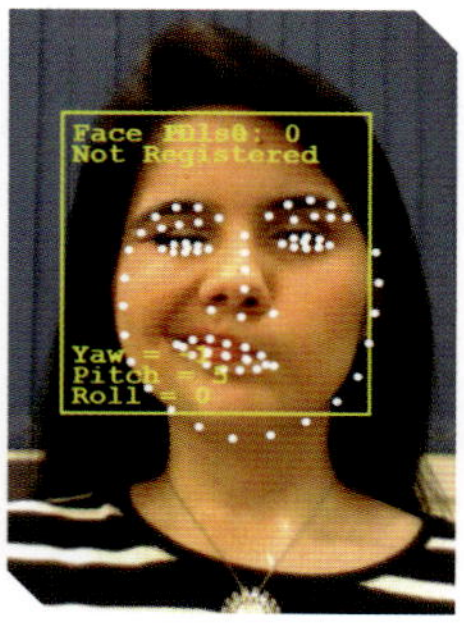
顔の半分でわらう

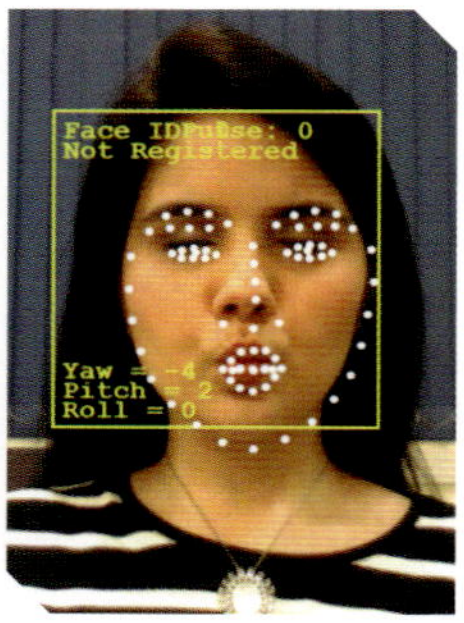
キスのしぐさをする

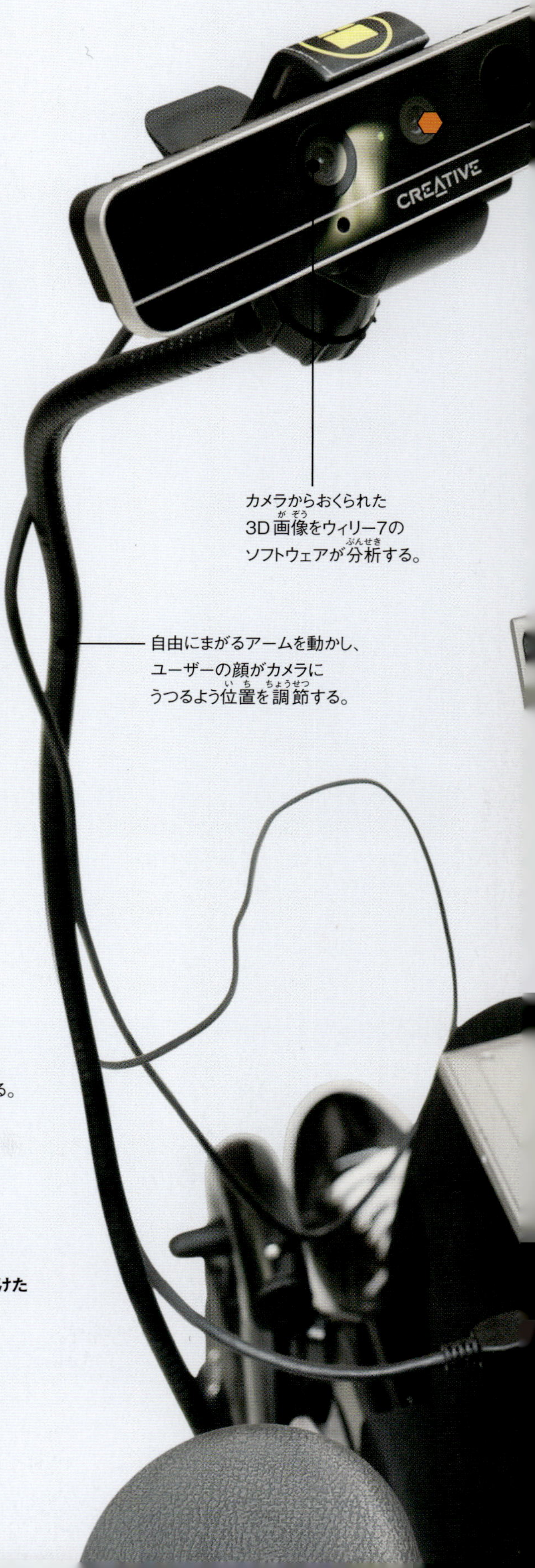

カメラからおくられた
3D画像《がぞう》をウィリー7の
ソフトウェアが分析《ぶんせき》する。

自由にまがるアームを動かし、
ユーザーの顔がカメラに
うつるよう位置《いち》を調節《ちょうせつ》する。

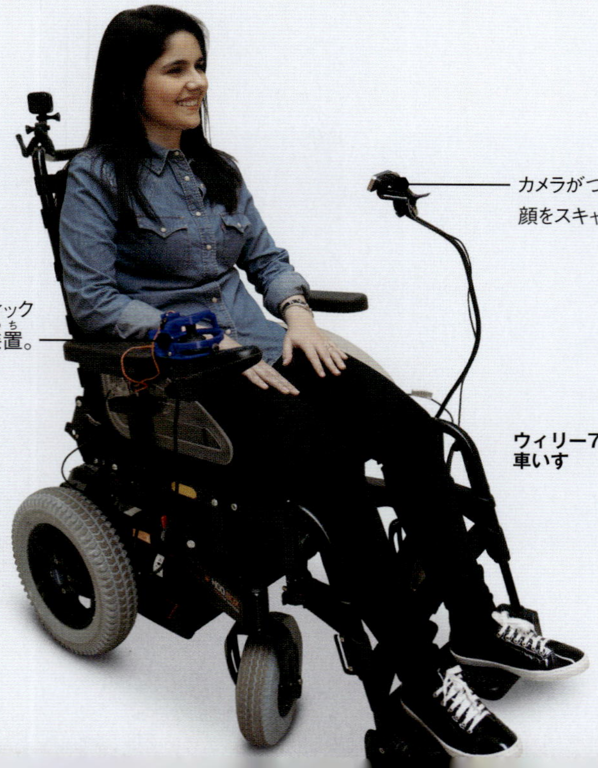

カメラがつねに
顔をスキャンしている。

車いすのジョイスティック
(レバー)を動かす装置《そうち》。

**ウィリー7をとりつけた
車いす**

電源
バッテリー

特長
リアルタイムで顔認証《にんしょう》ができる。

医療《いりょう》用支援《しえん》ロボット

WHEELIE 7 ウィリー7

ウィリー 7は、ユーザーがまゆをあげたり、舌《した》を出したりして、顔の表情《ひょうじょう》であやつることができる医療《いりょう》用支援《しえん》ロボットだ。からだの不自由《ふじゆう》な人をサポートするために設計《せっけい》された装置《そうち》で、特殊《とくしゅ》なデジタルカメラで顔の表情《ひょうじょう》を認識《にんしき》し、その情報《じょうほう》をもとに電動車いすを動かす。製品《せいひん》名の「7」という数字は、たった7分で車いすにとりつけられるという意味だ。

表情《ひょうじょう》をよみとる

ウィリー7のソフトウェアは、人間の顔の78カ所の点で分析《ぶんせき》をおこなう。点から点までの距離《きょり》の変化《へんか》から、「満面《まんめん》のえみをうかべる」「キスのしぐさをする」「舌《した》を出す」など、9種類《しゅるい》の表情《ひょうじょう》を見わける。

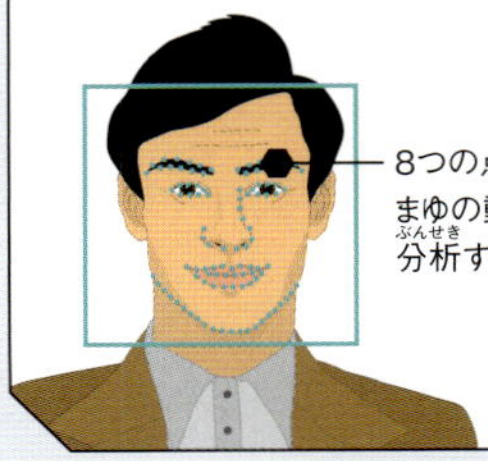

顔認識《にんしき》ソフトウェアが、カメラにうつった画像《がぞう》を分析《ぶんせき》する。

開発元
アンキ社

開発国
アメリカ

ソーシャルロボット

COZMO コズモ

からだは小さいけれど、大きな頭に知能《ちのう》がつまったソーシャルロボットのコズモは、たのしいあそびや冒険《ぼうけん》が大すきだ。いろんなゲームで対戦《たいせん》することができ、勝てば勝利《しょうり》のダンスをおどりはじめる。でも、コズモが負けたときはご用心！　負けずぎらいのコズモは、すっかりきげんをそこねてしまう。つかれると充電《じゅうでん》ドックにもどり、いびきをかいてねむりはじめる。しかし、ほかのおもちゃのように、ほうっておいてはいけない。とてもかしこいコズモは、人間の表情《ひょうじょう》をよみとって反応《はんのう》するのだ。

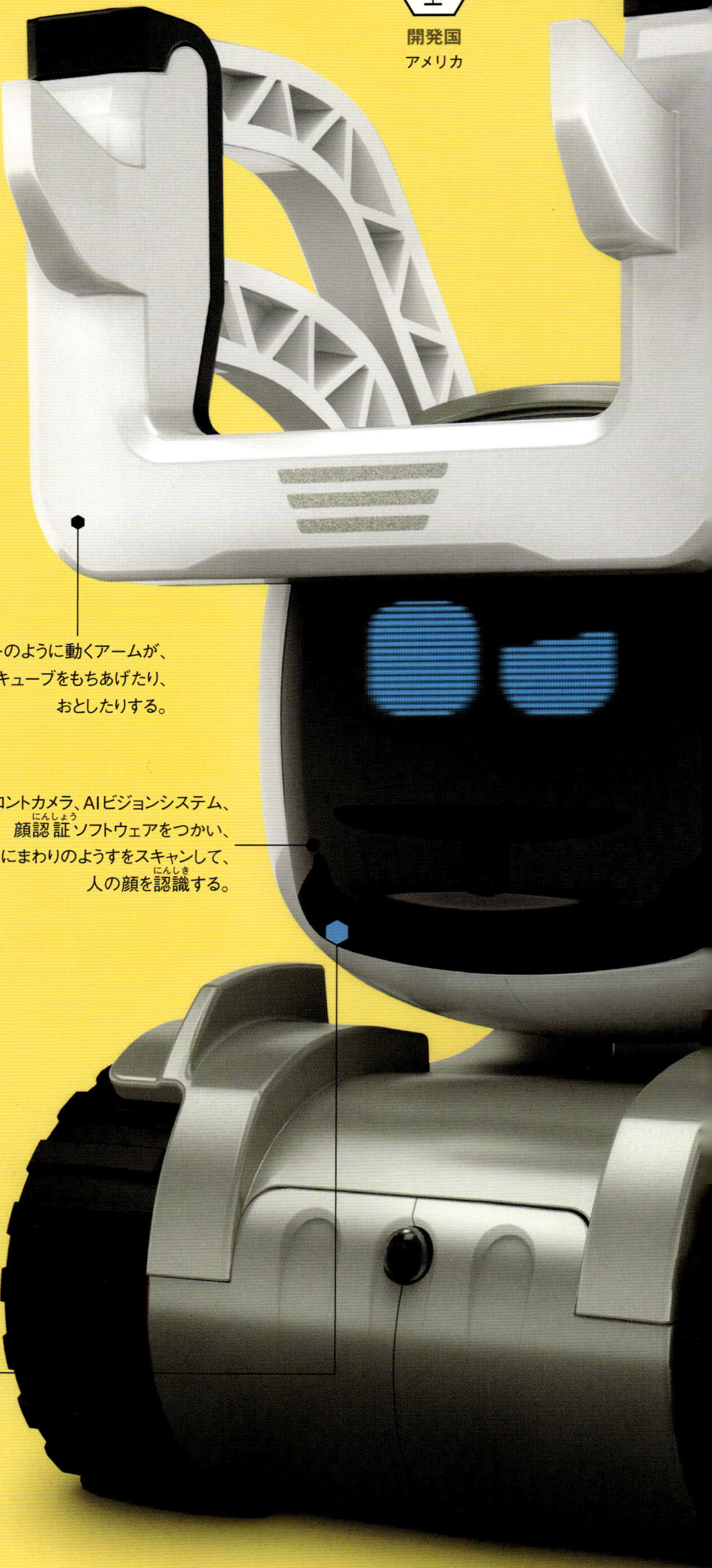

レバーのように動くアームが、キューブをもちあげたり、おとしたりする。

フロントカメラ、AIビジョンシステム、顔認証《にんしょう》ソフトウェアをつかい、つねにまわりのようすをスキャンして、人の顔を認識《にんしき》する。

専用《せんよう》のキューブをつかっていっしょにあそべる。

キューブをつみあげるコズモ

ゆたかな表情《ひょうじょう》

コズモの「感情《かんじょう》」は、「エモーションエンジン」でコントロールされている。HDスクリーンにうつし出される青い目が、大きさやかたちをかえて感情《かんじょう》をあらわす。顔認証《にんしょう》ができるので、まわりのようすをスキャンして、家族の顔を見わけて反応《はんのう》する。

ふだんの表情《ひょうじょう》　うれしいとき　かなしいとき

発売年
2016年

高さ
25センチメートル

重さ
1.36キログラム

電源
バッテリー

特長
先端《せんたん》ロボット技術《ぎじゅつ》と人工知能《ちのう》がそなわっている。

動くしくみ

スマートフォンやタブレットをつかって起動する。専用《せんよう》のアプリをダウンロードすれば、ゲームをしたり、コズモと情報《じょうほう》をやりとりしたりできる。顔のカメラでキューブを見つけて反応《はんのう》したり、人間の顔の表情《ひょうじょう》をよみとったりする。

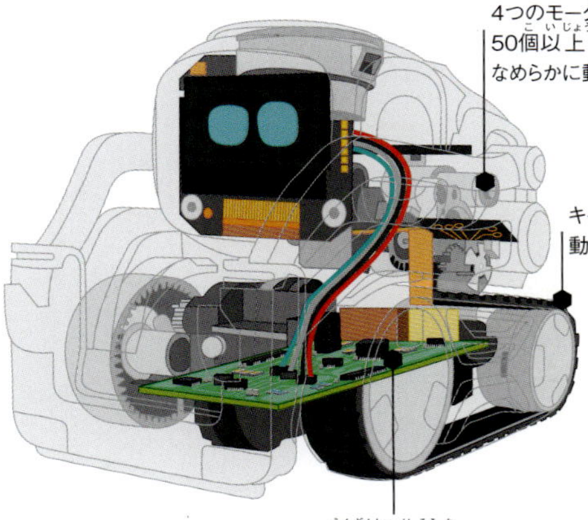
4つのモーターと50個以上《こいじょう》の歯車をつかい、なめらかに動くことができる。
キャタピラを動かしてすすむ。
中央演算処理装置《えんざんしょりそうち》(CPU)で、あつめたデータを処理《しょり》する。

「**パーソナリティ**(人格《じんかく》)をもつロボットは、これまで**映画**《えいが》の中でしか見ることができなかった」

アンキ社 CEO　ボリス・ソフマン

コズモは300個以上《こいじょう》の部品でできている。落下試験《しけん》をおこない、耐久性《たいきゅうせい》をチェックしている。
キャタピラは、障害《しょうがい》物のないたいらな場所の移動《いどう》にてきしている。

プログラムで動かす

コズモは、かんたんなプログラミングツールをつかって、初心者《しょしんしゃ》でもプログラムを組むことができる。スクリーン上で、顔認証《にんしょう》や動きにかんする命令《めいれい》を出せば、コズモがその指示《しじ》にしたがって動いてくれる。

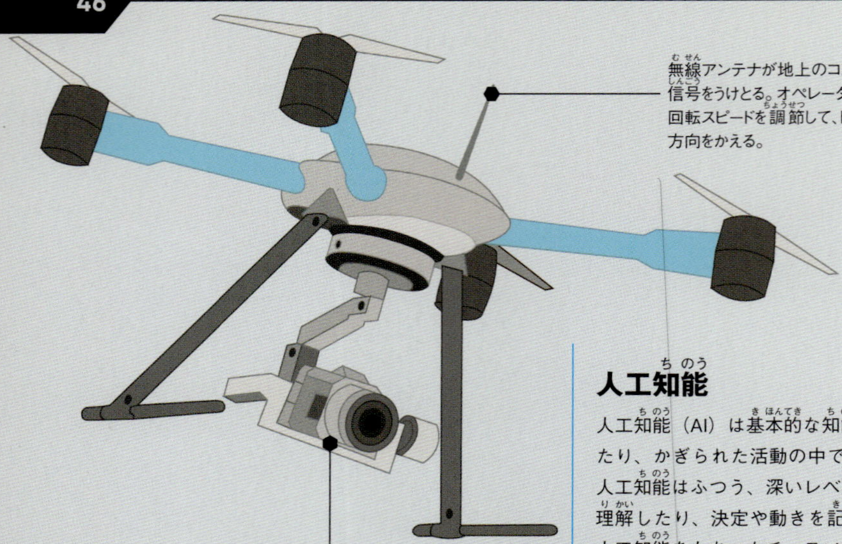

無線《むせん》アンテナが地上のコントローラから信号《しんごう》をうけとる。オペレータがプロペラの回転スピードを調節《ちょうせつ》して、ドローンの高度と方向をかえる。

ドローンのビデオカメラが航空《こうくう》画像《がぞう》と映像《えいぞう》を撮影《さつえい》する。

操縦型《そうじゅうがた》マシン

操縦型《そうじゅうがた》マシンは、「初歩的《しょほてき》な知能《ちのう》」をもつロボットだ。便利《べんり》だが、自分で考えることができず、人間がそのほとんどの動きを決定し、コントロールする。そのため、専門《せんもん》家たちは操縦型《そうじゅうがた》マシンを「ロボット」と見なしていない。ドローンや無人航空機《むじんこうくうき》（UAV）は、人間が無線《むせん》でおくる信号《しんごう》にしたがって動いている。

ドローンを飛《と》ばすときは、遠隔操《えんかくそう》作《さ》用の2軸《じく》ジョイスティックをつかう。リモコンをつかって、スピード、高度、方向をコントロールする。

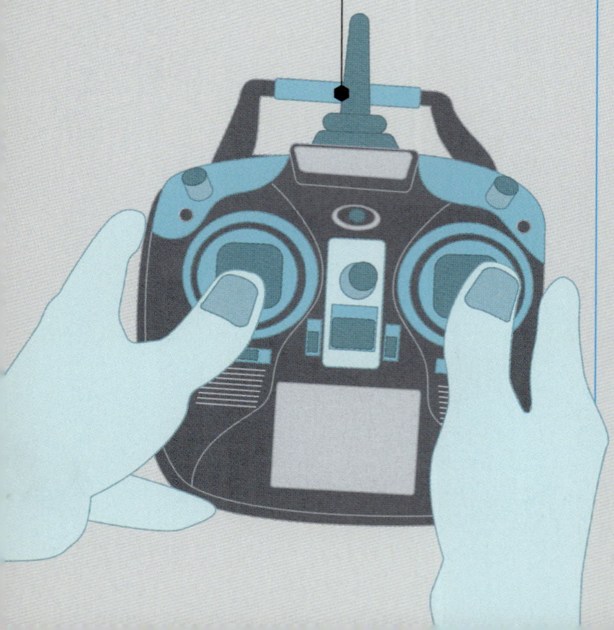

人工知能《ちのう》

人工知能《ちのう》（AI）は基本的《きほんてき》な知能《ちのう》で、データを処理《しょり》したり、かぎられた活動の中で意思決定したりする。人工知能《ちのう》はふつう、深いレベルでみずからの行動を理解《りかい》したり、決定や動きを記憶《きおく》したりできないが、人工知能《ちのう》をもちいたチェスソフトは、相手の反応《はんのう》を予測《よそく》して、つぎの一手をシミュレーションする。人工知能《ちのう》には限界《げんかい》があるが、大きな可能性《かのうせい》もひめている。2006年には、チェスソフトのディープ・フリッツが、ロシア人世界チャンピオンのウラジーミル・クラムニクをみごと打ち負かした。

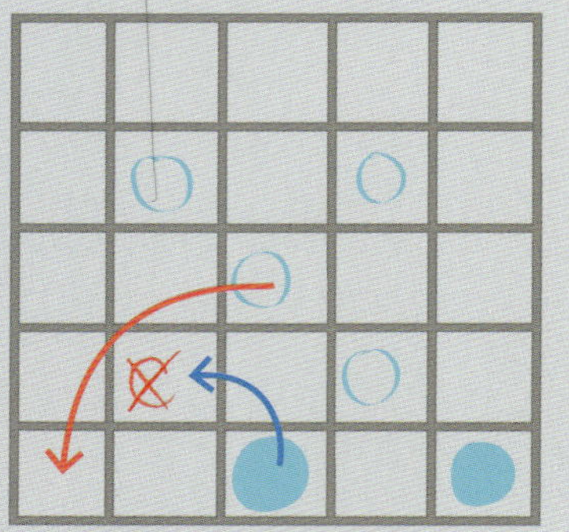

AIの分析《ぶんせき》

チェッカーというゲームでも、AIは対戦《たいせん》中につぎの手を分析《ぶんせき》しつづける。矢印《やじるし》でしめした一手は、のこり2コマのうち1コマを相手にとられると予想されるため、べつの手を考える。

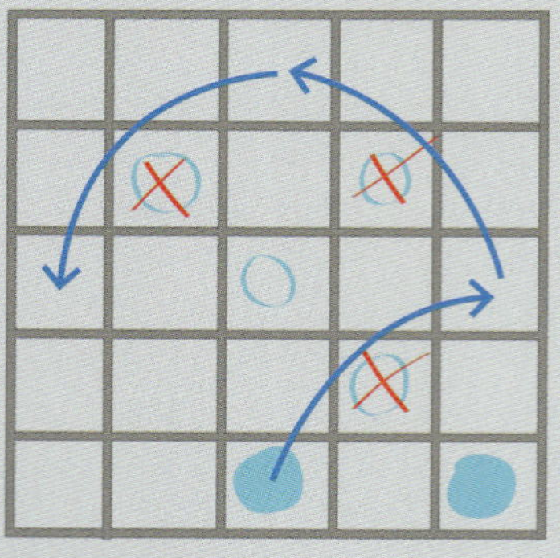

AIの意思決定

この局面では、AIが相手のコマを連続《れんぞく》して3つとり、いっきに逆転《ぎゃくてん》できる方法《ほうほう》を考えている。コマを動かすたびに、AIはつぎの一手と、それにたいする相手の動きをシミュレーションする。

自律型《じりつがた》ロボット

人間が入力したり、監視《かんし》したりしなくても、長時間にわたって動くことができるロボットを自律型《じりつがた》ロボットという。ロボットが自律的《じりつてき》に動くためには、さまざまなセンサーやソフトウェアをつかい、まわりのようすを認識《にんしき》しなければならない。センサーがあつめた情報《じょうほう》をもとに行動を決定し、その決定にしたがってアクションを実行する。水中で探査《たんさ》をおこなうロボットや、家庭でそうじをおこなうロボットは、高度な自律性《じりつせい》をそなえている。

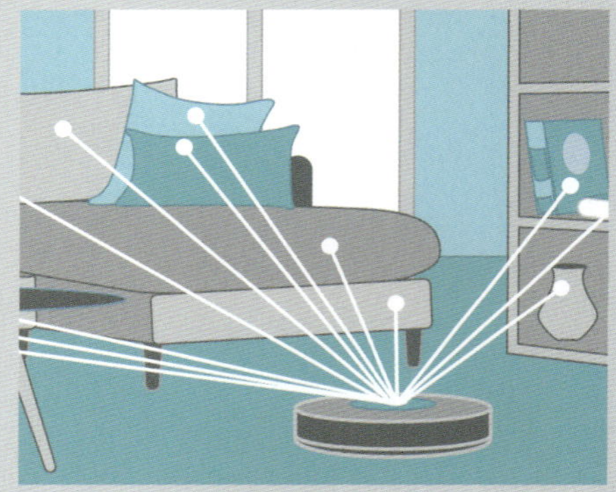

Roomba（ルンバ）980

ロボットそうじ機《き》のルンバ980は、カメラやセンサーがあつめたデータをもとに、現在位置《げんざいいち》やまわりのようすなど、つねにあたらしい情報《じょうほう》をとり入れたマップ（地図）を作成《さくせい》する。そのマップにしたがい、すすむ方向や順序《じゅんじょ》を決定し、障害《しょうがい》物をさけながらそうじをするのだ。段差《だんさ》センサーがつねにはたらいているので、階段《かいだん》からもおちずにそうじをつづけることができる。

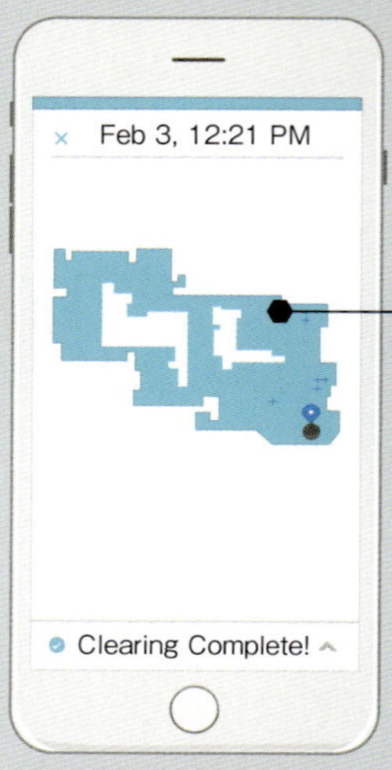

ルンバが作成《さくせい》したマップデータは、スマートフォンに転送することができる。マップを見れば、そうじがおわった場所がわかる。

マッピング技術《ぎじゅつ》

ルンバは、そうじした場所やトラブルの発生を記録《きろく》する。バッテリーの残量《ざんりょう》がすくなくなれば、自動的《じどうてき》に充電《じゅうでん》ステーションにもどって充電《じゅうでん》をおこなう。充電《じゅうでん》がおわると、もとの場所にもどってそうじを再開《さいかい》する。

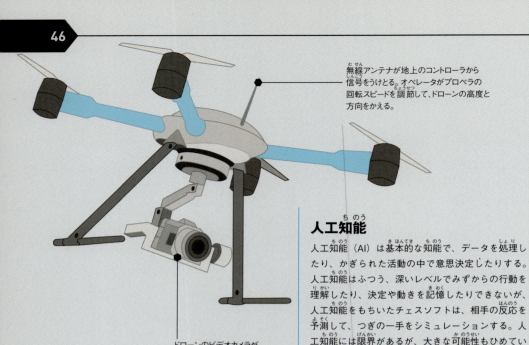

ROBOT INTELLIGENCE

ロボットの知能《ちのう》

「知能《ちのう》」をもつロボットとは、どのようなロボットをさすのだろう。ロボット工学の専門家《せんもんか》のあいだでも、ロボットが知能《ちのう》をもつかどうかの評価《ひょうか》については、さまざまな意見があるようだ。知能《ちのう》とは、かんたんにいうと「知識《ちしき》と能力《のうりょく》を身につけ、問題《もんだい》解決《かいけつ》や作業にもちいる」ことだ。わたしたちがロボットと考えるおおくの装置《そうち》は、センサーをつかって情報《じょうほう》をあつめることができるが、そのすべてが情報《じょうほう》をもとに行動をきめられるわけではない。ほんとうにかしこいロボットは、自分で行動を決定し、ほかの作業もおこない、学習した情報《じょうほう》と能力《のうりょく》をべつの仕事にいかすことができる。

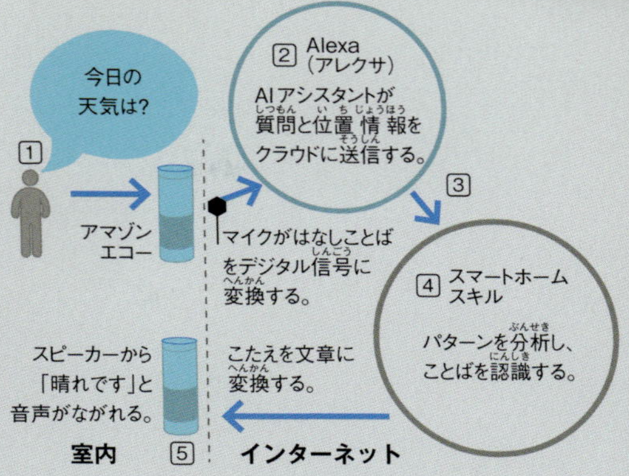

ホームアシスタントロボット

アマゾンエコーやグーグルホームなどのスマートスピーカーは、ユーザーのことばを理解《りかい》し、リクエストや質問《しつもん》にこたえてくれるが、自分でこたえを見つけるのではなく、クラウド上のAIアシスタントのたすけをかりている。クラウドとは、コンピュータネットワーク上のソフトウェアやサービスのことだ。AIアルゴリズムが過去《かこ》のリクエストを何千件《けん》も分析《ぶんせき》し、てきせつなこたえをえらび出してインターネット経由《けいゆ》でパーソナルアシスタント装置《そうち》に送信《そうしん》する。

自動化された店

AIにさまざまなセンサーや特殊《とくしゅ》なコンピュータアルゴリズムが組み合わさって、ハイブリッドタイプのあたらしい知能《ちのう》が誕生《たんじょう》しようとしている。未来《みらい》のスーパーマーケットにハイブリッドAIがとり入れられれば、レジや買いものかご、精算《せいさん》をまつ長い列が、店内から消えてなくなるかもしれない。ほしいものをバッグにつめて店を出るだけで、かんたんに買いものをすませられるのだ。

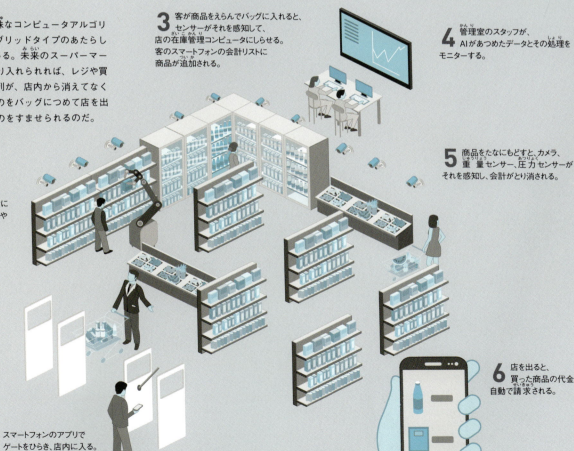

開発元
レカ社

開発国
フランス

開発年
2015年

電源
バッテリー

特長
さまざまなセンサーとうめこみ型《がた》スクリーンがそなわっている。

ソーシャルロボット

LEKA レカ

かしこくてかわいいボール型《がた》のロボットが、子どもたちの学習をサポートしてくれる。レカは、学習障害《しょうがい》の子どもたちのためにつくられたソーシャルロボットだ。やさしい表情《ひょうじょう》をうかべ、子どもといっしょにあそんだり、学習をたすけたり、コミュニケーションをとったりする。マルチセンサーがあり、子どもにあわせてプログラムできるほか、長期間にわたる学習や発達《はったつ》のデータを保護《ほご》者にしらせてくれる。

感情《かんじょう》をもつ

LEDライトの色と顔の表情《ひょうじょう》で、子どもたちにさまざまな「感情《かんじょう》」をつたえる。子どもたちはレカとのコミュニケーションをとおして、友だちやおとなの表情《ひょうじょう》を理解《りかい》し、反応《はんのう》できるようになる。

なげたり、らんぼうにあつかったりすると、かなしそうな顔をする。
内部のモーターでころがって移動《いどう》する。

レカとあそぶ

レカをもちあげると、おやすみモードから目をさまして、にっこりほほえみかける。くりかえし学習することが必要《ひつよう》な子どもたちのために、あそびをとおしてつねに学べるようくふうされている。

カラフルでやわらかいLEDの光、やさしい音色、気分をおちつかせる振動《しんどう》が、子どもたちの感覚《かんかく》にはたらきかける。これらはすべて、子どもたちのストレスや不安《ふあん》をやわらげる効果《こうか》があることがわかっている。

レカの顔はスクリーンにもなり、写真や動画、タブレット用ゲームなどをうつし出す。記憶《きおく》ゲームをくりかえし、子どもたちの学習能力《のうりょく》を高める。

「わたしたちの使命は、
教育の不平等《ふびょうどう》をなくし、
特別《とくべつ》な子どもたちが、
特別《とくべつ》な人生をおくることが
できるよう、手だすけを
することだ」

レカ社 共同設立《きょうどうせつりつ》者 ラディスラス・デ・トールディ

動くしくみ

タブレットのアプリをつかって、あそんだり、動かしたりできる。あそびのデータはすべて記録《きろく》され、保護《ほご》者はデータやグラフから子どもの発《はっ》達《たつ》をしることができる。また、保護《ほご》者はレカをつうじて、子どもとあそぶこともできる。

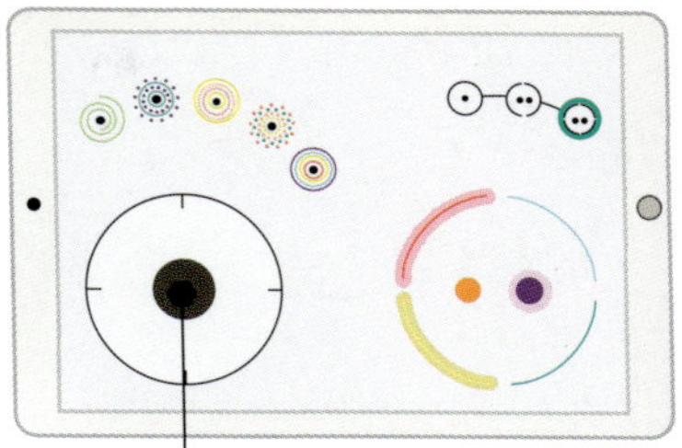

ユーザーはレカの動く方向をきめることができる。

にっこりわらって、子どものやる気をひき出す。

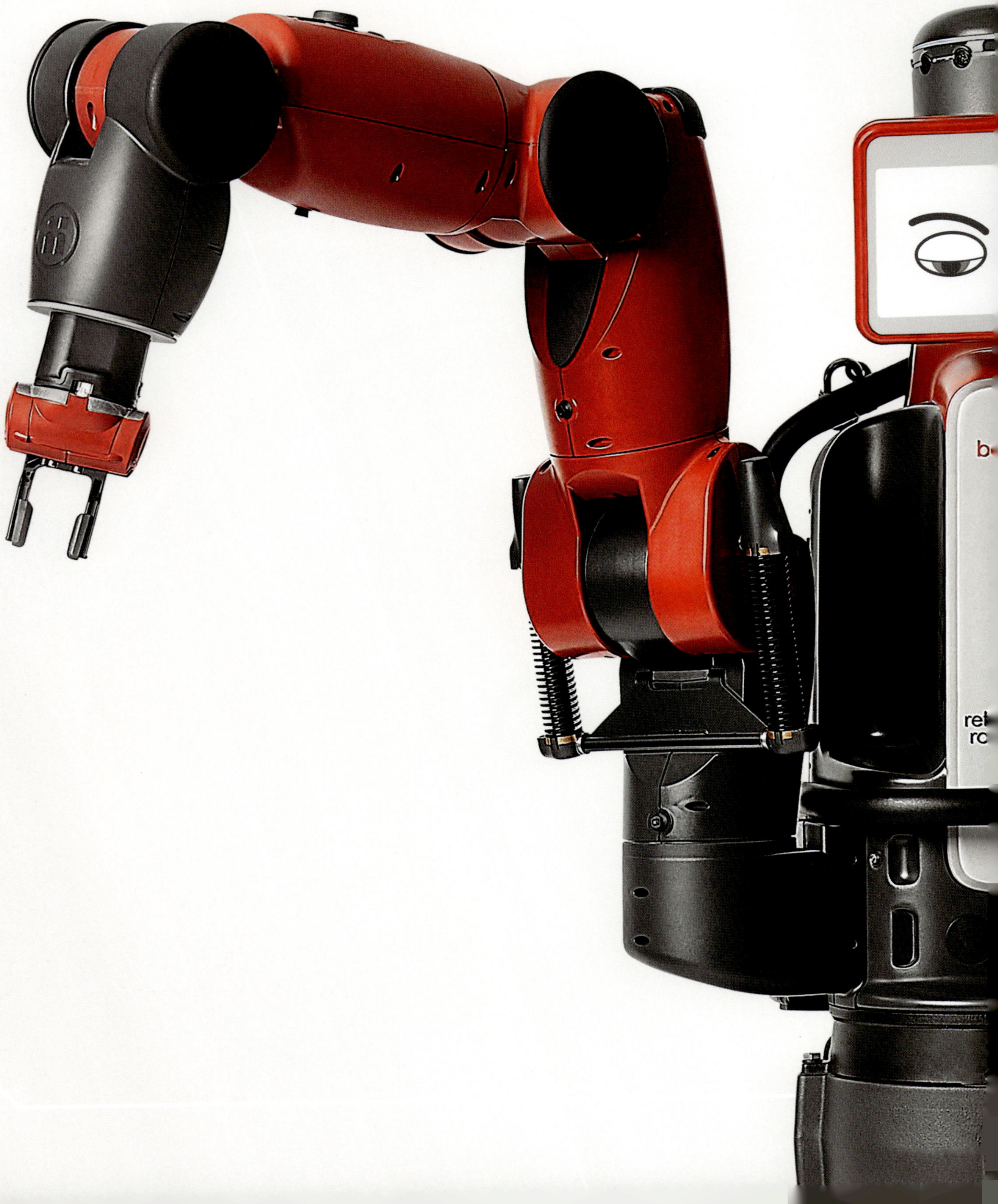

AT WORK

産業《さんぎょう》用ロボット

世界の工場では、たくさんのロボットが、人間にかわって危険《きけん》な仕事や単純《たんじゅん》なくりかえし作業、不《ふ》衛生《えいせい》な作業をおこなっている。つかれることなく作業をつづけられるロボットのおかげで、わたしたちはほかのことに時間をつかうことができる。

開発元
クーカ社

開発国
ドイツ

発売年
2014年

作業用ロボット

LBR iiwa

エル・ビー・アール・イイヴァ

工場では、あたらしいタイプのロボットが活躍《かつやく》をはじめている。高度なセンサーをそなえたLBRイイヴァは、軽量《けいりょう》で動きがなめらかな高性能《こうせいのう》ロボットアームだ。どこにでも設置《せっち》することができ、安全性《せい》が高いため、人間もすぐそばで安心してはたらける。

「**高性能《こうせいのう》ロボット**が誕生《たんじょう》した今、
わたしたちはまったくあたらしい
アプリケーションを開発することができる」

クーカ社 エンジニア　クリスティーナ・ヘックル

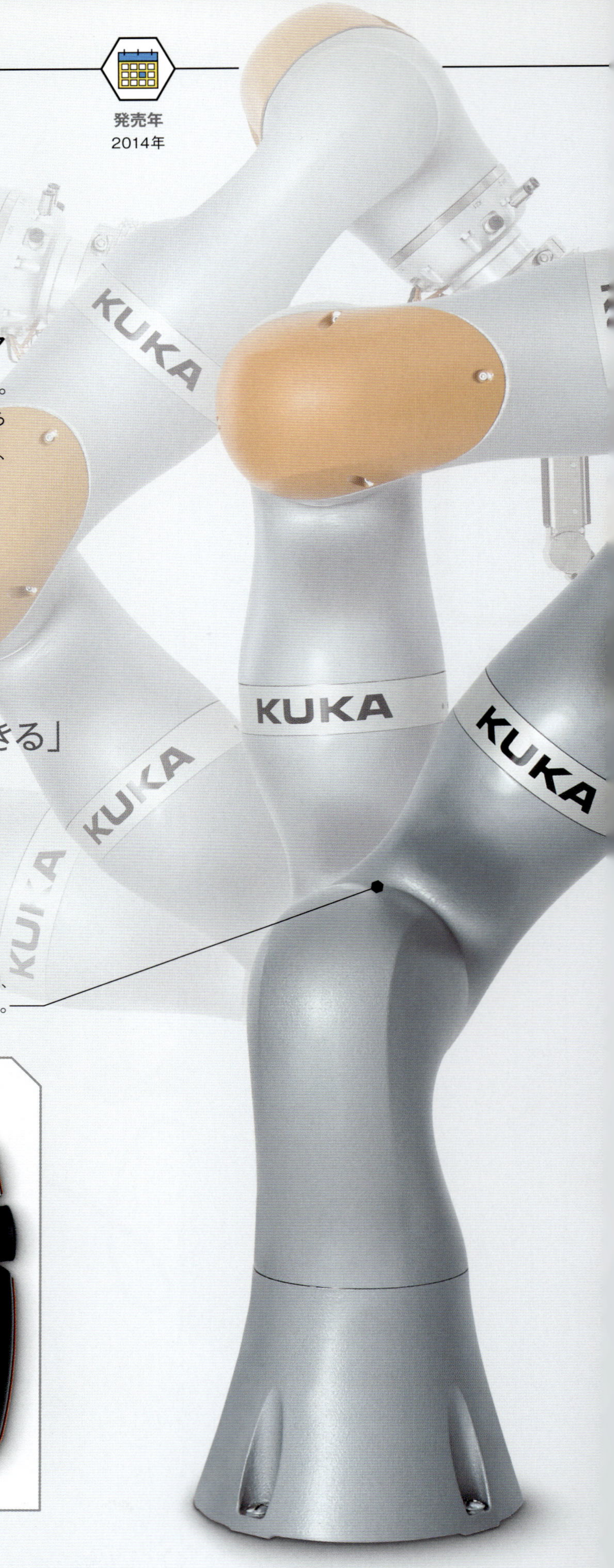

それぞれの関節《かんせつ》に特殊《とくしゅ》なセンサーがあり、予期しない物体にふれると動きがとまる。

コントロールする

作業をはじめるまえに、デモンストレーションをおこなったり、スマートパッドコントローラで指示《しじ》したりして、ロボットをプログラムすることができる。重さ1.1キログラムのコントローラは、じょうぶなタッチスクリーンをそなえ、ロボットと無線《むせん》でつながっている。アームの関節《かんせつ》を1センチメートル単位《たんい》で動かすことができる。

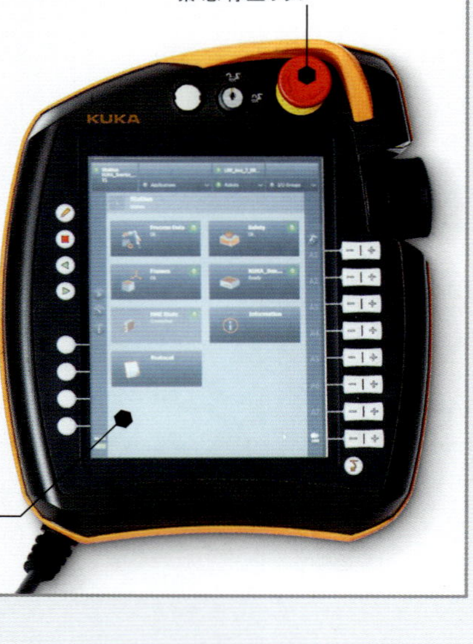

緊急停止《きんきゅうていし》ボタン

タッチスクリーンにメニューとアイコンが表示《ひょうじ》される。

高さ
1.3メートル

重さ
30キログラム

電源
商用電源《でんげん》（AC電源《でんげん》）

特長
経路《けいろ》と動きを記憶《きおく》できる。

自由にまがる関節《かんせつ》が7つあり、ひじの関節もその1つだ。
KUKA
手首にさまざまなツールをはめることができる。小さくてこわれやすい物体をつかむグリッパー、金属《きんぞく》板を接合《せつごう》するリベッター、ナットやボルトをしめるパワーレンチなどがある。
アームは軽量《けいりょう》アルミニウムでできている。
グリッパーは、たまごのようなこわれやすい物体をつかむとき、ボルトなどをしめるとき、重くてがんじょうな物体をあつかうときなど、作業によって握力《あくりょく》を調節《ちょうせつ》することができる。

動くしくみ

7つの関節《かんせつ》は高精度《こうせいど》電気モーター式で、さまざまな動きをすることができる。すべてを同時に動かせるので、あらゆるところに手がとどき、せまい場所でも仕事ができる。誤差《ごさ》0.1ミリメートル以内《いない》で動かせるため、こまかい電子部品の複雑《ふくざつ》な組み立てにてきしている。

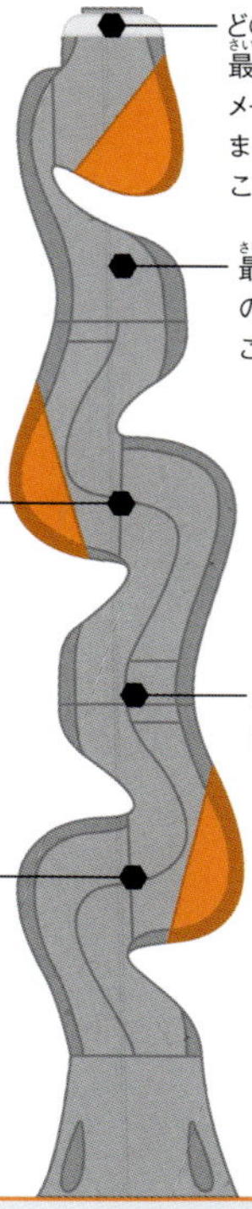
どの方向にでも最大《さいだい》82センチメートルさきまでまっすぐのばすことができる。
最大《さいだい》14キログラムの物体をもちあげることができる。
この関節《かんせつ》は240度回転する。
この関節《かんせつ》は340度回転する。
それぞれの関節《かんせつ》にモーターがあり、べつべつにコントロールできる。

グリッパー

クッションつきグリッパーは、わずか18ミリ秒（1000分の18秒）で物体をはさんでもちあげることができる。プログラミングやスマートパッドコントローラで握力《あくりょく》を調節《ちょうせつ》する。

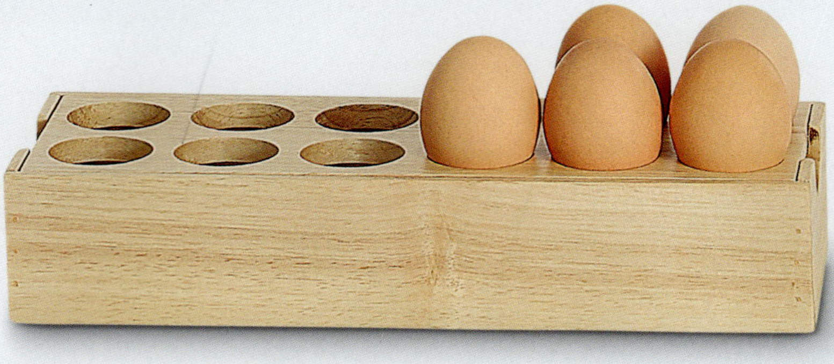

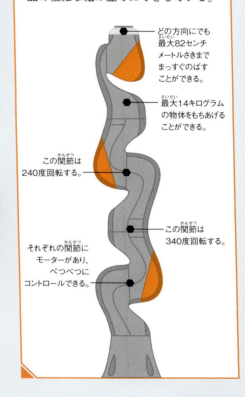

開発元
リシンク・ロボティクス社

ひじの関節《かんせつ》にあるセンサーが、動きのスピードと力を測定《そくてい》する。

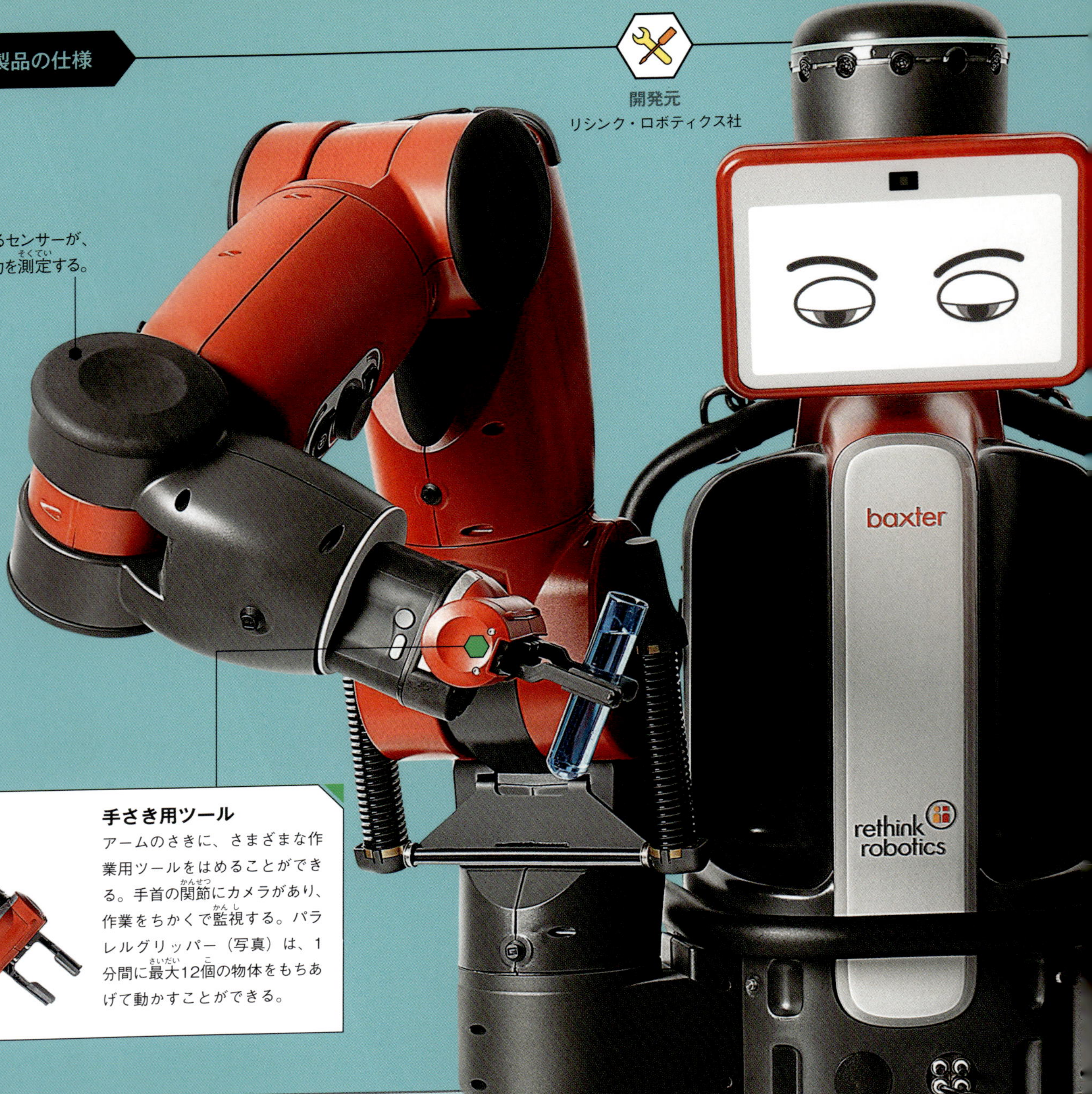

パラレル
グリッパー

手さき用ツール

アームのさきに、さまざまな作業用ツールをはめることができる。手首の関節《かんせつ》にカメラがあり、作業をちかくで監視《かんし》する。パラレルグリッパー（写真）は、1分間に最大《さいだい》12個《こ》の物体をもちあげて動かすことができる。

表 情《ひょうじょう》

バクスターのスクリーンには、さまざまな「表 情《ひょうじょう》」がうつし出される。作業に失敗《しっぱい》したときは「かなしい顔」、作業中は「集中した顔」、人間がちかづくと「おどろいた顔」、指示《しじ》がわからないときは「こまった顔」をする。

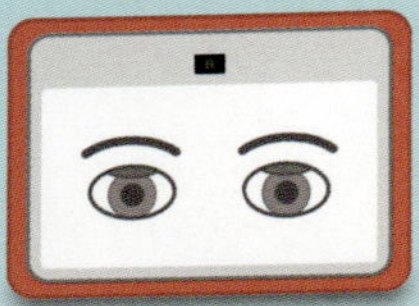

ふだんの顔

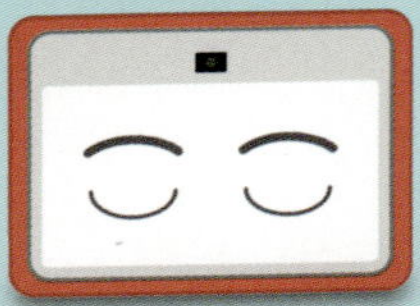

ねむっている顔

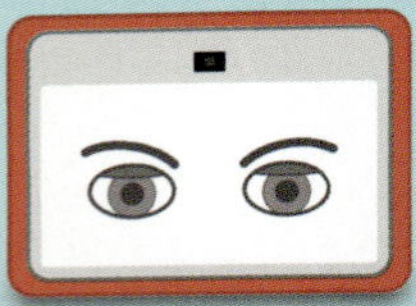

集中している顔

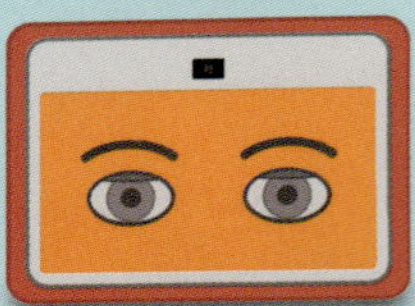

おどろいた顔

こまった顔

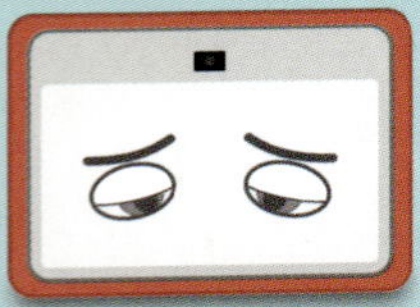

かなしい顔

開発国	発売年	高さ	重さ	電源	特長
アメリカ	2012年	1.9メートル（台をふくむ）	138.7キログラム（台をふくむ）	バッテリー	モーター式の関節《かんせつ》に、抵抗《ていこう》や衝突《しょうとつ》を感知するセンサーがそなわっている。

協働《きょうどう》ロボット

BAXTER

バクスター

2本のアームをもつ表情《ひょうじょう》ゆたかなバクスターは、かんたんに作業をおしえられる万能型協働《ばんのうがたきょうどう》ロボットだ。頭、ボディ、アームにカメラが5台と、関節《かんせつ》に力検出《けんしゅつ》センサーがついていて、人や物体にぶつからないよう監視《かんし》する。何かに接触《せっしょく》すれば、すぐに動きをとめるので、人間といっしょに安全に作業をすることができる。

電気モーター式のアームはそれぞれ120センチメートルさきまでとどき、最大《さいだい》2.2キログラムの物体をもちあげることができる。

人間がナビゲータボタンを操作《そうさ》し、バクスターにあたらしい作業をおしえる。

こわれやすいものをつかむときは、バキュームグリッパーがポンプで吸引《きゅういん》してもちあげる。

台に車輪《しゃりん》がついているので、かんたんに場所を移動《いどう》できる。

正面図

動くしくみ

コンピュータでプログラミングしなくても、トレーニングモードにきりかえれば、人間のトレーナーが手でアームを動かし、動作のながれをロボットにおしえることができる。ロボットはその動きを正確《せいかく》におぼえてくりかえす。

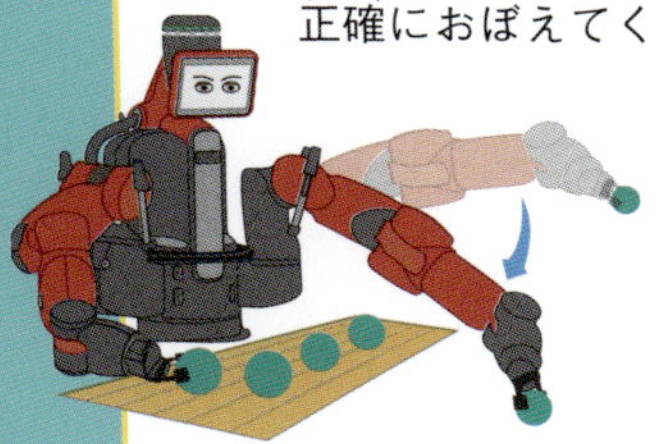

コンベアベルトでながれてくる物体の箱づめ作業をおしえるときは、トレーナーが手でアームを物体の上まで動かし、ナビゲータボタンをおす。

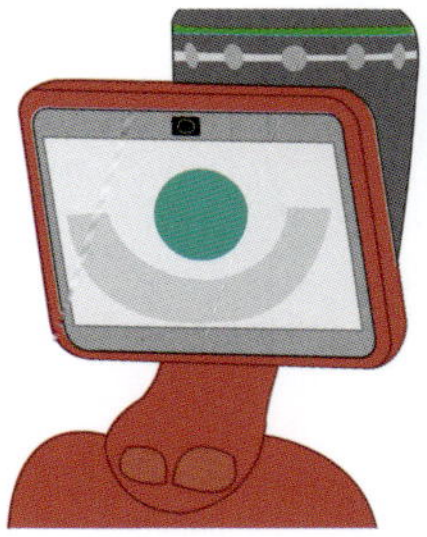

手首のカメラが物体をとらえ、スクリーンにその映像《えいぞう》をうつし出す。トレーナーがただしい物体であることを確認《かくにん》したあと、バクスターがそれをもちあげる。

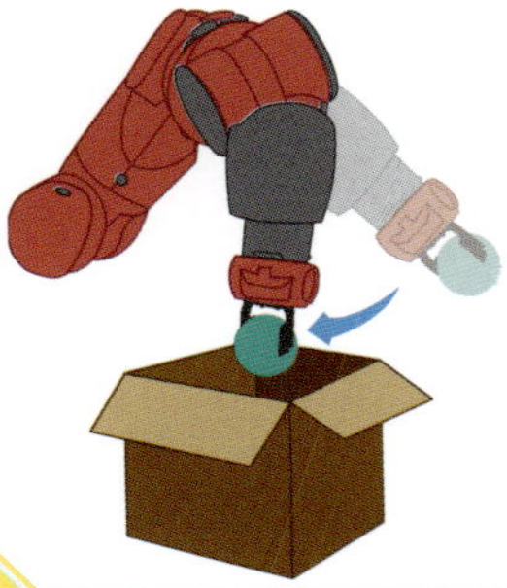

物体を移動《いどう》させる場所までトレーナーが手でアームを動かし、バクスターがセンサーをつかって物体を箱の中へ入れる。この作業をバクスターにおぼえさせれば、何度でもくりかえしおこなうことができる。

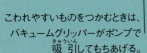

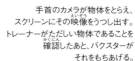

ティーチングペンダントによるプログラミング

人間のオペレータがティーチングペンダント（リモコンの一種《いっしゅ》）を手で操作《そうさ》し、ロボットを動かして、作業の始点と終点、おこなうべきアクションを順《じゅん》におしえる。指示《しじ》はプログラムとして保存《ほぞん》され、ロボットはその作業をくりかえしおこなえるようになる。大きなプログラムは、サブプログラムとよばれる小さなユニットにわけられることがおおい。プログラムをこまかくわけておくほうが、よりおしえやすく、変更《へんこう》が必要《ひつよう》なときもよりかんたんに修正《しゅうせい》できる。ティーチングペンダントは、自動車のスポット溶接《ようせつ》、スプレー塗装《とそう》、ネジや部品のピッキング（1つずつつまみあげてべつの場所にうつす作業）、機械《きかい》のはこび入れ・はこび出しなどをおこなう産業《さんぎょう》用ロボットにひろくつかわれている。

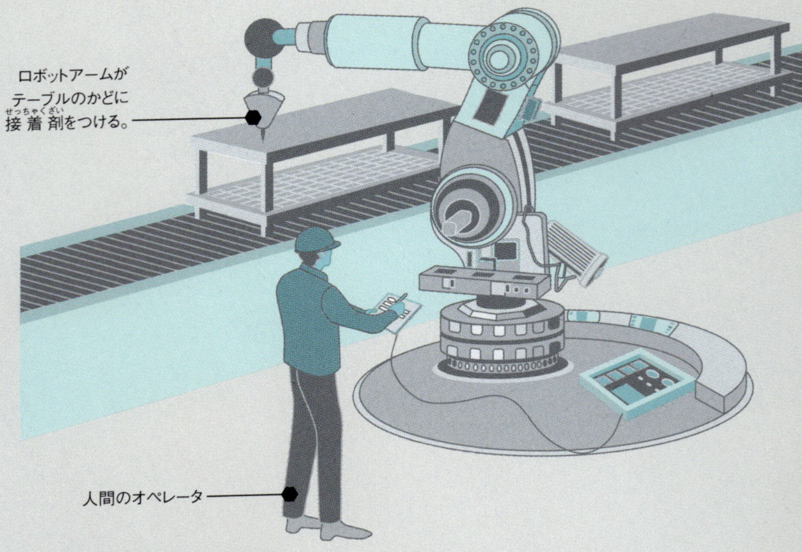
ロボットアームが
テーブルのかどに
接着剤《せっちゃくざい》をつける。
人間のオペレータ

1 ティーチング（おしえる）
オペレータがティーチングペンダントを手にもち、生産《せいさん》ラインをながれてくるテーブルのかどに接着剤《せっちゃくざい》をつけるよう、作業ロボットに指示《しじ》を出す。作業をおしえるときは、安全かつ正確《せいかく》に作業がおこなえるよう、1つ1つの動きをゆっくりとすすめる。

ティーチングペンダントの特長《とくちょう》

ティーチングペンダントは、ロボットやコンピュータとケーブルでつなぐか、無線信号《むせんしんごう》をつかってワイヤレスでつなぐことができる。コンピュータ技術《ぎじゅつ》の発展《はってん》とともにペンダントも改良《かいりょう》され、より複雑《ふくざつ》になったロボットや作業に対応《たいおう》できるよう、入力やコントロールの方法《ほうほう》が単純《たんじゅん》化された。ペンダントは耐久性《たいきゅうせい》、防塵性《ぼうじんせい》、衝撃耐性《しょうげきたいせい》、防水耐性《ぼうすいたいせい》にすぐれ、ロボットの作業にあわせて設計《せっけい》されている。単独《たんどく》でつかう機能《きのう》や、組み合わせてつかう機能《きのう》など、オペレータをたすける機能《きのう》がそろっている。

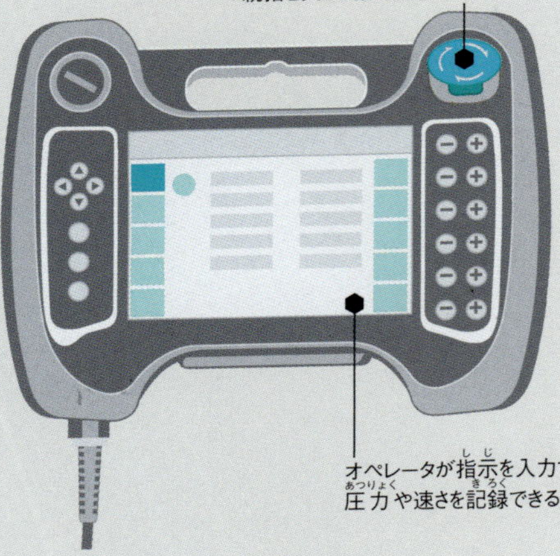
小さいジョイスティックは
親指と人さし指で操作《そうさ》する。
オペレータが指示《しじ》を入力するときの
圧力《あつりょく》や速さを記録《きろく》できるものもある。

ジョイスティック

ジョイスティックには、上下、左右に動かすシンプルなものから、360度にわたって正確《せいかく》に動かせる最先端《さいせんたん》のものまである。オペレータはジョイスティックをつかい、作業の始点から終点までロボットを動かす。終点に到達《とうたつ》するごとに、オペレータがロボットの位置《いち》をこまかく調整する。

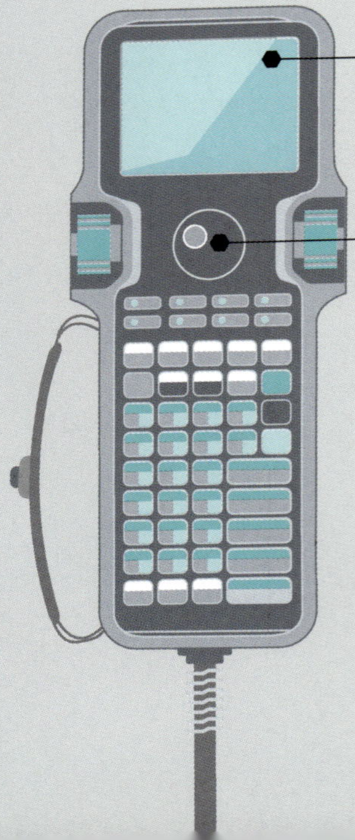
1つまえの指示《しじ》や
エンドエフェクタの位置《いち》など、
重要《じゅうよう》な情報《じょうほう》が小さな
スクリーンに表示《ひょうじ》される。
ジョグダイヤル

ジョグダイヤル

ジョグダイヤルつきのペンダントは、スクリーン上でメニューをかんたんにスクロールさせたりできる。関節《かんせつ》を動かす角度などは数字キーで入力する。

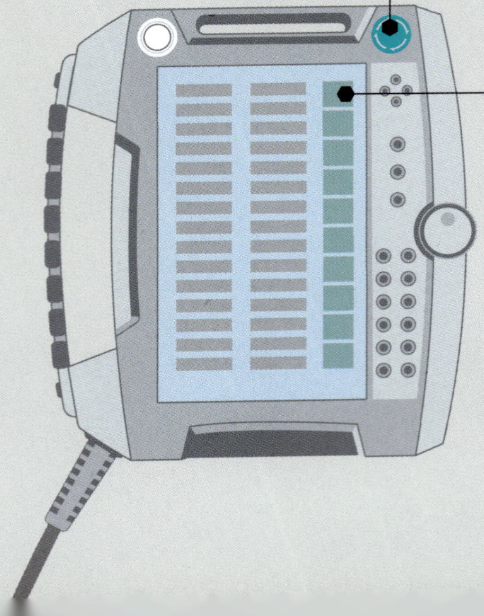
すべての機能《きのう》を停止《ていし》させるボタン。
フルカラーのタッチスクリーンは、
指でタップしたりスワイプしたりする
ことで反応《はんのう》する。

タッチスクリーン

スクリーン上に表示《ひょうじ》されるアイコンを指でタップして指示《しじ》を出す。スクリーンのまわりにもさまざまなキーがならび、緊急停止《きんきゅうていし》ボタンもついている。将来的《しょうらいてき》には、スマートフォンですべて操作《そうさ》できるようになると考えられている。

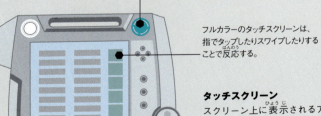

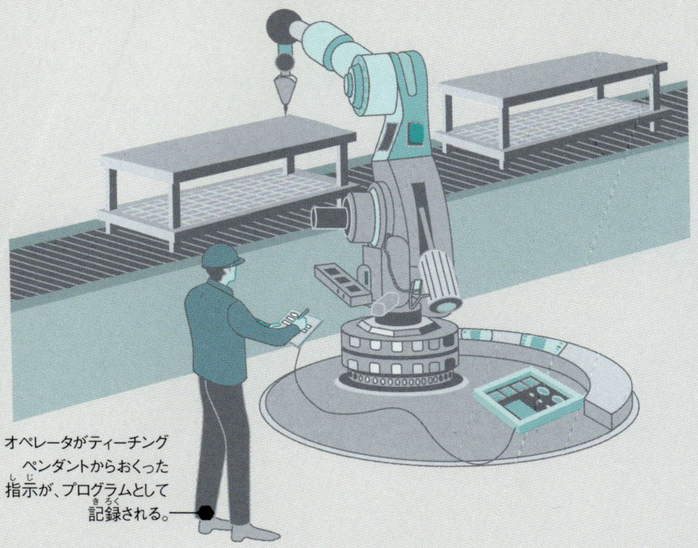
オペレータがティーチング
ペンダントからおくった
指示《しじ》が、プログラムとして
記録《きろく》される。

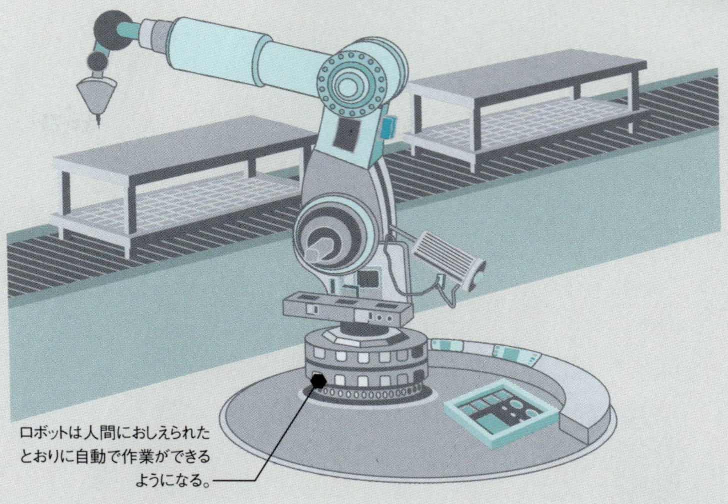
ロボットは人間におしえられた
とおりに自動で作業ができる
ようになる。

2 記録《きろく》と試運転《しうんてん》

ロボットは指示《しじ》された動きを記録《きろく》し、プログラムとして保存《ほぞん》する。保存《ほぞん》がおわれば、ロボットの試運転《しうんてん》ができるようになる。オペレータはいつでもロボットの動きをとめて、ロボットアームの位《い》置《ち》や作業スピードを調整できる。

3 アクション

調整や試運転《しうんてん》がおわり、ティーチングペンダントの接続《せつぞく》をはずせば、ロボットが作業をおこなえるようになる。作業をはじめるまえに、生産《せいさん》ラインのながれやほかのマシンの作業スピードにあわせて、ロボットの動くスピードをかえることもできる。

ONLINE PROGRAMMING

オンラインプログラミング

あたらしいロボットが完成《かんせい》しても、人間が作業を指示《しじ》するまでは役に立ってはくれない。オンラインプログラミングは、そんなロボットをはたらける状態《じょうたい》にするためのプログラミング方法《ほうほう》の1つだ。工場の生産《せいさん》ラインなどで直接《ちょくせつ》ロボットにプログラミングをおこない、作業をおしえたり、ロボットの設定《せってい》をかえたりする。オンラインプログラミングには時間がかかるが、よりみじかい時間でかんたんにおこなえる方法《ほうほう》も開発されている。

デモンストレーションによるプログラミング

ロボット技術《ぎじゅつ》が発展《はってん》するにつれ、1つのオンラインプログラミング方法《ほうほう》がひろくつかわれるようになった。人間のオペレータがロボットの手さきを手で動かし、作業に必要《ひつよう》な動きを順序《じゅんじょ》立てておしえる方法《ほうほう》だ。ロボットは指示《しじ》と動きをすべてメモリに保存《ほぞん》し、手順《てじゅん》どおり正確《せいかく》に作業をくりかえすことができる。デモンストレーション（実演《じつえん》）によるプログラミングは、オペレータにプログラミングの知識《ちしき》がなくてもおこなえるが、ロボットに再現《さいげん》させたい作業をただしくおこなえなくてはならない。

デモンストレーション中に
関節《かんせつ》の角度を記録《きろく》する。

1 デモンストレーション

人間のオペレータが、文字や図形をえがく動きをロボットアームにおしえる。ロボットは作業ごとに、それぞれのコンポーネントの位置《いち》や実行するアクションを記録《きろく》し、メモリに保存《ほぞん》する。

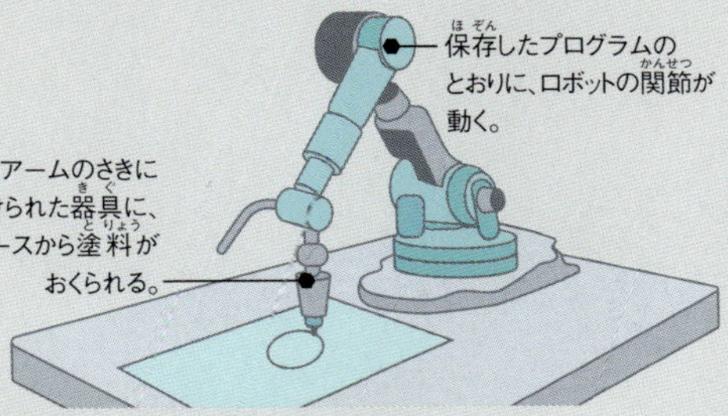
保存《ほぞん》したプログラムの
とおりに、ロボットの関節《かんせつ》が
動く。
ロボットアームのさきに
とりつけられた器具《きぐ》に、
ホースから塗料《とりょう》が
おくられる。

2 アクション

ロボットに指示《しじ》を出すと、おしえられた手順《てじゅん》で作業をすばやく正確《せいかく》にくりかえす。このプログラミング方法《ほうほう》は、ティーチングペンダントをつかう方《ほう》法《ほう》よりもみじかい時間でおこなえる。

開発元
インテュイティブサージカル合同会社

開発国
アメリカ

発売年
2000年

電源
商用電源《でんげん》（AC電源《でんげん》）

操縦型《そうじゅうがた》ロボット

DA VINCI SURGICAL SYSTEM

ダ・ヴィンチ・サージカルシステム

おおくの人は、ロボットに手術《しゅじゅつ》されるのがこわいと思うだろう。しかし、手術支援《しゅじゅつしえん》ロボットのダ・ヴィンチ・サージカルシステムは、なみたいていのロボットではない。超小型《ちょうこがた》の手術器具《しゅじゅつきぐ》をミリ単位《たんい》で正確《せいかく》に動かすことができるのだ。このロボットは、人間の外科医《げかい》があやつって動かす。世界中で約《やく》4,000台がつかわれていて、300万件《けん》をこえる手術《しゅじゅつ》をおこなっている。

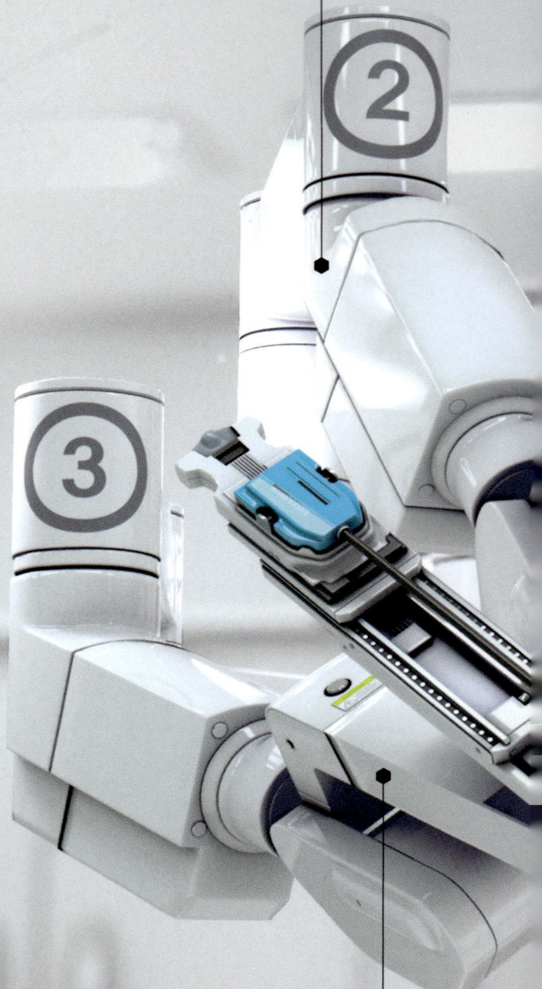
モーター式の関節《かんせつ》がさまざまな角度で動く。
2
3
スケーリング機能《きのう》（手の動き5センチメートルを鉗子《かんし》1センチメートルの動きに補正《ほせい》する機能《きのう》）により、執刀医《しっとうい》は手の動きとアームの動きの比率《ひりつ》を調節《ちょうせつ》でき、手術《しゅじゅつ》中はよりこまかくロボットをコントロールできる。

動くしくみ

執刀医《しっとうい》（手術《しゅじゅつ》をする医師《いし》）がサージョンコンソールにすわり、フットペダルとハンドコントロールをつかってロボットを動かす。小さな手術器具《しゅじゅつきぐ》をとりつけたアームが、執刀医《しっとうい》の手の動きを正確《せいかく》に再現《さいげん》して手術《しゅじゅつ》をおこなう。手術《しゅじゅつ》スタッフが患者《かんじゃ》のちかくでスクリーンにうつった術野《じゅつや》（手術《しゅじゅつ》をしている手もとのようす）を確認《かくにん》する。

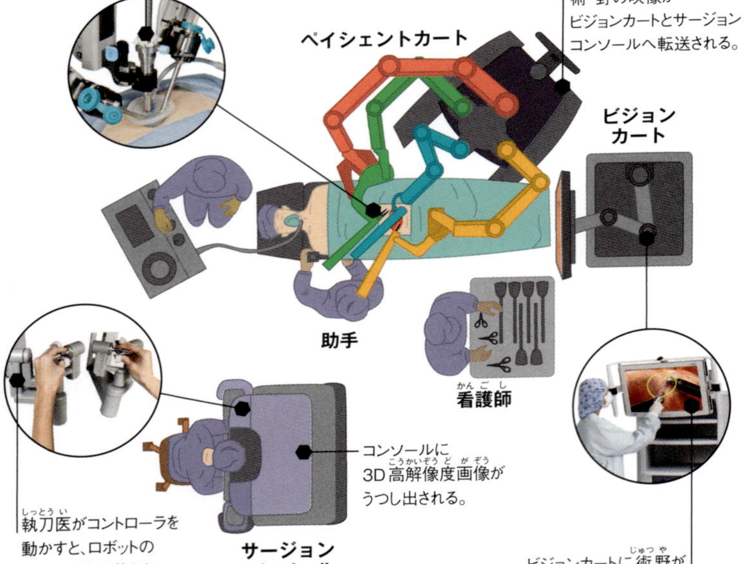
小さな手首の関節《かんせつ》が自由に動く。
ペイシェントカート
術野《じゅつや》の映像《えいぞう》がビジョンカートとサージョンコンソールへ転送される。
ビジョンカート
助手
看護師《かんごし》
コンソールに3D高解像度画像《こうかいぞうどがぞう》がうつし出される。
執刀医《しっとうい》がコントローラを動かすと、ロボットのアームがその動きを正確《せいかく》に再現《さいげん》する。
サージョンコンソール
ビジョンカートに術野《じゅつや》がすべてうつし出される。

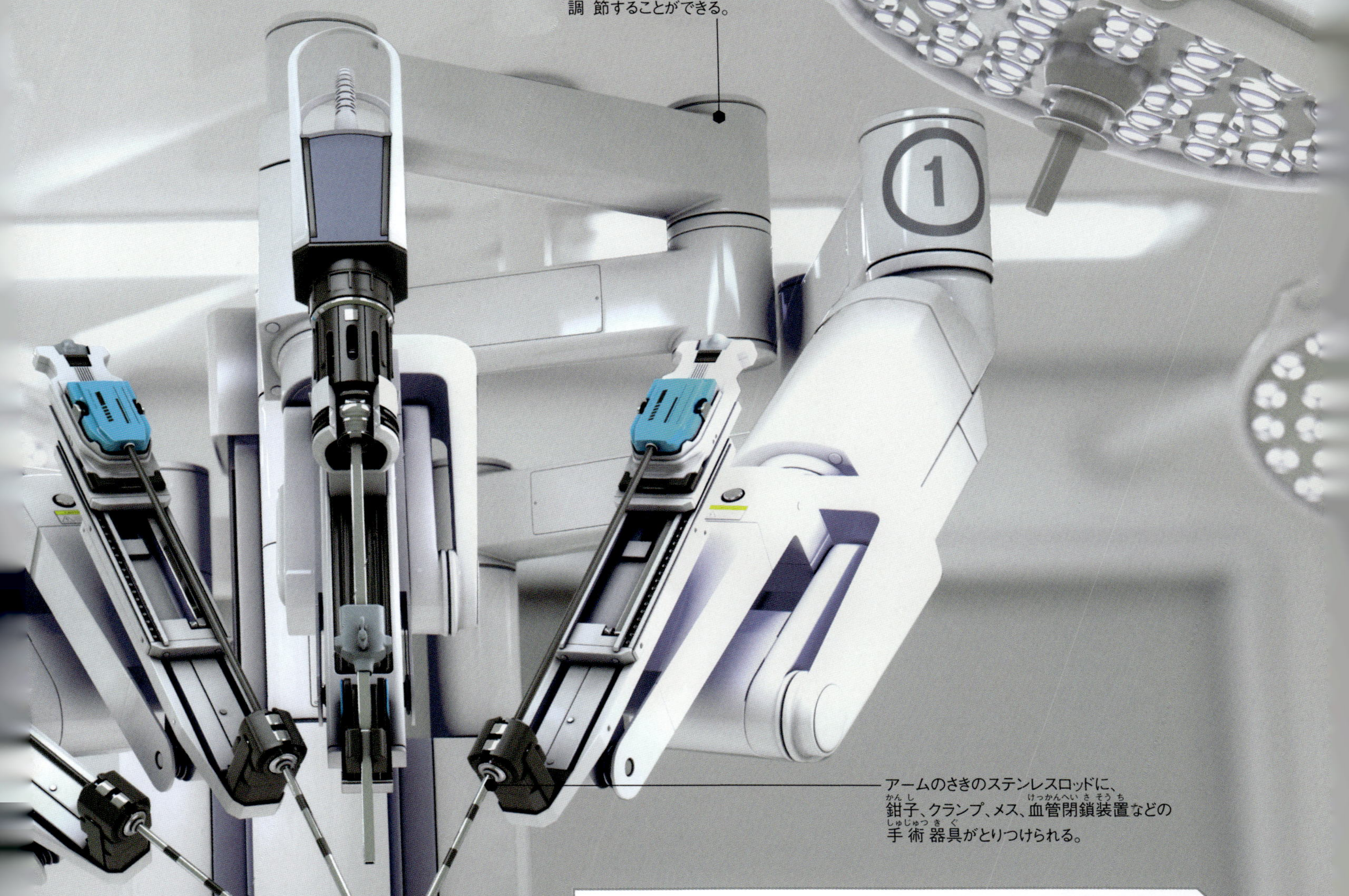
特長
正確《せいかく》な位置《いち》をしり、
動きの精度《せいど》を確認《かくにん》できる。
アームをささえるブーム（上部の支《し》柱《ちゅう》）の
高さは、レーザーセンサーシステムで
調《ちょう》節《せつ》することができる。
1
アームのさきのステンレスロッドに、
鉗子《かんし》、クランプ、メス、血管閉鎖装置《けっかんへいさそうち》などの
手術《しゅじゅつ》器具《きぐ》がとりつけられる。

3D ドクター

アームの1つに複数《ふくすう》の小型《こがた》カメラがついていて、術野《じゅつや》の3D画像《がぞう》がサージョンコンソールのスクリーンにうつし出される。10倍まで拡大《かくだい》できるため、ふつうの手術《しゅじゅつ》よりもくわしく術野《じゅつや》を見ることができる。手術《しゅじゅつ》をおこなうまえに、執刀医《しっとうい》はシミュレータで訓練《くんれん》できる。

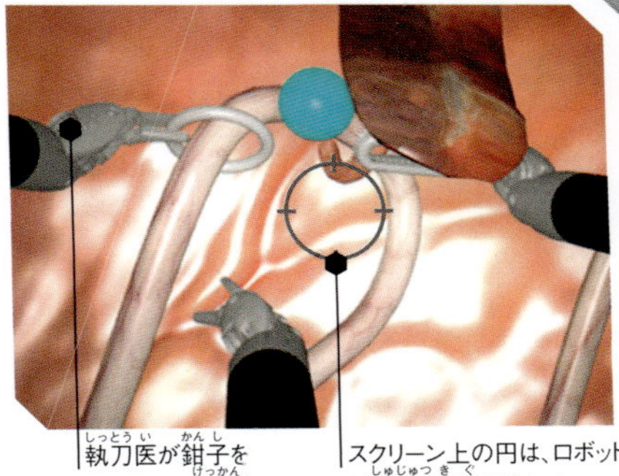

執刀医《しっとうい》が鉗子《かんし》をあやつって血管《けっかん》をもちあげている。

スクリーン上の円は、ロボットが手術《しゅじゅつ》器具《きぐ》を動かすターゲットをしめしている。

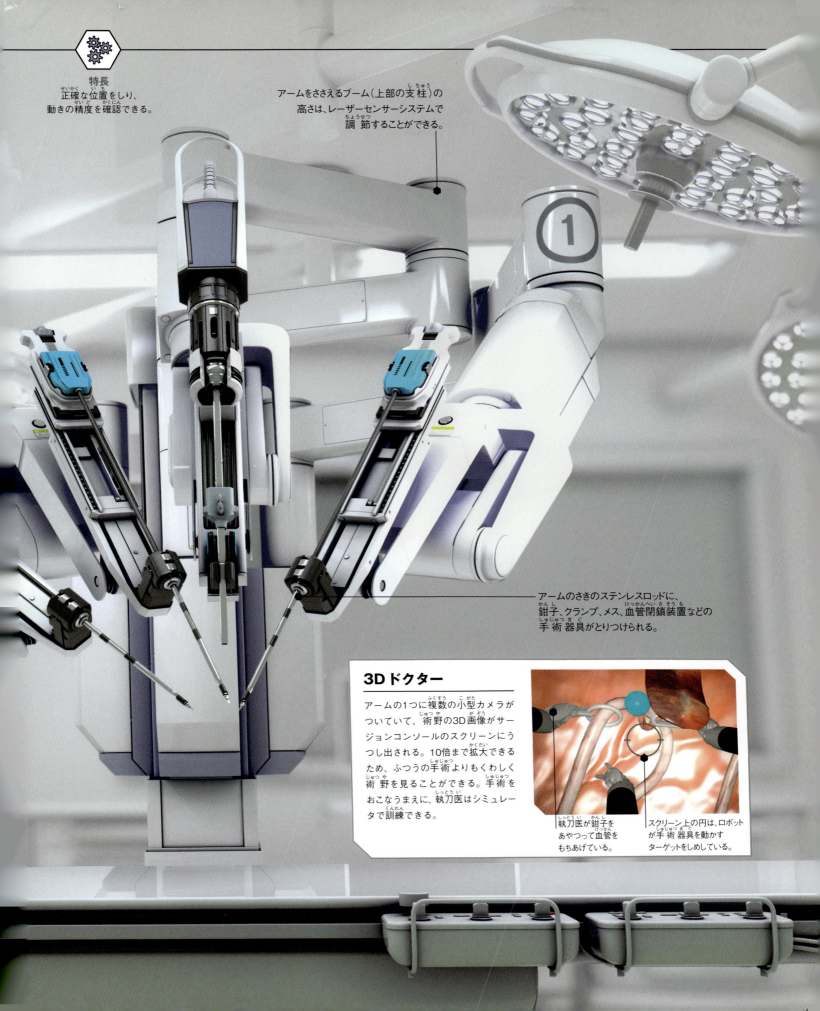

HARD AT WORK

仕事にはげむ

せわしない現代《げんだい》社会では、時間や労力《ろうりょく》、お金を節約《せつやく》する方法《ほうほう》がもとめられている。人間の負担《ふたん》をへらすため、ロボットはさまざまな場面で活躍《かつやく》している。研究によると、2030年までに、数億《すうおく》台ものロボットが人間といっしょに仕事をするようになるという。スーパーマーケットのたなおろしなどの作業から、原子力発電所でおこなわれる危険《きけん》な仕事まで、最新《さいしん》のロボットはいろんな仕事をひきうけてくれる。

優秀《ゆうしゅう》な駐車場《ちゅうしゃ》係

駐車《ちゅうしゃ》ロボットの**Stan（スタン）**は、センサー技術《ぎじゅつ》をつかい、自動車を駐車《ちゅうしゃ》スペースまではこんでくれる。利用《りよう》者は空港まで車でのりつけ、タッチパネルを操作《そうさ》し、ドアをロックするだけ。あとはすべてロボットにまかせることができる最先端《さいせんたん》の駐車《ちゅうしゃ》サービスだ。フランスのパリ＝シャルル・ド・ゴール空港で、400台分の駐車《ちゅうしゃ》スペースではたらいている。

▶4つのタイヤをもちあげて、駐車《ちゅうしゃ》スペースへはこんでくれる。

すぐれた番人

まるで警備《けいび》員のように、オフィスや企業《きぎょう》、倉庫《そうこ》などをまもってくれるのが、警備《けいび》ロボットの**Cobalt（コバルト）**だ。昼も夜も建物《たてもの》の中をパトロールし、異常《いじょう》があればしらせてくれる。60個《こ》のセンサー、カメラ、オーディオ装《そう》置《ち》がそなわっていて、あいたままのドアや、配管《はいかん》のもれ、あやしい訪問《ほうもん》者など、セキュリティ上のさまざまな問題を見つけてくれる。一酸化炭素《いっさんかたんそ》探知器《たんちき》やけむり探知器《たんちき》、社員証《しょう》をよみとるスキャナーもそなわっている。

◀人間とおなじくらいの大きさで、人間と情報《じょうほう》をやりとりするためのタッチスクリーンがある。

▲人間が歩くのとおなじくらいのはやさで移動《いどう》し、人間の活動をじゃませずパトロールする。

自由に動くアーム

ロボットとレーザーを組み合わせた**LaserSnake（レーザースネーク）**は、危険《きけん》な作業をまかせられる画期的《かっきてき》なロボットだ。ヘビのようなアームには、自由にまがる関節《かんせつ》、HDカメラ、LEDライトがそなわり、電子システムとコントロールシステムは遠隔操作《えんかくそうさ》することができる。原子力発電所で廃炉《はいろ》作業をするときも、危険《きけん》な放射性廃棄物《ほうしゃせいはいきぶつ》を人間にかわって処理《しょり》してくれる。コストをおさえながら、人間の安全をまもってくれる。

強力なレーザーカッターをそなえる。

▶中が空どうになっていていて、さまざまなケーブルやホース、レーザーなどをとりつけることができる。

スーパーマーケットの見はり番

Tally（タリー）は、店員や客でにぎわう店内の通路を12時間やすまず見まわりつづける。カメラとセンサーをつかい、たなにならぶ商品の中から、賞味期限《しょうみきげん》がきれたもの、ちがうたなにおかれたもの、品ぎれの商品などを見つけ出す。2万点もの商品をかぞえてチェックすることができ、その正確《せいかく》さは96％だ。

▲車輪《しゃりん》を回転させて、店内の通路を移動《いどう》する。

▲店主は、タリーがあつめたすべてのデータをクラウド上のアプリで見ることができる。

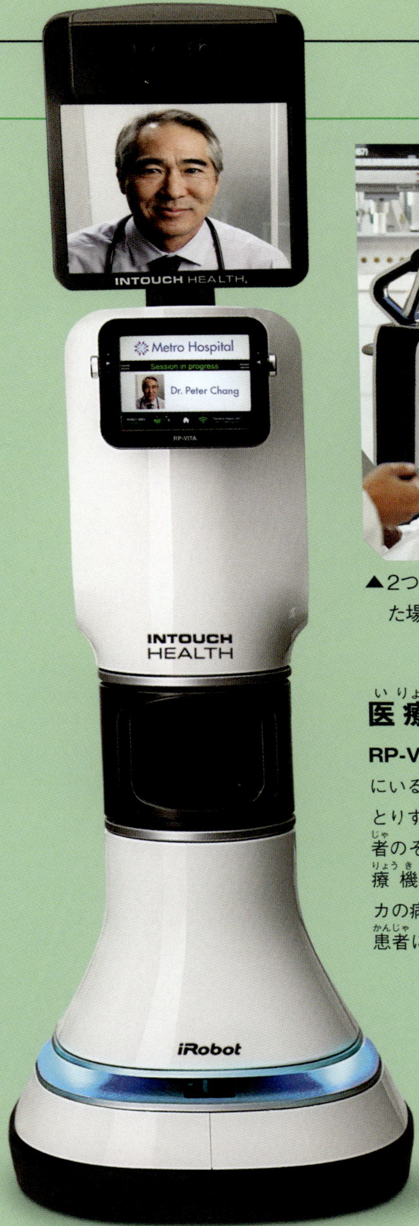

▲2つのカメラで医師《いし》と患者《かんじゃ》が情報《じょうほう》をやりとりする。はなれた場所にいても診察《しんさつ》できる。

医療《いりょう》用ロボット

RP-VITA（アール・ピー・ビータ）は、はなれた場所にいる医師《いし》どうし、あるいは医師《いし》と患者《かんじゃ》が、情報《じょうほう》をやりとりすることができる遠隔医療《えんかくいりょう》用ロボットだ。医師《いし》は患《かん》者《じゃ》のそばにいなくても、聴診器《ちょうしんき》や超《ちょう》音波検査器《けんさき》などの医《い》療《りょう》機器《きき》をつないで診察《しんさつ》することができる。すでにアメリカの病院では、医師《いし》がこのロボットをつかい、世界中の患者《かんじゃ》に遠隔診療《えんかくしんりょう》をおこなっている。

◀自動充電《じゅうでん》機能《きのう》がそなわっているので、緊急《きんきゅう》時にもすぐに対応《たいおう》できる。

ボール型《がた》の監視員《かんし》

まるでボールのような**GroundBot（グラウンドボット）**は、カメラとセンサーをそなえた軽量《けいりょう》の監視《かんし》用ロボットだ。空港や港、倉庫《そうこ》など、公共《こうきょう》の場所を低《てい》コストで監視《かんし》できる。遠隔操作《えんかくそうさ》やプログラミングによるGPSナビゲーションシステムをつかい、時速10キロメートルでしずかに移動《いどう》する。

▶カメラとセンサーが球形のボディの中におさめられている。

OFFLINE PROGRAMMING

オフラインプログラミング

ロボットに作業をさせるためには、こまかく指示《しじ》を出さなければならない。オフラインプログラミングでは、プログラマがソフトウェアをつかってプログラムを作成《さくせい》、コード化、デバッグ（プログラムをテストして誤《あやま》りを発見し、修正《しゅうせい》する作業）し、それをロボットにインストールする。オペレータが直接《ちょくせつ》ロボットに作業をおしえるオンラインプログラミングとはちがい、オフラインプログラミングでは、プログラムを作成《さくせい》してからロボットにアップロードするため、そのぶん時間を節約《せつやく》できる。プログラムのアップロードは無線《むせん》でおこなうか、メモリーカードやケーブルをつないで直接《ちょくせつ》おこなう。

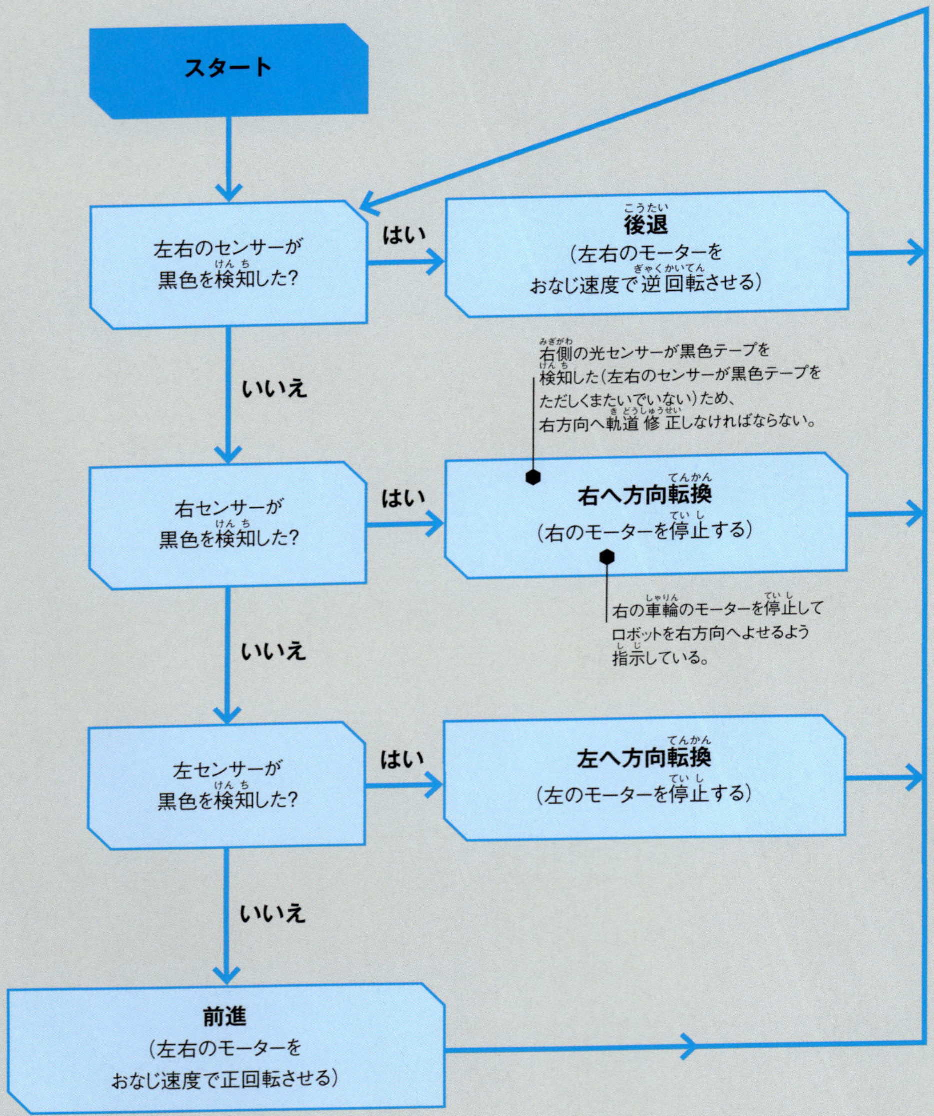

コード化とフローチャート

ロボットは、パイソン（Python）やC言語《シーげんご》などのプログラミング言語でプログラムされる。産業《さんぎょう》用ロボットでは、開発元の独自《どくじ》の言語でプログラムされているものもある。コード化をおこなうまえに、フローチャートをつかってプログラムを設計《せっけい》する。

フローチャート

左のフローチャートは、黒色テープにそって移動《いどう》するロボット用のものだ。ロボットが左右の光センサーでテープをまたぎながら移動《いどう》するよう、プログラマはフローチャートで重要《じゅうよう》なポイントを確認《かくにん》する。

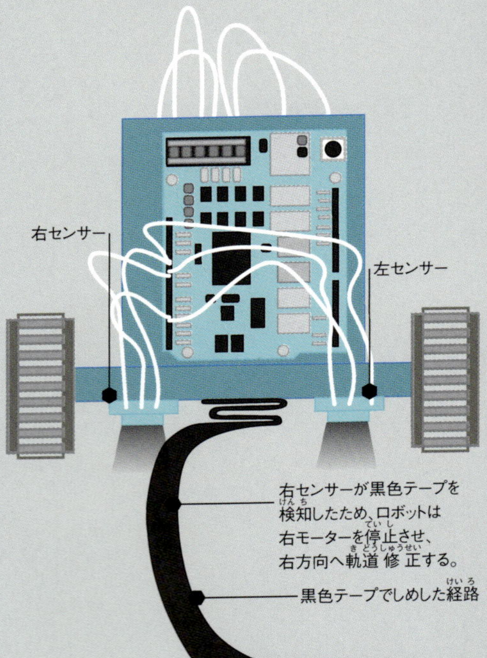

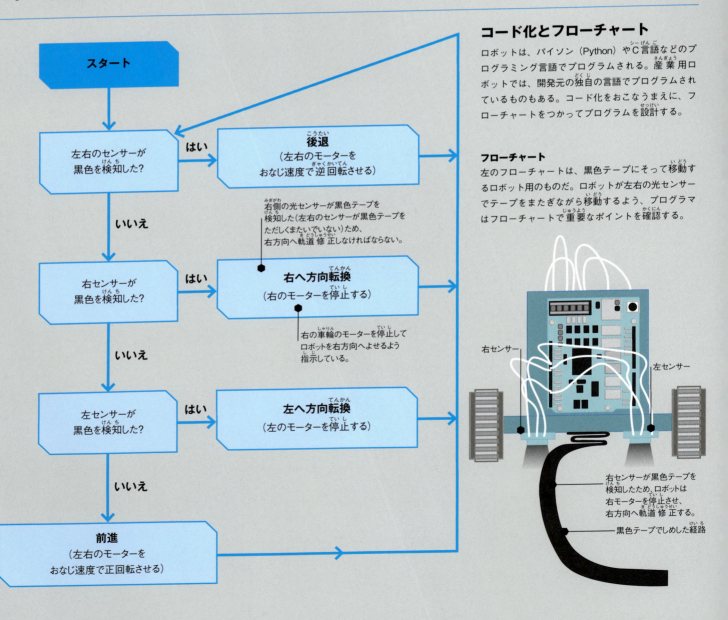

ブロックによるプログラミング

ロボットの数がふえると、よりおおくの人がかんたんにプログラミングできる方法《ほうほう》が考え出されるようになった。その1つが、プログラムを組むためのツールをあつめたロボット・オペレーティング・システム（ROS）だ。ROSをもとにつくられたビジュアルプログラミングツールのBlockly（ブロックリー）は、子ども向けプログラミング言語のScratch（スクラッチ）のように、色のついたブロックをつかう。ユーザーはブロックを組み合わせて、かんたんにコード化できる。下のコードは、ロボットが青色を感知するたびに動くよう設定《せってい》されている。

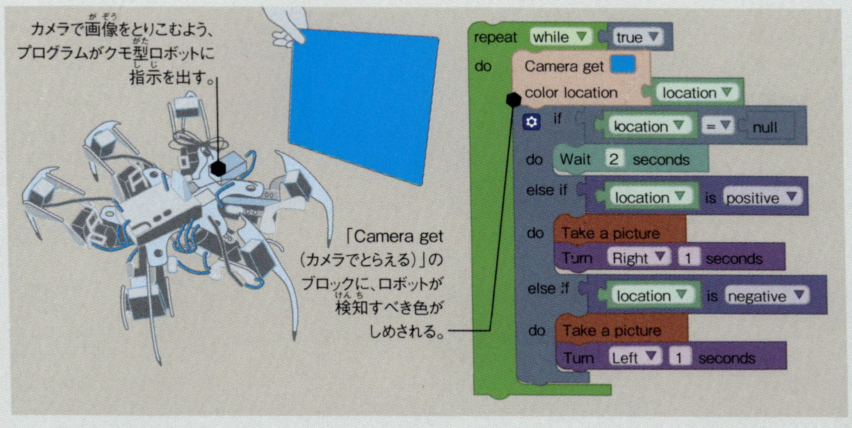

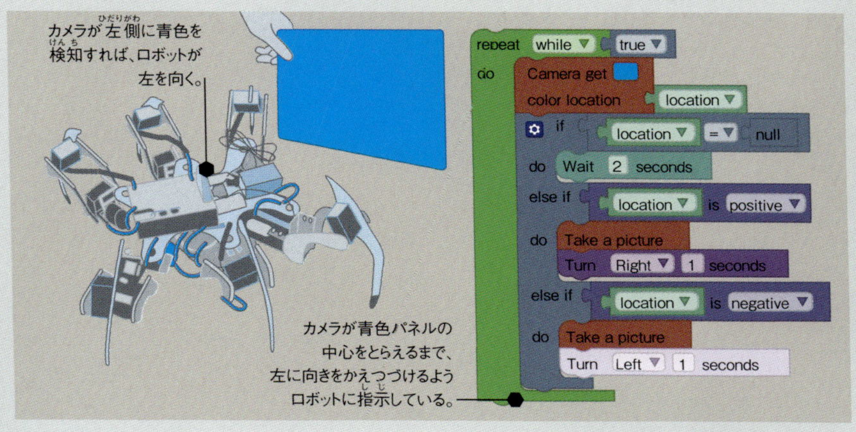

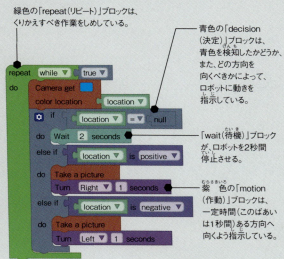

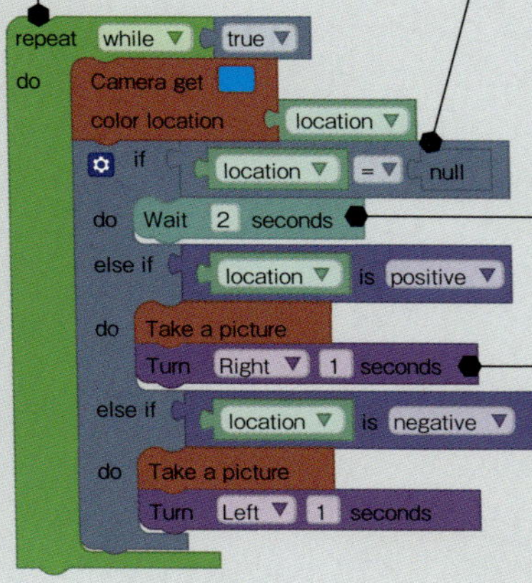

ロボットのシミュレータ

オフラインプログラミングにかかせないのが、ロボットをコンピュータ上に再現《さいげん》したロボットシミュレータだ。シミュレータは、ロボットを3Dでえがき出すだけでなく、作業現場《げんば》と作業の内容《ないよう》もこまかくうつし出す。プログラマは、高価《こうか》なロボットをじっさいに動かさなくても、シミュレータをつかって作業の効率《こうりつ》や問題点、安全性《せい》を確認《かくにん》することができる。ほんもののロボットで作業をおこなうまえに、プログラムのデバッグをおこなったり、試運転《しうんてん》を何度もくりかえしたりできる。

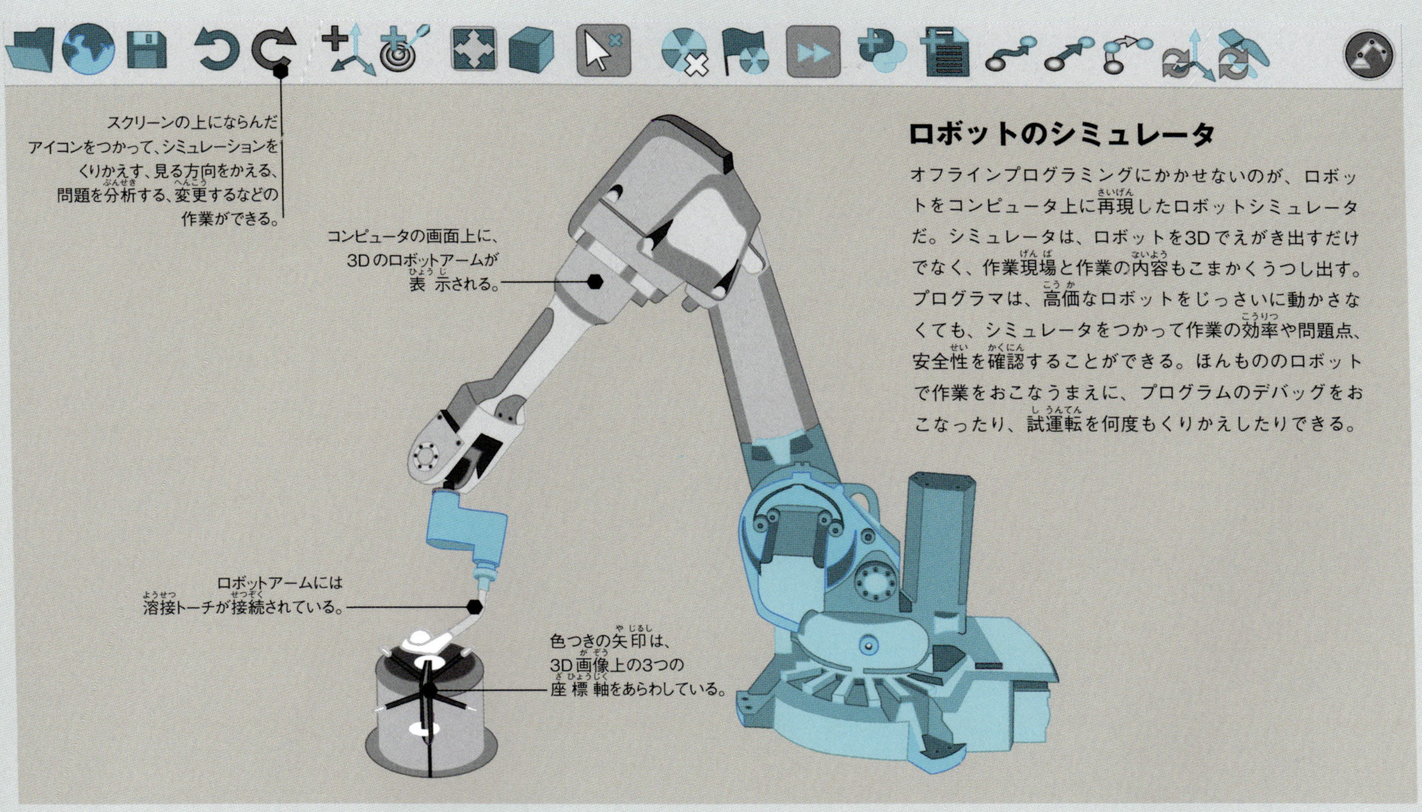

開発元
Kチーム社／ハーバード大学

開発国
スイス／アメリカ

発売年
2011年

高さ
34ミリメートル

特長
自律的《じりつてき》にむれをつくって動く。

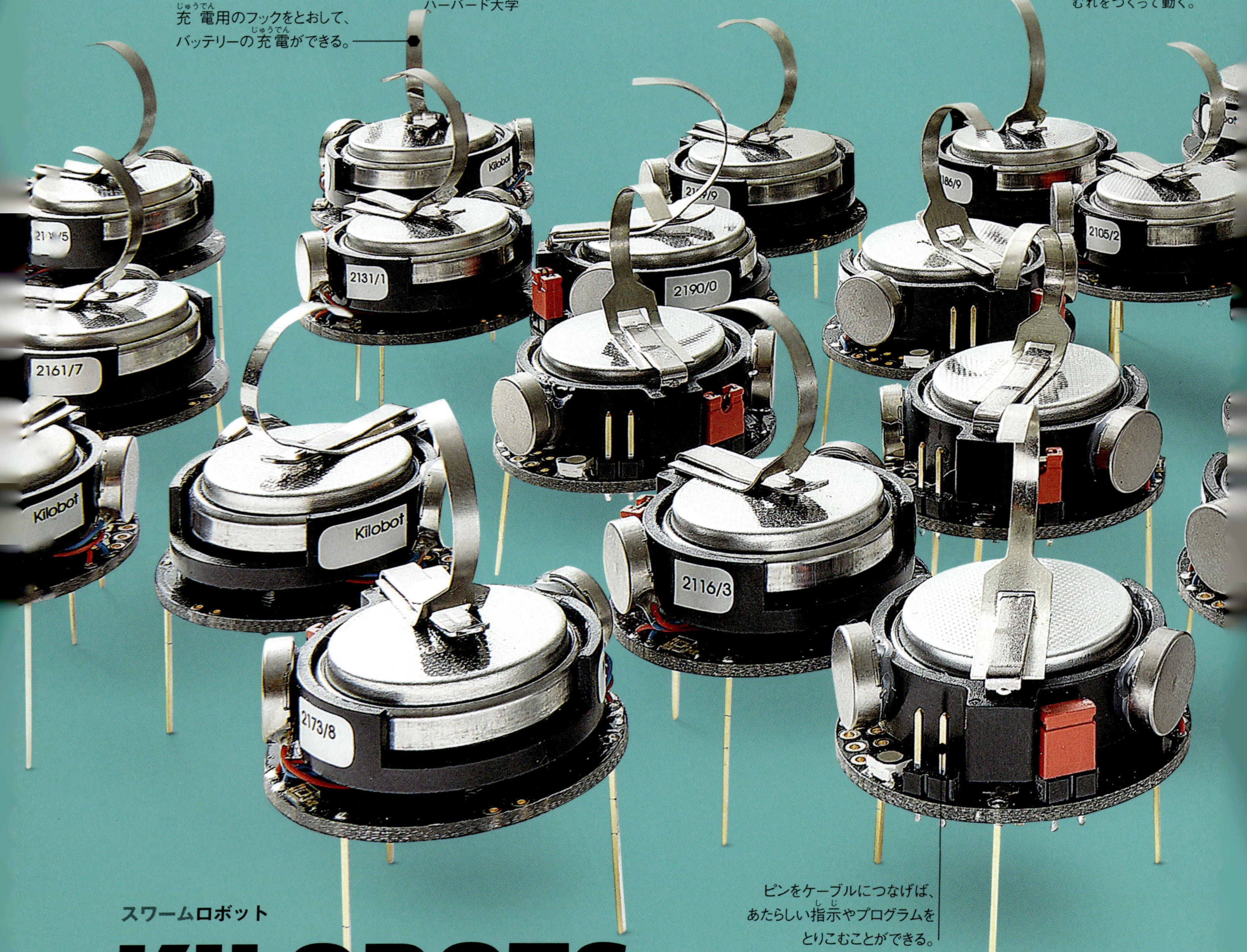

充電《じゅうでん》用のフックをとおして、バッテリーの充電《じゅうでん》ができる。

ピンをケーブルにつなげば、あたらしい指《し》示《じ》やプログラムをとりこむことができる。

スワームロボット

KILOBOTS

キロボット

ちかい将来《しょうらい》、モバイルロボットの大群《たいぐん》が、被災《ひさい》地の復旧《ふっきゅう》作業から宇宙《うちゅう》の探査《たんさ》まで、さまざまな仕事をおこなうようになるかもしれない。実験《じっけん》のために高価《こうか》なロボットをたくさんあつめるのは困難《こんなん》だが、この超小型《ちょうこがた》のキロボットなら低価格《ていかかく》で手に入る。また、無線《むせん》コントローラが発する赤外線信号《しんごう》をつかい、1台ずつはもちろん、同時に何台もプログラムすることができる。たがいの距離《きょり》をはかり、1カ所にあつまってかたちをつくる、きめられた経路《けいろ》をすすむ、1列にならんで行進するなど、さまざまな動きをプログラムできる。何百台ものキロボットがいっせいに動くようすは、大迫力《だいはくりょく》だ。

Kilobot
2165/2
2023/5
2168/4

コントロール基板《きばん》

ロボットの下側《したがわ》にある基板《きばん》には、マイクロプロセッサコントローラと赤外線送受信《そうじゅしん》システムがそなわっている。赤外線送信器《そうしんき》からおくられた信号《しんごう》がゆかではねかえり、最大《さいだい》7センチメートルはなれたべつのキロボットにとどく。

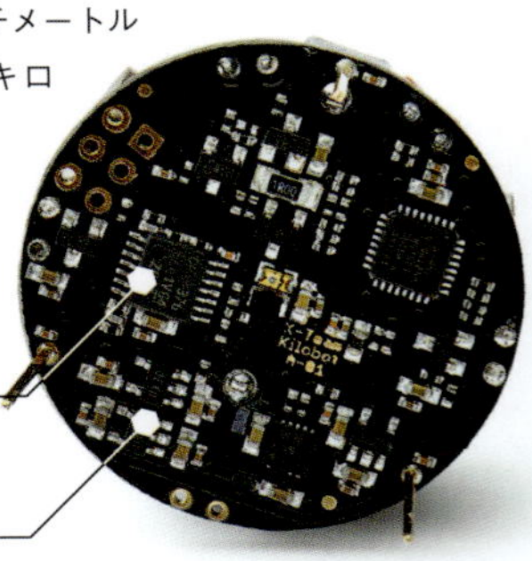
赤外線受信器《じゅしんき》
赤外線送信器《そうしんき》

超《ちょう》 小《こ》型《がた》ロボット

2つの振動《しんどう》モーター（もともと携帯《けいたい》電話につかわれていたもの）がキロボットを動かす。両方のモーターが振動《しんどう》すると、かたい棒《ぼう》状《じょう》の脚《あし》がふるえ、最高《さいこう》秒速1センチメートルのはやさで前進する。消《しょう》費《ひ》電力がすくないため、3.7ボルトの小さいバッテリーで2.5時間にわたって動くことができる。

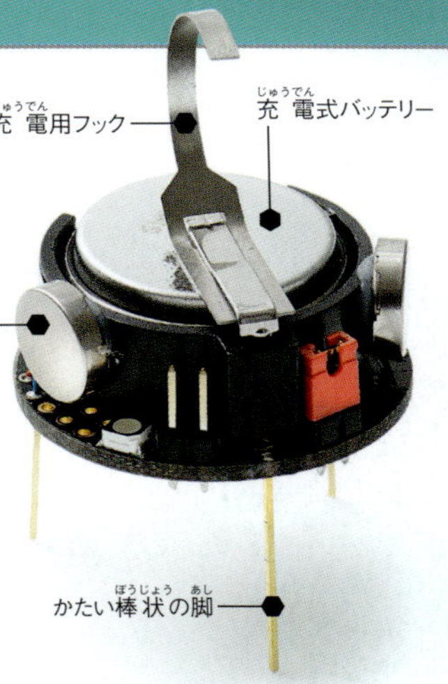
充電《じゅうでん》用フック
充電《じゅうでん》式バッテリー
振動《しんどう》モーター
かたい棒《ぼう》状《じょう》の脚《あし》

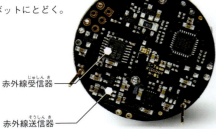

1
2
3

集団行動《しゅうだんこうどう》

ちりぢりにちらばった大量《たいりょう》のキロボットも、指示《しじ》を出せば、脚《あし》をふるわせてあっというまに集合する。低価格《ていかかく》だが、すぐれた性能《せいのう》をもち、1台もはずれることなく正確《せいかく》に動くことができる。85台があつまって矢印《やじるし》をえがくなど、共同《きょうどう》作業もすばやくおこなう。

EVERYDAY BOTS

生活の中のロボット

ロボットはすこしずつ、わたしたちの生活の一部になろうとしている。情報《じょうほう》をあつめ、学習をサポートし、わたしたちをたのしませてくれるロボットは、人間にとってなくてはならない存在《そんざい》になりつつあるのだ。ちかい将来《しょうらい》、ロボットに食事をつくってもらったり、ロボットと会話をしたりする生活が、あたりまえになる日がくるかもしれない。

開発元
ソフトバンクロボティクス社

開発国
フランス

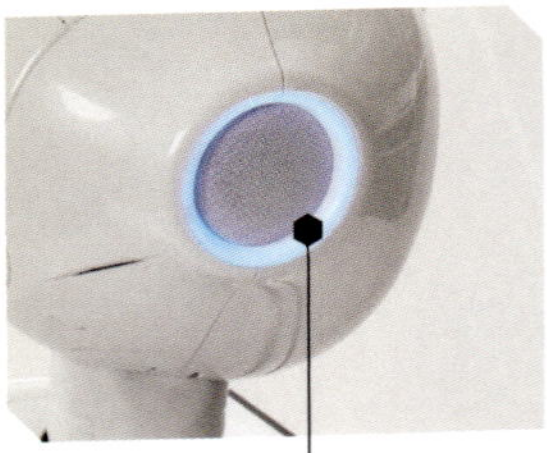

耳をすませて

頭におさめられた4つの指向性《せい》マイクが、音の聞こえる方向をさぐる。また、はなす声からその人の感情《かんじょう》をよみとり、会話することができる。

左右の耳の位置《いち》にあるスピーカーから、音声や音楽がながれる。

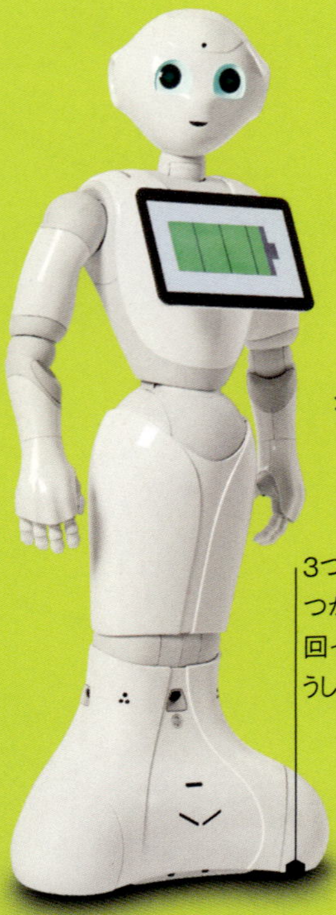

全身

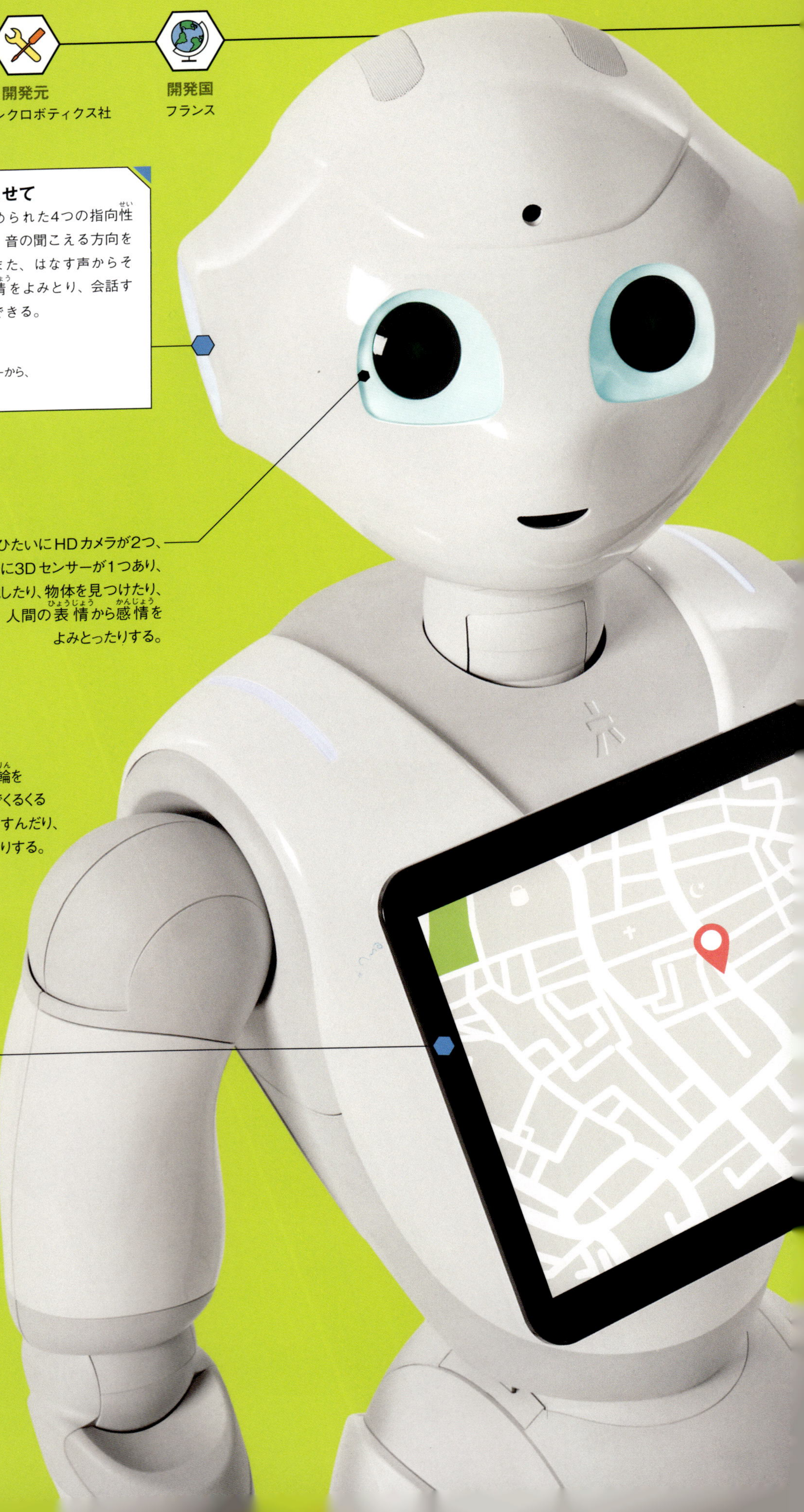

口とひたいにHDカメラが2つ、目のおくに3Dセンサーが1つあり、動きを認識《にんしき》したり、物体を見つけたり、人間の表情《ひょうじょう》から感情《かんじょう》をよみとったりする。

3つの特殊《とくしゅ》な車輪《しゃりん》をつかい、その場でくるくる回ったり、前へすすんだり、うしろへ下がったりする。

タブレット

胸《むね》のタッチスクリーン式タブレットが、画像《がぞう》や動画、ウェブサイトや地図など、さまざまな情報《じょうほう》を表示《ひょうじ》する。やりとりする人間からも情報《じょうほう》をあつめる。

発売年	高さ	重さ	電源	特長
2015年	120センチメートル	28キログラム	バッテリー	人間の表情《ひょうじょう》を認識《にんしき》し、リアルタイムで反応《はんのう》する。

ソーシャルロボット

PEPPER ペッパー

ソーシャルロボットのペッパーは、人間とコミュニケーションをとり、サポートできるよう開発された。人間の感情《かんじょう》をよみとり、リアルタイムで反応《はんのう》する世界初《はつ》のヒューマノイドロボットで、超《ちょう》音波送受信器《そうじゅしんき》、6つのレーザーセンサー、3つの障害《しょうがい》物検知器《けんちき》がそなわっている。2015年に販売《はんばい》がはじまってから、レストラン、銀行、ホテル、病院、ショッピングモールなど、さまざまな職場《しょくば》ではたらいている。

やさしい手

手はやわらかく、自由に動くようつくられている。スムーズにまがる指は、物体をしっかりにぎれるよう、ゴムでおおわれている。子どもがあく手をしても安全だ。

腕《うで》と手のタッチセンサーをつかい、
人間とゲームをしたり、
コミュニケーションをとったりする。

「ペッパーは、**ヒューマノイド**のすがたをした友だちだ。ごく**自然《しぜん》に**人間と**コミュニケーション**をとることができる」

ソフトバンクロボティクス社

さまざまな反応《はんのう》

見ためや動きを人間ににせてつくられたペッパーは、まるで生きているかのように人びとと情報《じょうほう》のやりとりをする。肩《かた》とひじの関節《かんせつ》システムが腕《うで》をスムーズに動かし、ばんざいをしたり、肩《かた》を回したり、手首をひねったりできる。首と腰《こし》にも関節《かんせつ》がある。

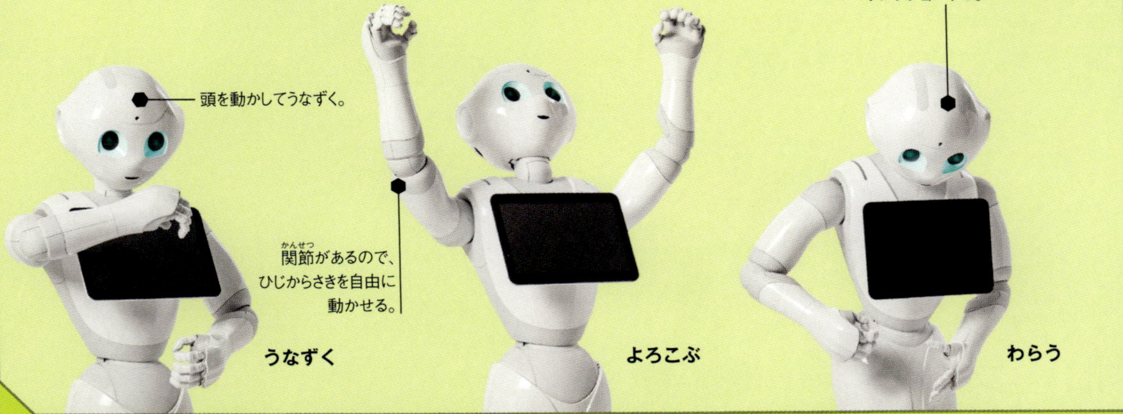

頭を動かしてうなずく。
関節《かんせつ》があるので、
ひじからさきを自由に
動かせる。
からだ全体をつかって
リアクションする。
うなずく
よろこぶ
わらう

家庭用支援《しえん》ロボット

GITA ジータ

リュックサックやスーツケースをもたなくても、ジータがあればだいじょうぶ。荷物運搬《うんぱん》ロボットのジータは、持ち主のうしろをタイヤのようにころがりながら、ジャイロスコープというしくみをつかい、中身をかたむけずにはこぶことができる。重たいものから小さいものまで収納《しゅうのう》ボックスに入れることができるので、持ち主は手ぶらで歩くことができる。荷物をつめて出発すれば、持ち主のあとをおいながら、まわりのようすを記録《きろく》し、とおった道を記憶《きおく》する。まるいかたちの「ハイテクかばん」は、1日中つかれることなくころがりつづける。

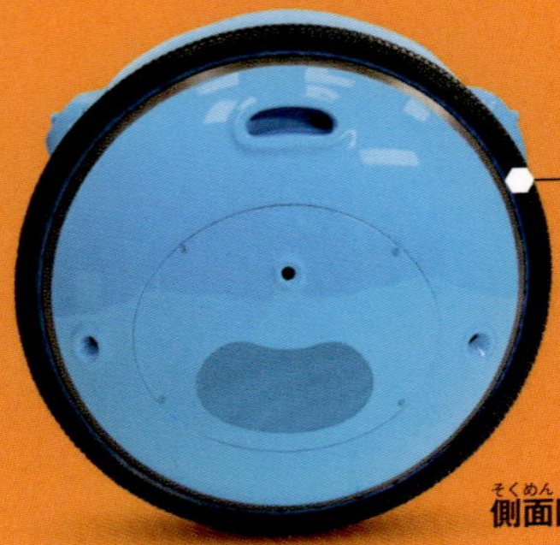

2つの大きなタイヤを回転させて、すいすいすすむ。

側面《そくめん》図

回転のしくみ

ロボットや船や飛行機《ひこうき》は、ジャイロスコープという機械式ナビゲーション装置でボディを安定させている。フレームの中のローターがどの方向に回転しても、ジンバル（リング）がスピン軸《じく》の向きをつねにおなじ方向にたもってくれる。ジータはこのジャイロ効果《こうか》により、荷物をかたむけることなく安全にはこぶことができるのだ。

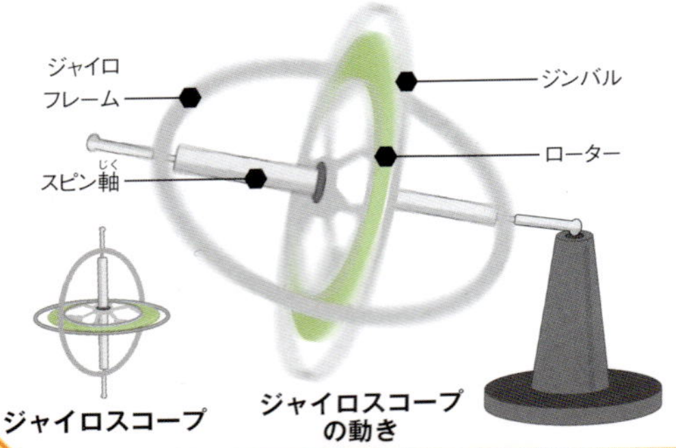
ジャイロフレーム
ジンバル
ローター
スピン軸《じく》

ジャイロスコープ

ジャイロスコープの動き

どちらのタイヤにもLEDライトがついている。とまっているときは青、動いているときは白、バッテリーの残量《さんりょう》がすくなくなれば黄、エラーが発生すれば赤く光る。

開発元
ピアッジオ・ファスト・フォワード社

開発国
アメリカ

高さ
66センチメートル

電源
バッテリー
（歩く速度で8時間もつ）

特長
カメラ、センサー、ナビゲーションシステムがそなわっている。

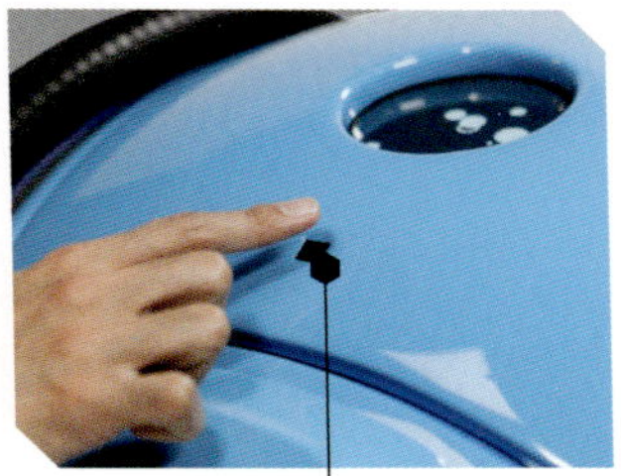

指もんセンサー

荷物をまもる

指もん認証《にんしょう》でロックすることができるが、ロックを解除《かいじょ》するときは、指もん認証《にんしょう》と暗証《あんしょう》番号の入力が必要《ひつよう》だ。追跡《ついせき》機能《きのう》が24時間はたらき、360度カメラとセンサーがついているので、どろぼうもかんたんにはちかづくことができない。

すっきりとしたまる型《がた》の青いボディは、道路を走行中も人目につく。

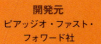

HIGHER INTELLIGENCE

より高い知能《ちのう》をめざして

交通のながれを予測《よそく》する自動運転車から、ことばを理解《りかい》するアシスタント装置《そうち》まで、ロボットはまるで人間のように経験《けいけん》から学べるようつくられている。知能《ちのう》をもつロボットは、よりよい方法《ほうほう》で作業をおこなったり、はじめて出くわした問題を解決《かいけつ》したりする。技術《ぎじゅつ》者たちの目標《もくひょう》は、人間のようにあたらしい情報《じょうほう》を学び、身につけ、つかうことができるロボットをつくることだ。技術《ぎじゅつ》はどんどん進歩しているが、どんなにかしこいロボットも、まだまだ人間の能力《のうりょく》にはかなわない。

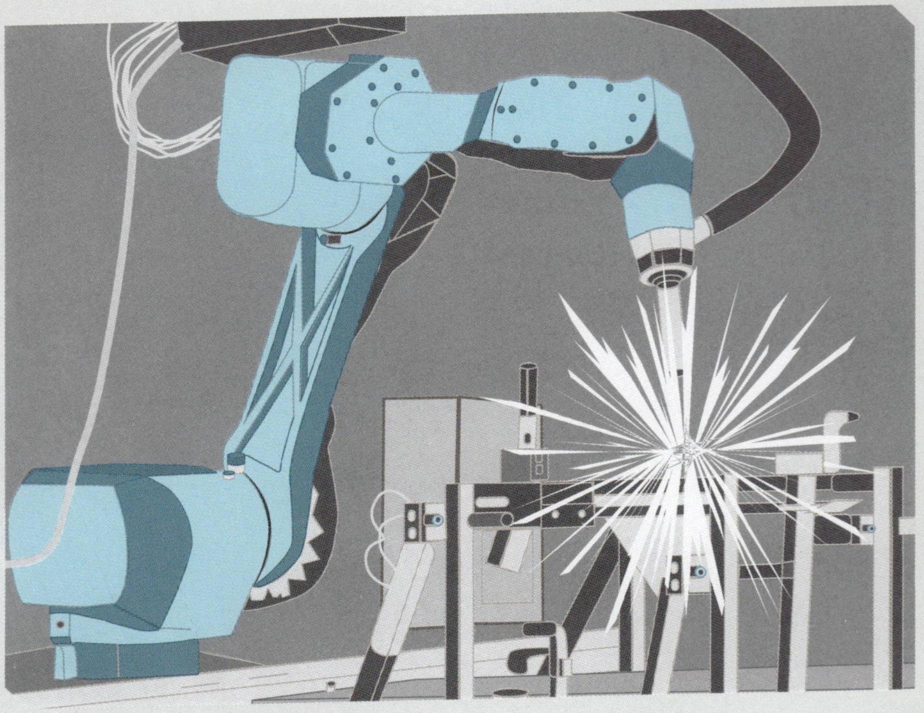

溶接《ようせつ》する
未来型《みらいがた》AIロボットアームが、金属《きんぞく》部品の溶接《ようせつ》をおこなっている。記録《きろく》した情報《じょうほう》からよりよい方法《ほうほう》をみちびき出し、作業をおこなう。

汎用《はんよう》人工知能《ちのう》

知能《ちのう》ロボットを開発する最大《さいだい》の目標《もくひょう》は、人間とおなじレベル（あるいはそれ以上《いじょう》）の「創造性《そうぞうせい》」「適応《てきおう》力」「はばひろい知識《ちしき》」をもつマシンをつくり出すことだ。汎用《はんよう》人工知能《ちのう》をもつロボットは、人間のように自分で計画し、順序《じゅんじょ》立てて物事を考え、問題を解決《かいけつ》する。また、過去《かこ》の経験《けいけん》から役に立つ情報《じょうほう》をとり出して、あたらしい場面にいかすこともできる。そのような知能《ちのう》ロボットは、プログラムを組みなおさなくても、あたらしい作業や、ほかのマシンとの連係《れんけい》、人間との情報《じょうほう》のやりとりをスムーズにおこなうことができる。

絵をえがく
プログラムを組みなおさなくても、ロボットアームが画家のように絵をかけるようになるかもしれない。絵筆をにぎらせれば、自分でどうするか判断《はんだん》しながら名画をえがきはじめるのだ。

機械《きかい》学習

機械《きかい》学習とは、人間がプログラムしなくても、ロボットやコンピュータがデータから学習することだ。パターンを感じとったり、センサーがあつめた情報《じょうほう》から重要《じゅうよう》な知識《ちしき》をとり出したりする。ロボットは機械《きかい》学習により、ビジョンシステムで物体を見きわめ、グループわけし、認識《にんしき》できるようになった。下の例《れい》では、ロボットがデータから深度マップを作成《さくせい》し、家具とくらべて物体を認識《にんしき》している。

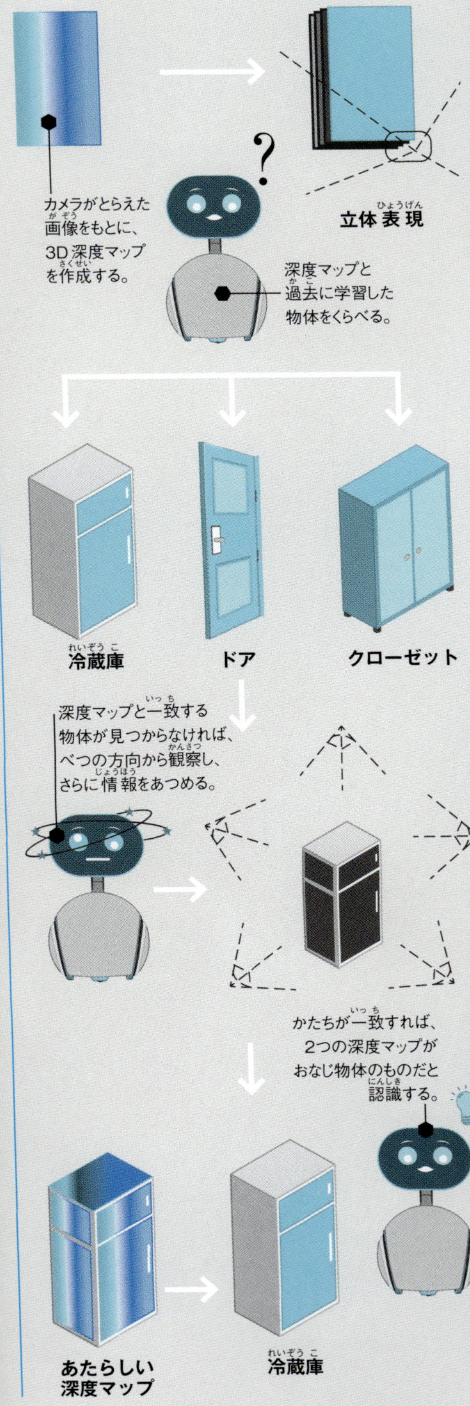

ディープラーニング（深層《しんそう》学習）

汎用《はんよう》人工知能《ちのう》にとって重要《じゅうよう》なのは、学習方法《ほうほう》を身につけることだ。ディープラーニングとは、人間の力をかりず、データからあたらしい課題《かだい》について学び、マスターすることだ。さまざまな方法《ほうほう》をためし、その経験《けいけん》を記憶《きおく》して、失敗《しっぱい》から学習するロボットもある。下の例《れい》では、ロボットが物体のもちあげかたを学習している。

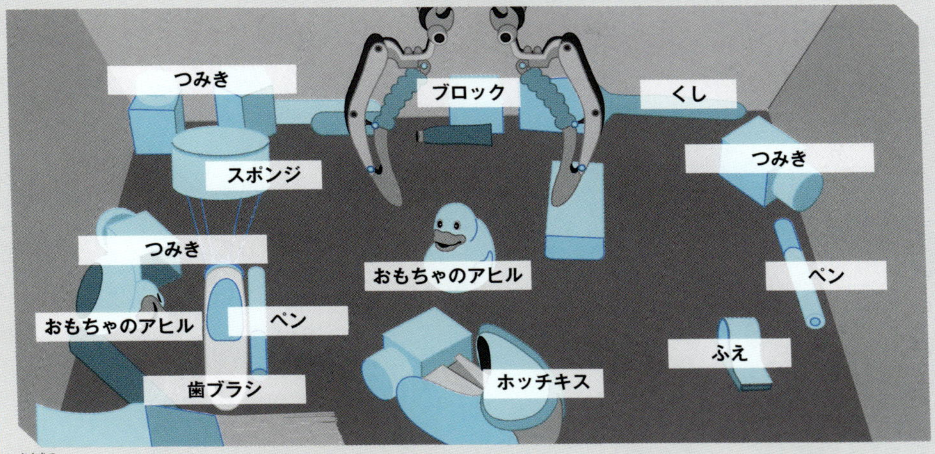

観察《かんさつ》する
ディープラーニングの能力《のうりょく》をもつロボットは、作業場所を見わたし、深度知覚《ちかく》でそれぞれの物体を区別《くべつ》して認識《にんしき》する。

深度マップを作成《さくせい》する
深度マップを作成《さくせい》し、もり上がっていてつかみやすそうな場所をさがす。

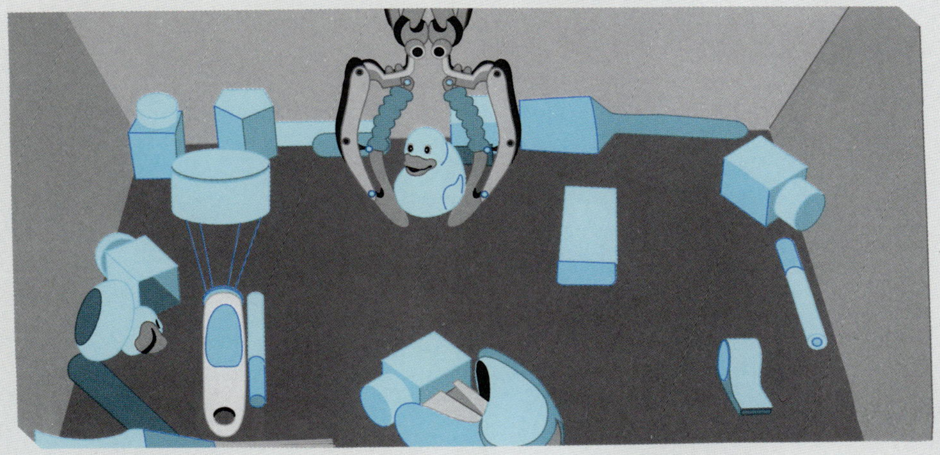

仕事にとりかかる
ロボットが物体をつかもうとする。失敗《しっぱい》すれば、つかむ力を調節《ちょうせつ》したり、べつの角度からためしたり、ほかの部分をつかんでみたりする。「成功《せいこう》」と「失敗《しっぱい》」はすべてメモリに保存《ほぞん》され、そこから学習する。経験《けいけん》をとおして、物体のあつかいかたをマスターしていく。

開発元
ロボットカブ・コンソーシアム
(EUプロジェクト)／
イタリア技術《ぎじゅつ》研究所

開発国
イタリア

発売年
2004年

高さ
104センチメートル

全身

ヒューマノイドロボット

iCub アイカブ

3才の子どもくらいの大きさで、好奇《こうき》心がおうせいなアイカブは、小さなからだでひろい世界を冒険《ぼうけん》している。現在《げんざい》、およそ30体のアイカブが、世界のロボット研究所で研究されている。目標《もくひょう》は、人間のように学び、理解《りかい》し、さまざまな作業をおこなうことができる高度なロボットをつくり出すことだ。ドラム演奏《えんそう》やチェスができるアイカブもいるらしい。ゴールはもうすぐだ！

30体以上《いじょう》のアイカブが世界中ではたらいている。

学習能力《のうりょく》

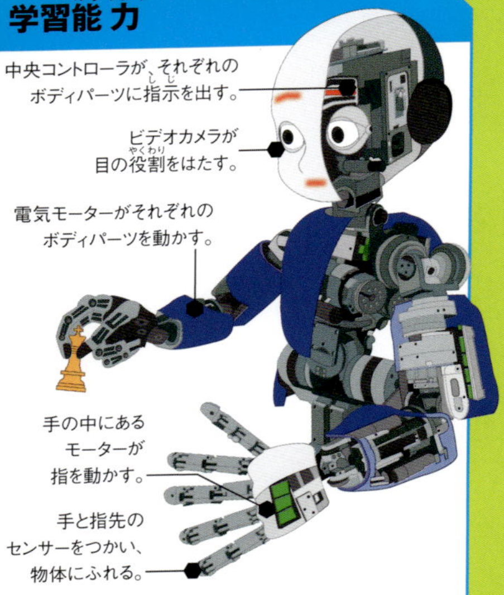
中央コントローラが、それぞれのボディパーツに指示《しじ》を出す。
ビデオカメラが目の役割《やくわり》をはたす。
電気モーターがそれぞれのボディパーツを動かす。
手の中にあるモーターが指を動かす。
手と指先のセンサーをつかい、物体にふれる。

アイカブは、視覚《しかく》、音声、触覚《しょっかく》センサーからおくられる情報《じょうほう》をもとに物体を認識《にんしき》し、理解《りかい》し、もっともよいかかわりかたを学ぶ。それぞれの関節《かんせつ》にセンサーがあり、すべてのボディパーツの動きと位置《いち》を認識《にんしき》できる。

顔の表情《ひょうじょう》

気分がいい？　それとも、ごきげんななめ？アイカブは設定《せってい》された顔の表情《ひょうじょう》で、そのときの気分をあらわす。表情《ひょうじょう》をつくり出すのは、顔にうめこまれたLEDライトだ。作業がうまくいっているかどうかも表情《ひょうじょう》を見ればわかる。

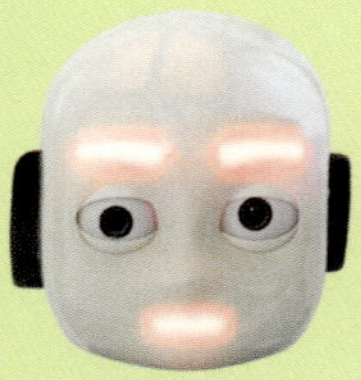

ふだんの顔

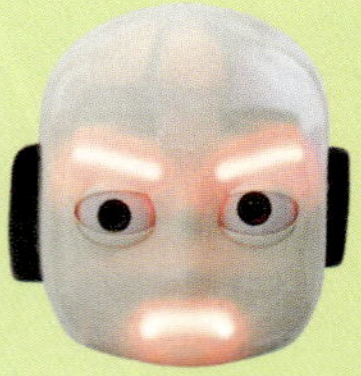

おこった顔

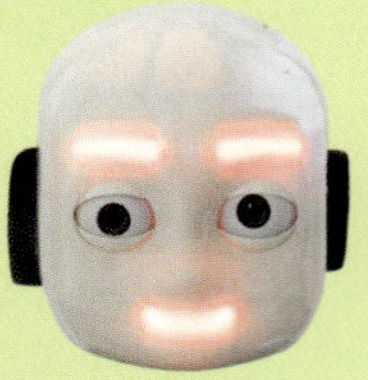

うれしい顔

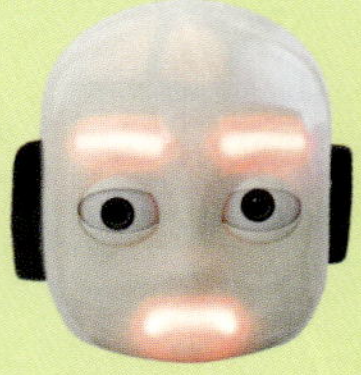

かなしい顔

親指に関節《かんせつ》があり、人間とおなじようにまげられるので、物体をつかんでもつことができる。

重さ
25キログラム

電源
電力ケーブルによる
電力供給《きょうきゅう》

特長
物体を認識《にんしき》し、人間と
コミュニケーションがとれる。

ものの見えかた

べつべつに動く2台のビデオカメラが目の役割《やくわり》をはたしている。毎秒15枚《まい》の画像《がぞう》をとりこみ、コントローラにおくって処理《しょり》をする。アイカブには400万行ものプログラムコードがあり、そのいくつかをつかって物体の輪《りん》かくやかたちを認識《にんしき》し、過去《かこ》にふれた物体とくらべる。人間の顔も認識《にんしき》し、過去《かこ》の情報《じょうほう》のやりとりを思い出すことができる。

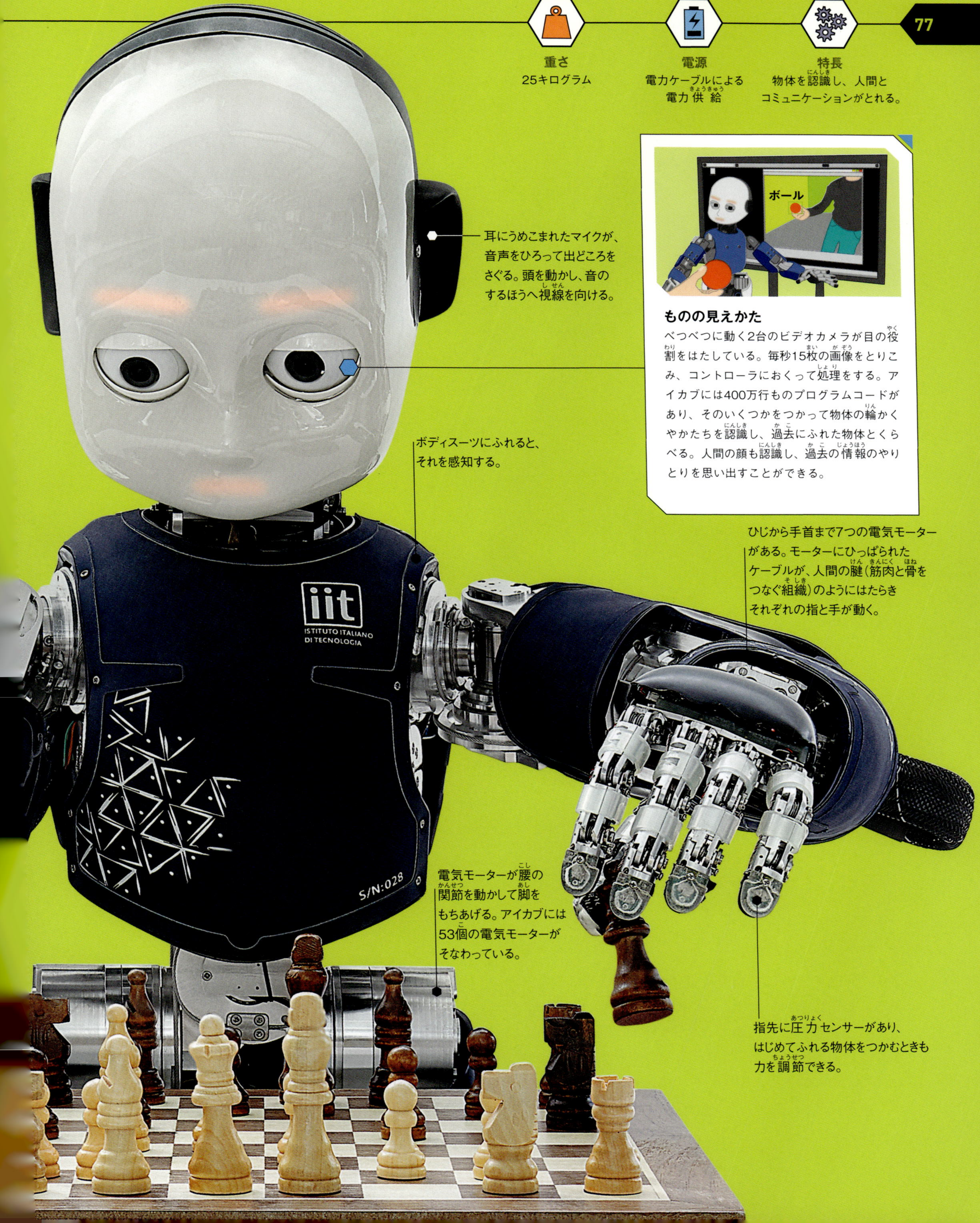

耳にうめこまれたマイクが、音声をひろって出どころをさぐる。頭を動かし、音のするほうへ視線《しせん》を向ける。

ボディスーツにふれると、それを感知する。

ひじから手首まで7つの電気モーターがある。モーターにひっぱられたケーブルが、人間の腱《けん》(筋肉《きんにく》と骨《ほね》をつなぐ組織《そしき》)のようにはたらきそれぞれの指と手が動く。

電気モーターが腰《こし》の関節《かんせつ》を動かして脚《あし》をもちあげる。アイカブには53個《こ》の電気モーターがそなわっている。

指先に圧力《あつりょく》センサーがあり、はじめてふれる物体をつかむときも力を調節《ちょうせつ》できる。

スーパーセンサー

人間の手をモデルにしたアイカブの手には、5本の指がある。指には関節《かんせつ》があり、ごく自然《しぜん》に動かすことができる。指先と手のひらにはセンサーつきのパッドがあり、力やつかみかたのささいな変化《へんか》も記録《きろく》する。さまざまな物体にふれて、あつかいかたを学習していく。

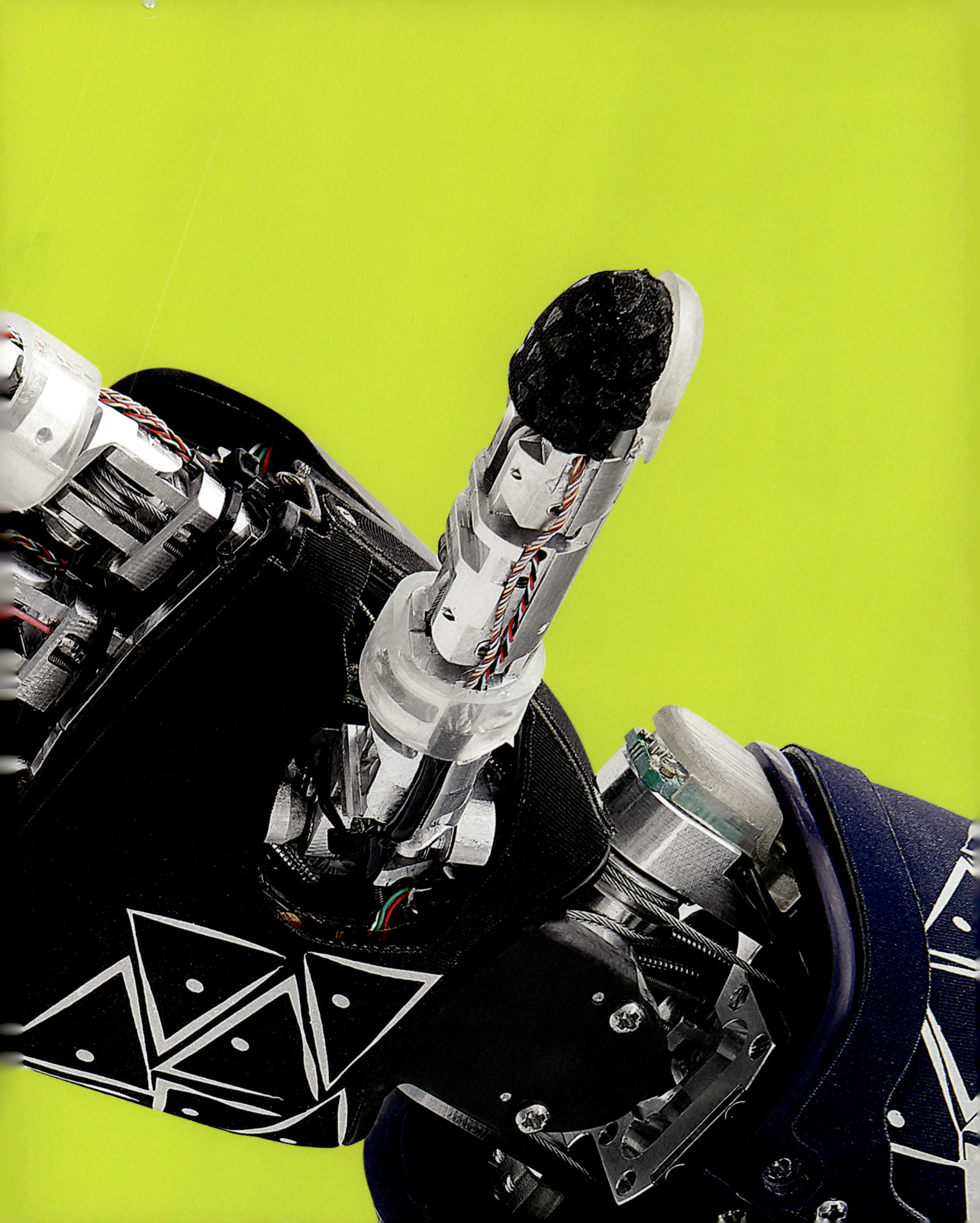

開発元
ハンソン・ロボティクス社

開発国
香港《ほんこん》（中国）

開発年
2015年

高さ
頭と胴体《どうたい》の高さが85センチメートル

重さ
およそ18キログラム

ヒューマノイドロボット

SOPHIA

ソフィア

ソフィアはおそらく、世界でもっとも有名なヒューマノイドロボットだろう。テレビ番組のインタビューにこたえ、ファッション誌《し》の表紙をかざり、メディアの注目をあつめている。スーパースターのソフィアは、ゆたかな表情《ひょうじょう》をうかべるだけでなく、人間と会話をすることもできる。質問《しつもん》にこたえたり、ジョークをいったり、人に共感《きょうかん》したり、思いやったりもする。ある日のスピーチでは、ロボット技術《ぎじゅつ》と人工知能《ちのう》がちかい将《しょう》来《らい》、現代《げんだい》社会の一部になるだろうと予言した。ソフィアは、ロボットとして世界ではじめて市民権《しみんけん》をあたえられた。

ソフィアの顔は、ほんものの皮ふのように見える「フラバー」という特殊《とくしゅ》なゴム素材《そざい》でできている。
頭《ず》がい骨《こつ》のうしろの部分に、おもな電子機器《きき》がおさめられている。
顔のつくりは、イギリス人女優《じょゆう》のオードリー・ヘップバーンをモデルにしている。
腕《うで》と手は3Dプリンターでつくられていて、基本的《きほんてき》な作業をおこなったり、こわれやすいものをそっとつかんだりできる。
カメラとコントロールパネルで、はなれた場所からソフィアをモニターできる。

動くしくみ

人工知能《ちのう》、コンピュータアルゴリズム、カメラがはたらき、顔の表情《ひょうじょう》と会話がきまる。画像認識《がぞうにんしき》アルゴリズムが人の顔を認識《にんしき》し、べつのアルゴリズムがはなすことばをさがす。ソフィアがことばをえらんで発し、相手の反応《はんのう》をまつ。トランスクリプションアルゴリズムが、相手のことば（音声）をテキスト（文章）変換《へんかん》して分析《ぶんせき》し、ソフィアがかえすことばをえらんで会話をつづける。

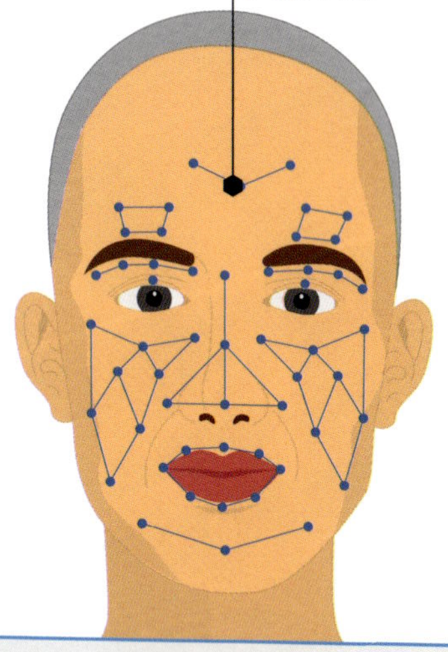
青い点でしめされる部分を動かして、人間のような表情《ひょうじょう》をつくる。

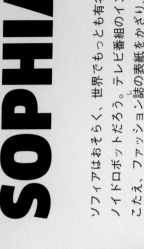

電源
電力ケーブルとバッテリー

特長
顔認証《にんしょう》、カメラ、会話のための機械《きかい》学習ソフトウェアがそなわっている。

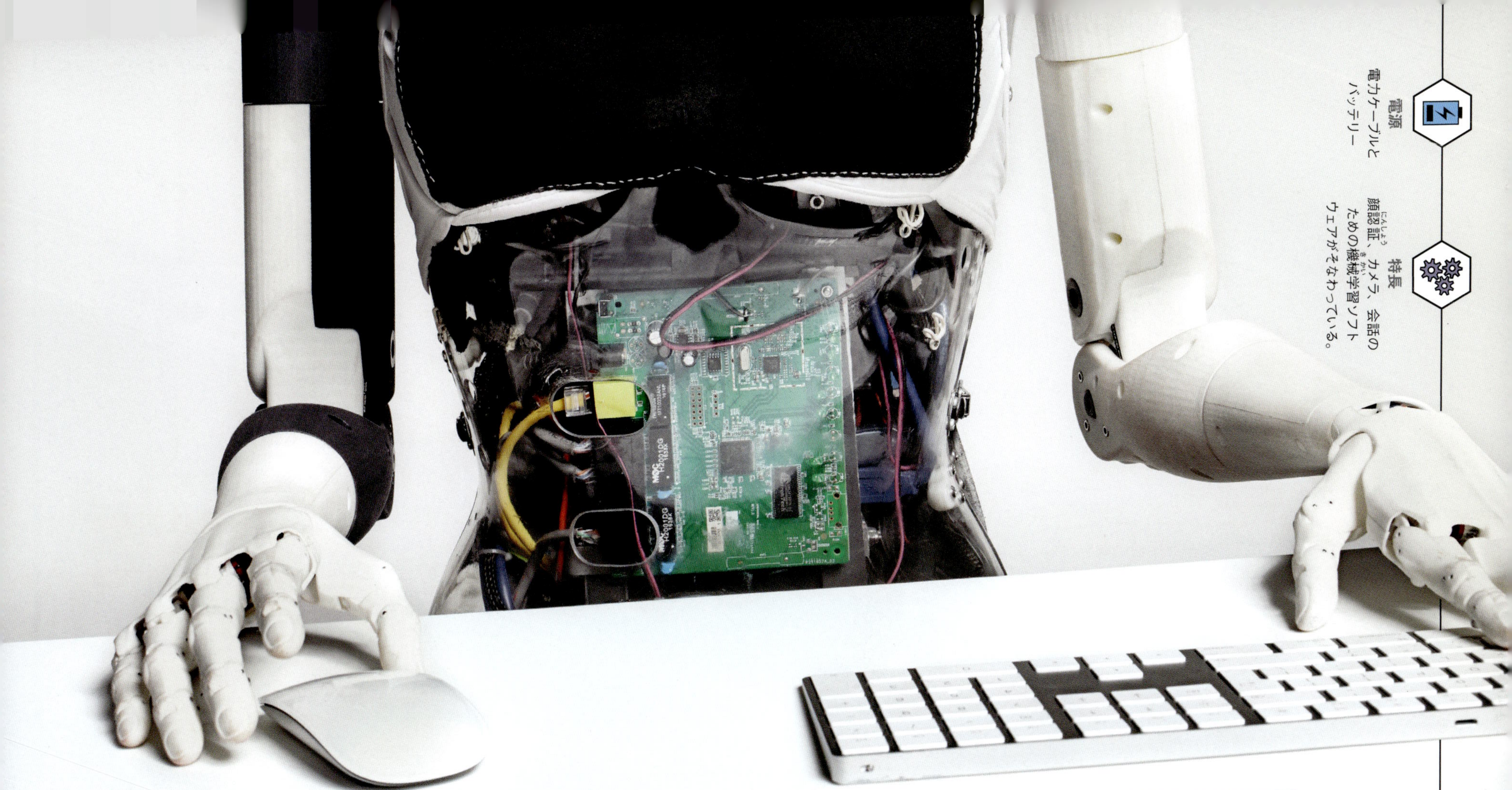

人工知能《ちのう》

ソフィアがどんな話題でも自然《しぜん》に会話をつづけられるよう、世界中の専門家《せんもんか》たちが人工知《ち》能《のう》を高める研究をつづけている。これまでにすくなくとも10回のバージョンアップがおこなわれた。

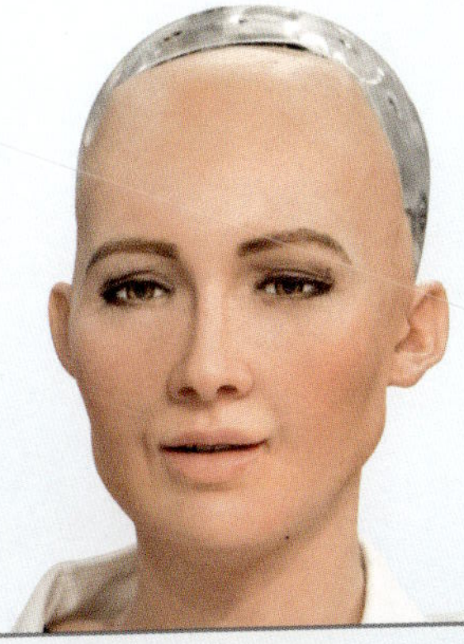

人間にそっくりなロボットを見て「こわい」と感じる現象《げんしょう》を「不気味《ぶきみ》の谷」とよぶ。人間にあまりにていないロボットをつくるロボットメーカーもあるが、人間とロボットのリアルな交流をめざし、人間にかなりちかいロボットをつくり出そうとするメーカーもある。

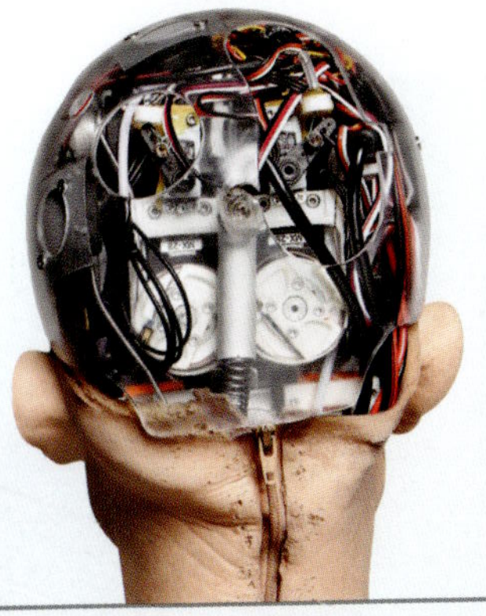

頭《ず》がい骨《こつ》のうしろの部分は透明《とうめい》で、配線や機構《きこう》がむき出しになっている。頭には「頭脳《ずのう》」の役割《やくわり》をはたすプロセッサがおさめられていて、顔認証《にんしょう》、画像《がぞう》と言語の処理《しょり》、言語システムと動作をコントロールしている。

ROBOT WORLD ロボットの世界

ロボットはつい最近《さいきん》まで、人間の時間と手間をはぶくためにつくられた、単純《たんじゅん》作業や危険《きけん》な仕事をするだけのマシンだった。しかし今日では、人びとをたのしませるロボットや、さまざまな技術《ぎじゅつ》や能力《のうりょく》で日常《にちじょう》生活をたすけるロボットがつぎつぎと誕生《たんじょう》している。世界に登場したおどろきのロボットたちを紹介《しょうかい》しよう。

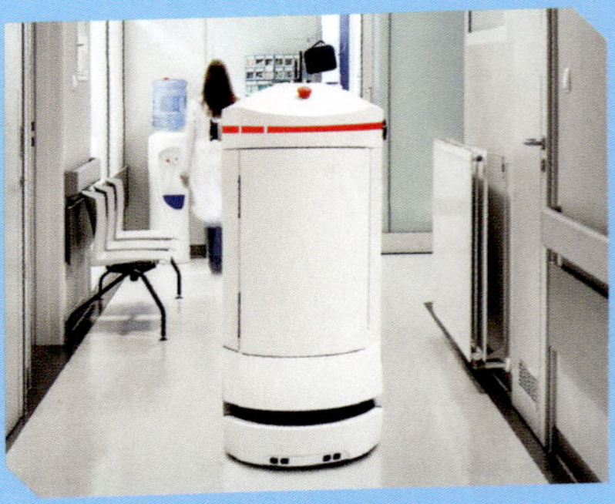

病院の配達《はいたつ》ロボット

病院では、優秀《ゆうしゅう》な医療《いりょう》ロボットの**Robo-Courier（ロボクーリエ）**が活躍《かつやく》している。レーザー誘導《ゆうどう》システムをつかって病院のろうかをすいすいすすみ、検査検体《けんさけんたい》、手術器具《しゅじゅつきぐ》、患者《かんじゃ》のくすりなどを配達《はいたつ》する。コンテナはしっかりロックされるので、中に入れた荷物を安全にはこぶことができる。いそがしいスタッフにかわり、ロボットが病院中を走り回ってくれるのだ。

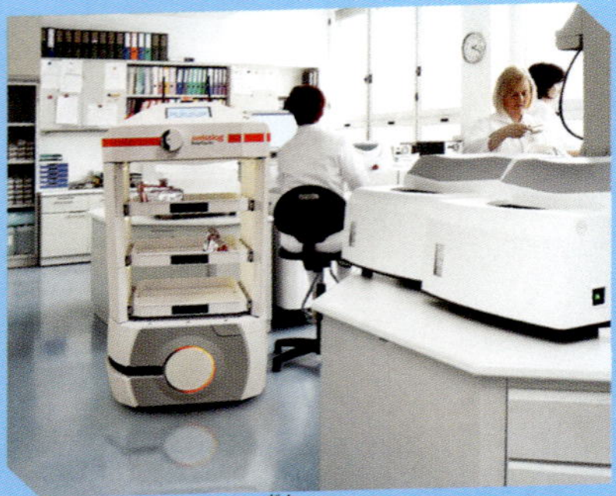

▲コンテナの中は3段《だん》にわかれていて、一度にいくつかの場所へ配達《はいたつ》することができる。

芸人《げいにん》ロボット

日本の研究者がわらいの「ツボ」をリサーチして、**Kobian（コビアン）**というヒューマノイド型《がた》のコメディアンをつくり出した。コビアンは、おもしろおかしくはなしをしたり、ギャグを連発《れんぱつ》したり、おどけたりして人びとをわらわせる。ときにはスベることもあるが、見ている人はおもわずわらってしまう。研究により、コビアンのネタを見た人は明るい気持ちになることがわかっている。

◀よろこぶ顔からうんざりした顔まで、7つの表情《ひょうじょう》で感情《かんじょう》をあらわす。

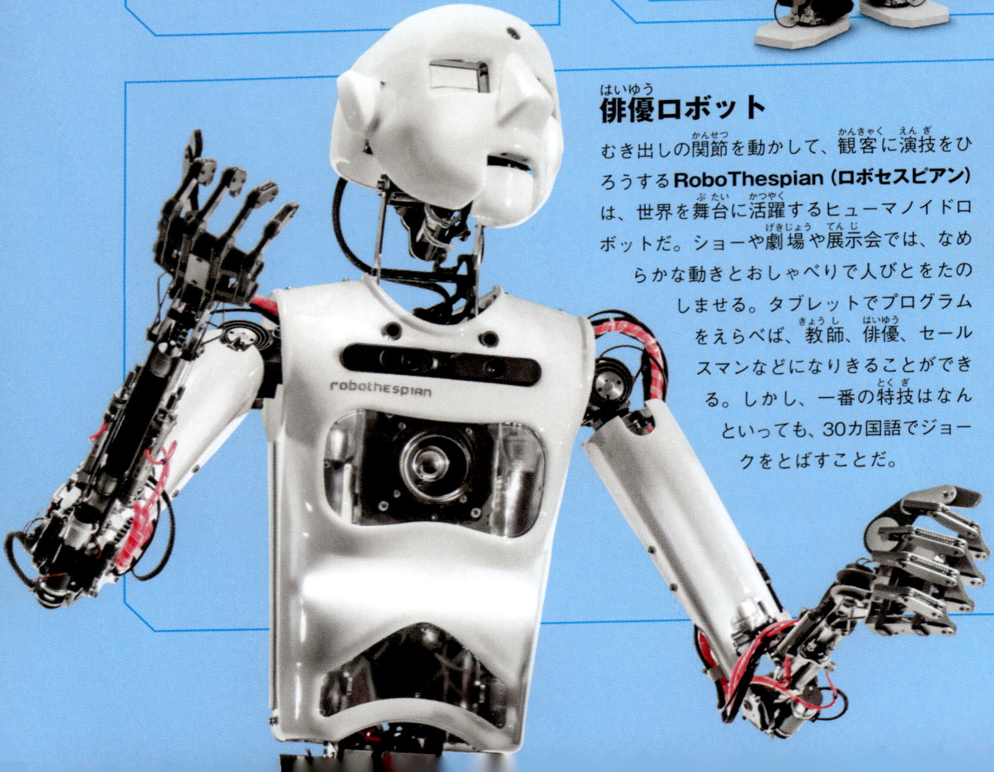

俳優《はいゆう》ロボット

むき出しの関節《かんせつ》を動かして、観客《かんきゃく》に演技《えんぎ》をひろうする**RoboThespian（ロボセスピアン）**は、世界を舞台《ぶたい》に活躍《かつやく》するヒューマノイドロボットだ。ショーや劇場《げきじょう》や展示《てんじ》会では、なめらかな動きとおしゃべりで人びとをたのしませる。タブレットでプログラムをえらべば、教師《きょうし》、俳優《はいゆう》、セールスマンなどになりきることができる。しかし、一番の特技《とくぎ》はなんといっても、30カ国語でジョークをとばすことだ。

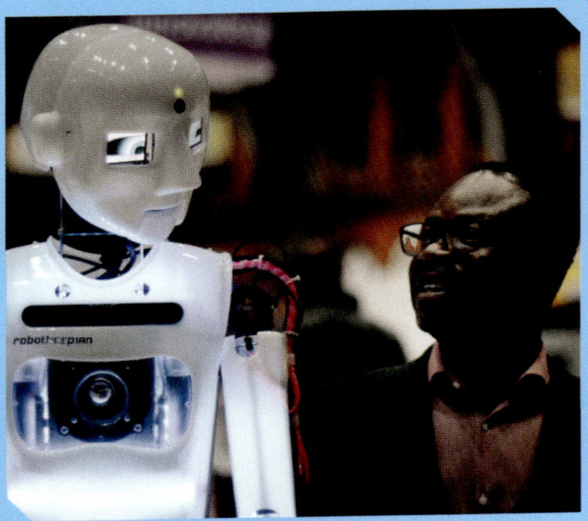

▲目の部分にうめこまれたスクリーンをつかい、人間と視線《しせん》をあわせる。

ロボットのロックバンド

スクラップされた金属《きんぞく》をリサイクルした**Compressorhead（コンプレッサーヘッド）**は、超《ちょう》ヘビー級のヘビーメタルバンドだ。ボーカリストが歌い、ギタリスト、ベーシスト、ドラマーがそれぞれ楽器《がっき》を演奏《えんそう》する。2013年からライブ活動をつづけているドイツ生まれのコンプレッサーヘッドは、ほかのアーティストの曲も汗ひとつかかずにカバーするが、じつは『パーティーマシン』というオリジナルアルバムもリリースしている。

◀ バンドメンバーは、ドラムの「スティックボーイ」、リードギターの「フィンガーズ」、ギターの「ヘルガ＝タ」、ベースの「ボーンズ」、新加入《かにゅう》のボーカル「メガ＝ワトソン」の5体だ。

ロボットのバイオリニスト

トヨタ自動車が開発したバイオリン演奏《えんそう》ロボットは、うつくしい音楽をかなでることができる。一流のバイオリニストのように手とアームの関節《かんせつ》を動かし、観客《かんきゃく》のまえで完《かん》ぺきな演奏《えんそう》をひろうしたこともある。バイオリンのソロ演奏《えんそう》もすばらしいが、トヨタはほかにも、ドラムやトランペットを演奏《えんそう》をするロボットを開発している。

◀ 音楽家ロボットの製作でつちかった技術《ぎじゅつ》は、家事ロボットの開発にも役立つことだろう。

ロボットの受付係《うけつけ》

日本にある「変《へん》なホテル」という名前のホテルで、お客をむかえるのは受付《うけつけ》ロボットだ。中にはするどいつめをもった恐竜《きょうりゅう》ロボットもまぎれこんでいる。このホテルでは、人件費《じんけんひ》をへらして仕事の効《こう》率《りつ》をあげるために、ほとんどの仕事をロボットがおこなっている。ロボットが荷物を部屋まではこんだり、ルームサービスをとどけたりするのだ。水そうではロボットの魚がおよいでいる。

◀ ホテルにつくと、受付《うけつけ》ロボットが出むかえてくれる。

▼ 目、前脚《まえあし》、あごを動かしながら、恐竜《きょうりゅう》ロボットがお客にあいさつする。

製品の仕様

開発元
ABB社

開発国
スイス

発売年
2015年

高さ
56センチメートル

協働《きょうどう》ロボット

YuMi ユーミィ

2本のアームをもつユーミィは、オーケストラの指揮《しき》をしたり、ルービックキューブを完成《かんせい》させたり、紙飛行機《ひこうき》をつくったりする。しかし、もっとも力を発揮《はっき》するのは、工場の組み立てラインだ。すばやく動く器用《きよう》なアームは、誤差《ごさ》0.02ミリメートル以内《いない》の正確《せいかく》さで、作業を何千回もくりかえすことができる。成人男性《せいじんだんせい》の上半身とおなじくらいの大きさで、人間のすぐそばではたらけるよう設計《せっけい》されている。こまかくて手間のかかるスマートフォンや時計の組み立て、複雑《ふくざつ》な自動車の部品の組み立てや検査《けんさ》などをおこなっている。

やわらかいプラスチック製《せい》のカバーでおおわれている。

ロボットのシンフォニー

2017年、ユーミィはロボットとして世界ではじめて、オーケストラの指揮《しき》をつとめた。イタリアのピサでおこなわれたルッカ・フィルハーモニー交響楽団《こうきょうがくだん》のコンサートで、クラシック音楽3曲を指揮《しき》したのだ。有名なイタリアの指揮《しき》者、アンドレア・コロンビーニがユーミィに正確《せいかく》な動きをおしえ、本番ではユーミィが指揮棒《しきぼう》をふってそれを再現《さいげん》した。

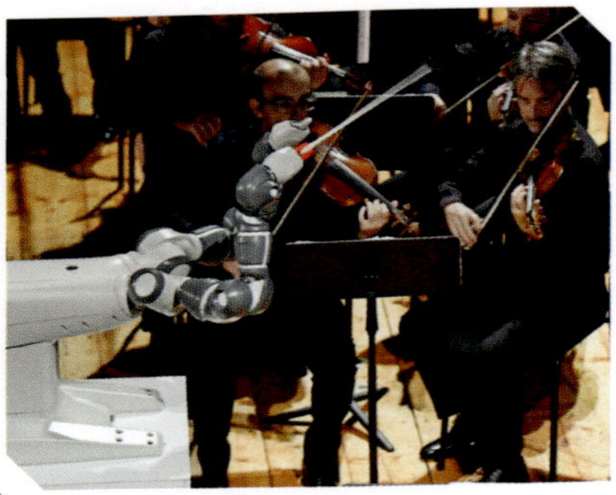

重さ
38キログラム

電源
商用電源《でんげん》（AC電源《でんげん》）

特長
物体認識《にんしき》カメラがそなわっている。

「ユーミィは、**ロボット**と**人間が手をとり合って**はたらくことを可能《かのう》にした」

ABB社 社長　サム・アティーヤ

アームのさきのフランジ（接続部《せつぞくぶ》）に、さまざまな大きさのグリッパーをはめることができる。

2本のアームは軽量《けいりょう》マグネシウムでできていて、プラスチック製《せい》のカバーでおおわれている。どの方向にでも、55.9センチメートルさきまでまっすぐのばすことができる。

関節《かんせつ》は電気モーターで動く。すべての関節《かんせつ》を同時にあやつり、秒速1.5メートルのはやさでなめらかに動くことができる。

トランペット奏者《そうしゃ》

2006年にはトヨタ自動車のロボットが、ほんもののトランペットを演奏《えんそう》して観客《かんきゃく》をおどろかせた。この身長150センチメートルのヒューマノイドロボットは、空気圧《くうきあつ》システムでトランペットに「息」をふきこみ、手の関節《かんせつ》を動かしてピストンバルブをおしながら、うつくしいメロディをかなでてみせた。

家庭用支援《しえん》ロボット

ROBOTIC KITCHEN

ロボティックキッチン

キッチンにつよい味方があらわれた。モリー・ロボティクス社が開発した完全《かんぜん》自動調理ロボットのロボティックキッチンは、シェフの動きをすべて記憶《きおく》し、ボタン1つで再現《さいげん》することができる。関節《かんせつ》をもつアームはまるで人間の手のように動き、どんな料理《りょうり》も完《かん》ぺきにつくりあげる。ゆったりとくつろぎながら、ロボットの手料理《てりょうり》をめしあがれ！

動くしくみ

まず、人間のシェフがじっさいに調理をする。シェフが実演《じつえん》した料理《りょうり》のデータはすべてロボティックキッチンのデータベースに保存《ほぞん》されるので、おぼえた料理《りょうり》をいつでもつくることができる。

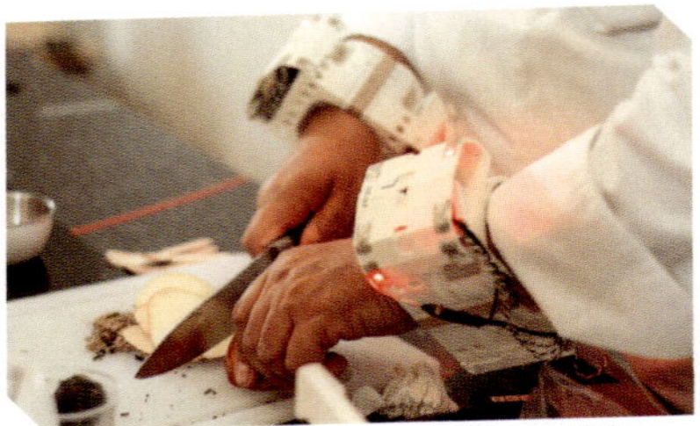

1 3Dカメラとセンサーを内蔵《ないぞう》した装置《そうち》をつかい、人間のシェフの動きをロボットが再《さい》現《げん》できるようデジタル化する。

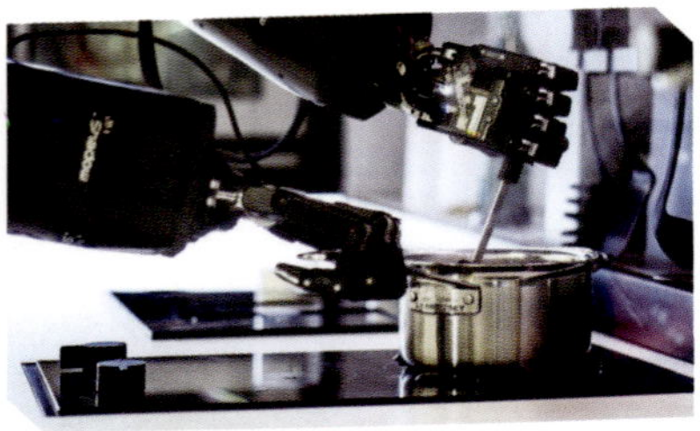

2 両手を自由に動かして、人間のシェフのように調理器具《ちょうりきぐ》をつかいこなす。まぜあわせる、かきまぜる、あわ立てる、ふりまぜる、そそぐ、ふりかけるなどの動作ができる。

器用《きよう》な手

2本のアームにはいくつか関節《かんせつ》があり、手には触覚《しょっかく》センサーがそなわっている。そのため、人間とおなじように手を動かし、実演《じつえん》したシェフとおなじスピードで調理することができる。ロボティックキッチンは、人間のような手つきでさまざまな調理器具《ちょうりきぐ》をつかいこなす。

開発元
モリー・ロボティクス社

開発国
イギリス

開発年
2014年

高さ
標準的《ひょうじゅんてき》なキッチンに設置《せっち》できる高さ。

特長
触覚《しょっかく》センサーと3Dカメラをつかい、人間の動きを正確《せいかく》に再現《さいげん》する。

ロボティックキッチンのアームは、自動車の生産《せいさん》ラインのロボットアームとおなじ設計《せっけい》でつくられている。

人間のシェフのようにキッチン用品や調理器具《ちょうりきぐ》をあつかう。

未来《みらい》の食卓《しょくたく》

人間にかわって料理《りょうり》をする調理ロボットは、病院や介護施設《かいごしせつ》をはじめ、食事がかかせないあらゆる場所で役に立ってくれるだろう。将《しょう》来《らい》、こうした調理ロボットが世界中で大流行し、ロボット用のレシピが発売されたり、外国の料理《りょうり》を気軽にたのしんだり、一流シェフの料理《りょうり》が家庭の食卓《しょくたく》にならんだりする日がくるかもしれない。

開発元
ハンソン・ロボティクス社

開発国
香港《ほんこん》（中国）

発売年
2007年

高さ
68.6センチメートル

重さ
2キログラム

ソーシャルロボット

ZENO ジーノ

人間とコミュニケーションができるジーノは、ヒューマノイド界の大スターだ。まんがのキャラクターと人間の少年をたして2でわったような見ためで、顔を自由にあやつってさまざまな表情《ひょうじょう》をうかべる。とてもかしこく、本をよんだり、外国語を学んだり、勉強をおしえたりするが、ジョークをいったり、ゲームをしたり、ダンスをひろうしたりもする。最先端《さいせんたん》のソフトウェアと人工知能《ちのう》のおかげで、ジーノはさまざまな能力《のうりょく》を発揮《はっき》できるのだ。

目の中にHDカメラがあり、人の顔を認識《にんしき》して記憶《きおく》する。
自由に動くアームをつかい、さまざまなジェスチャーをする。
胸《むね》のスピーカーをつかい、人間とコミュニケーションをとる。
Demo > Emote
Page 1/2
Angry
Denial
Excited
Happy
Hurt
Panic
Sad
Scared
Surprised

タッチスクリーン

胸《むね》にうめこまれたスクリーンには、教育プログラム、大学の研究プログラム、ゲームストア、一般知識《いっぱんちしき》や会話機能《きのう》など、さまざまなメニューがもうけられている。特別《とくべつ》な支援《しえん》が必要《ひつよう》な子どもたちは、ジーノと会話をしながらセラピーをうけることができる。

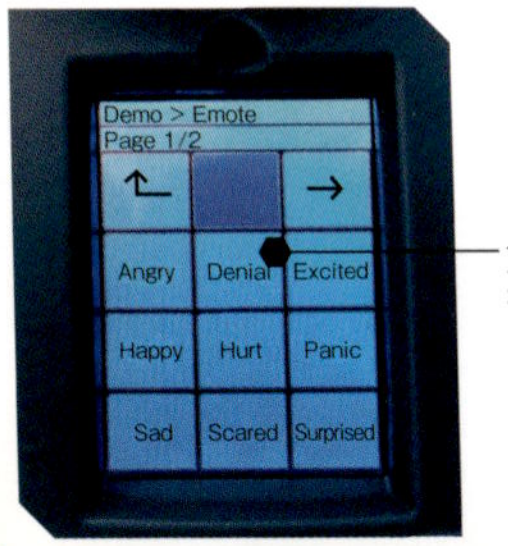
Demo > Emote
Page 1/2
Angry
Denial
Excited
Happy
Hurt
Panic
Sad
Scared
Surprised
タッチスクリーンで操作《そうさ》する。

特長

人工知能《ちのう》、HDカメラ、タッチセンサー、音声認識《にんしき》機能《きのう》がそなわっている。

音楽にあわせてリズムをとり、からだを動かす。
脚《あし》を動かして前後に歩くことができる。ターンやダンスもする。

ゆたかな表情《ひょうじょう》

ジーノの顔は、人間の皮ふにそっくりな「フラバー」という特殊《とくしゅ》なゴムでできている。顔のモーターがフラバーを動かして、さまざまな表情《ひょうじょう》をつくる。ジーノはゆたかな表情《ひょうじょう》をつかい、つたえたい情報《じょうほう》をよりはっきりと相手につたえることができる。

おどろいたとき
かなしいとき
うれしいとき
いたいとき
つかれたとき
不安《ふあん》なとき

開発元
ソフトバンクロボティクス社

開発国
フランス

開発年
2006年

高さ
57.3センチメートル

重さ
5.4キログラム

動くしくみ

物体との距離《きょり》をはかる超《ちょう》音波センサーなど、50以上《いじょう》のセンサーがそなわっている。ころんでもセンシングユニットがそれを感知《かんち》し、コントローラが電気モーターと関節《かんせつ》を動かしてからだをおこす。アームをうしろに動かしてまっすぐすわり、脚《あし》をまげて立ちあがる。

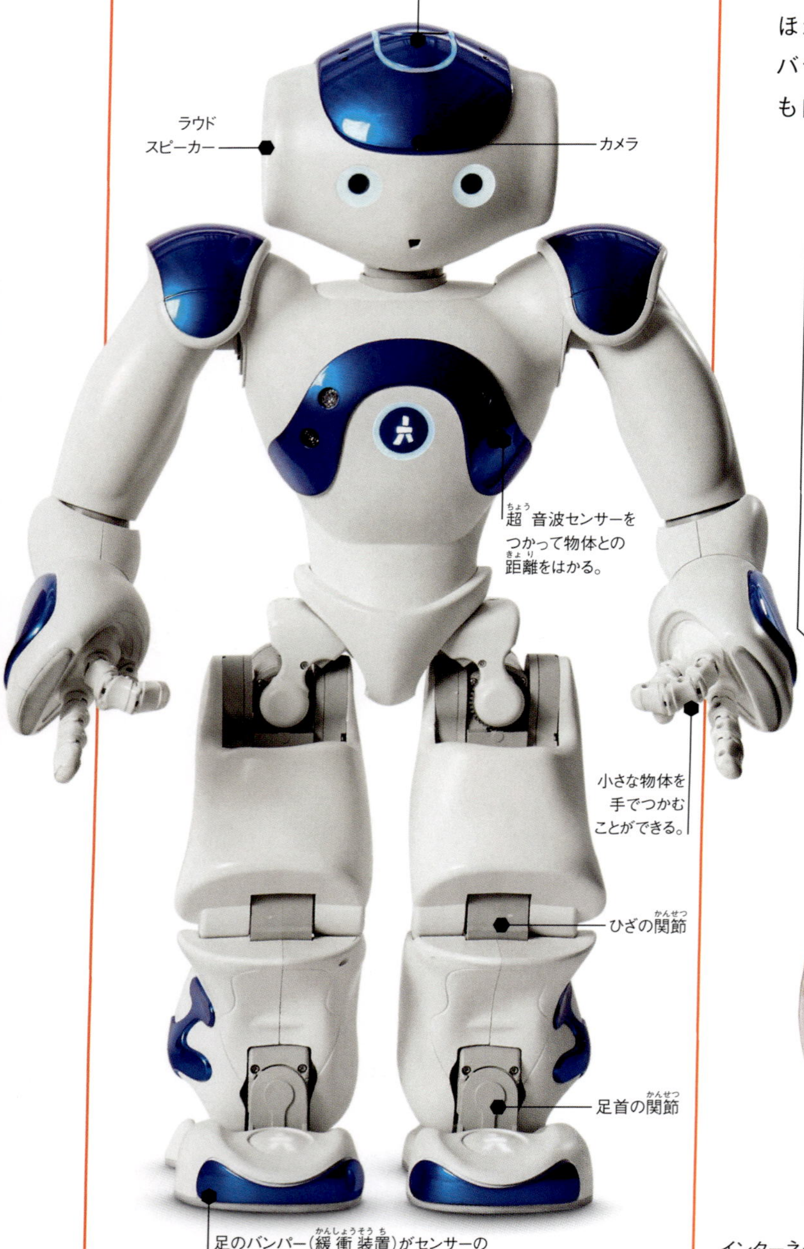
タッチセンサー
ラウド
スピーカー
カメラ
超《ちょう》音波センサーを
つかって物体との
距離《きょり》をはかる。
小さな物体を
手でつかむ
ことができる。
ひざの関節《かんせつ》
足首の関節《かんせつ》
足のバンパー(緩衝装置《かんしょうそうち》)がセンサーの
役割《やくわり》をはたし、ちかくの物体を感知する。

ヒューマノイドロボット

NAO ナオ

ダンスをおどり、人間のことばを理解《りかい》し、介護施設《かいごしせつ》のお年よりをたのしませ、ロボットのサッカー大会では大活躍《だいかつやく》。この小さなヒューマノイドには、無限《むげん》の可能性《かのうせい》がつまっている。ナオは、子どもでもかんたんにプログラムできるロボットだ。さまざまな動きができるほか、4つのマイクで音声を認識《にんしき》し、19カ国語のほんやくもできる。バランスセンサーをつかってしっかりと歩くことができ、ころんでも自分でおきあがれる。

ナオの目

ナオには2台のカメラがそなわっているが、どちらも目の中にあるわけではない。1台はひたいに、もう1台は口の部分にうめこまれている。目の色を変化《へんか》させて、人間とコミュニケーションをとる。

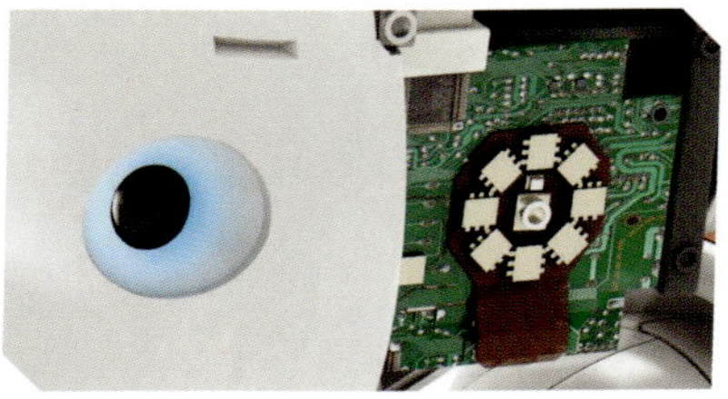

インターネットであつめた情報《じょうほう》が、
ラウドスピーカーからながれる。

電源
バッテリー

特長
人の顔と物体を認識《にんしき》し、
ことばがわかる。

分身の術《じゅつ》

けがをしたり、病気になったりすると、子どもたちは長いあいだ学校をやすまなければならない。そんなとき、ナオが子どもたちの「アバター（分身）」になり、行くことのできない場所へかわりに出かけてくれる。タブレットをつかって遠隔操作《えんかくそうさ》すれば、学校のようすを動画や音声でおしえてくれる。

頭にはボタンが3つあり、
起動や動作をプログラム
できる。

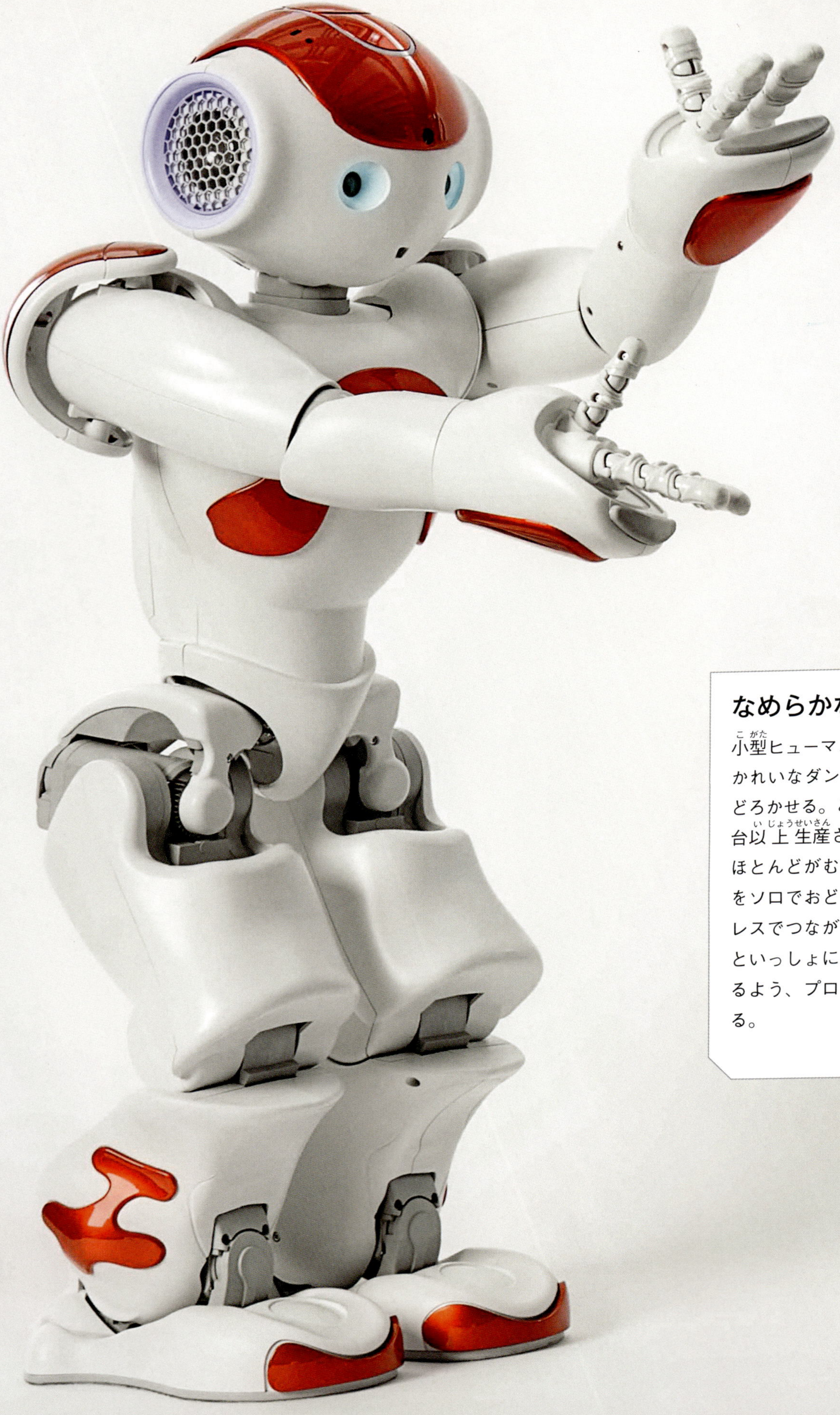

なめらかな動き

小型《こがた》ヒューマノイドのナオは、かれいなダンスで人びとをおどろかせる。これまで10,000台以上《いじょう》生産《せいさん》されていて、そのほとんどがむずかしいダンスをソロでおどったり、ワイヤレスでつながったべつのナオといっしょにおどったりできるよう、プログラムされている。

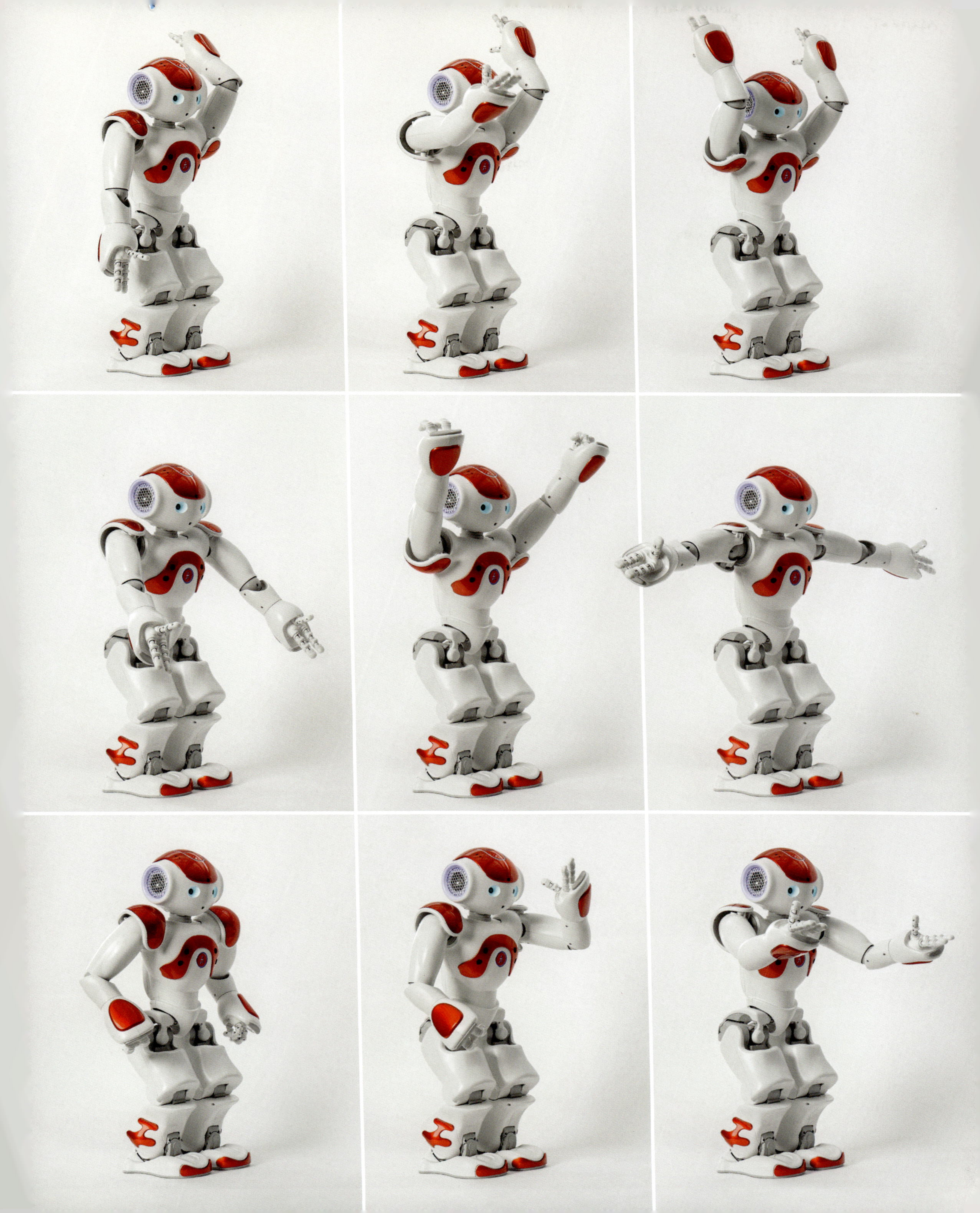

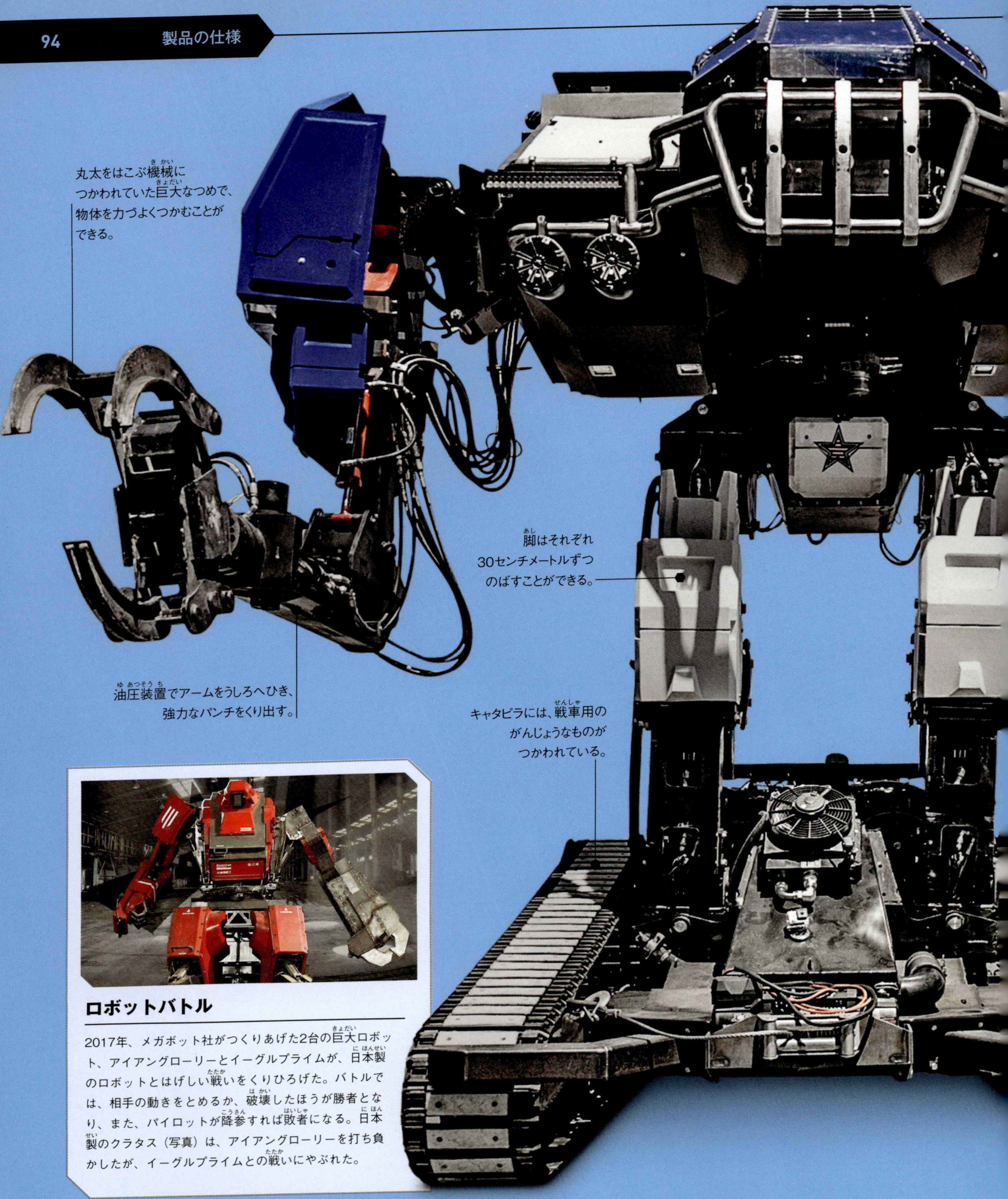

丸太をはこぶ機械《きかい》に
つかわれていた巨大《きょだい》なつめで、
物体を力づよくつかむことが
できる。

脚《あし》はそれぞれ
30センチメートルずつ
のばすことができる。

油圧装置《ゆあつそうち》でアームをうしろへひき、
強力なパンチをくり出す。

キャタピラには、戦車《せんしゃ》用の
がんじょうなものが
つかわれている。

ロボットバトル

2017年、メガボット社がつくりあげた2台の巨大《きょだい》ロボット、アイアングローリーとイーグルプライムが、日本製《にほんせい》のロボットとはげしい戦《たたか》いをくりひろげた。バトルでは、相手の動きをとめるか、破壊《はかい》したほうが勝者となり、また、パイロットが降参《こうさん》すれば敗者《はいしゃ》になる。日本《にほん》製《せい》のクラタス（写真）は、アイアングローリーを打ち負かしたが、イーグルプライムとの戦《たたか》いにやぶれた。

開発元	開発国	開発年	高さ	重さ	電源
メガボット社	アメリカ	2015年	4.9メートル	13トン	ガソリンエンジン

部品があつまるところは、がんじょうな鋼鉄《こうてつ》のカバーでまもられている。
2連《れん》式キャノン砲《ほう》からペイント弾《だん》を発射《はっしゃ》する。その威力《いりょく》は、ガラスをこなごなにくだいてしまうほどだ。

動くしくみ

巨大《きょだい》なからだには、全長1.6キロメートルにおよぶ650本のケーブルと300個《こ》もの電子装置《そうち》がそなわっていて、操縦士《そうじゅうし》はジョイスティック、ペダル、40個《こ》をこえるトグルスイッチ〔上下、左右に動かしてオンとオフをきりかえるスイッチ〕などをつかってロボットをあやつる。メガボットの動力は、ボート用のエンジンとトランスミッション（変速機《へんそくき》）だ。とても力がつよく、自動車だってもちあげてにぎりつぶしてしまう。

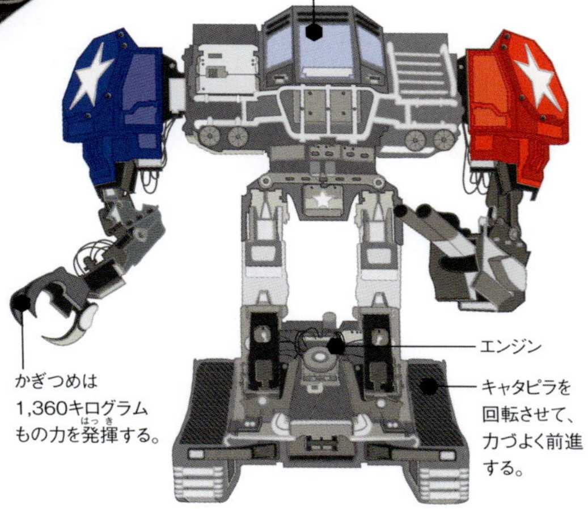
操縦士《そうじゅうし》と射撃手《しゃげきしゅ》をまもるため、コックピットは防弾《ぼうだん》ガラスでおおわれている。
かぎつめは1,360キログラムもの力を発揮《はっき》する。
エンジン
キャタピラを回転させて、力づよく前進する。

操縦型《そうじゅうがた》ロボット

MegaBots

メガボット

メガボットをうみ出した技術《ぎじゅつ》者たちは、SFを現実《げんじつ》にしようとしている。巨大《きょだい》ロボットどうしのそうぜつなバトルをついにリアルな世界で実現《じつげん》させたのだ。メガボットには防弾《ぼうだん》ガラス製《せい》のコックピットがあり、そこに操縦士《そうじゅうし》と射撃手《しゃげきしゅ》がすわってロボットをあやつる。コックピットには、ロボットを動かし、強力な武器《ぶき》をつかうための複雑《ふくざつ》なコントロールパネルがもうけられていて、HDカメラがとらえた戦《たたか》いのようすがうつし出される。

開発元
株式会社知能システム

開発国
日本

発売年
2001年

高さ
57センチメートル

重さ
2.7キログラム

ソーシャルロボット

PARO パロ

パロは、病院や介護施設《かいごしせつ》で活躍《かつやく》するロボット版《ばん》セラピーアニマルだ。ペットには、患者《かんじゃ》のコミュニケーション能力《のうりょく》や脳《のう》のはたらきを高める力があるといわれているが、ほんものの動物の世話をすることがむずかしい人たちもいる。ふわふわした手ざわりのパロは、タテゴトアザラシのあかちゃんをモデルにつくられていて、ボディの中にはぜい肉のかわりにバッテリーがそなわっている。日本ではすでに1,800台以上《いじょう》がはたらいていて、ヨーロッパやアメリカへも活躍《かつやく》の場をひろげている。かわいいペットロボットのパロは、世界でもっとも人気のあるセラピーロボットの1つだ。

抗菌性《こうきんせい》のやわらかい人工の毛皮に
おおわれている。じょうぶで、
よごれがつきにくい。
頭をいろんな方向に動かして、
音がする場所をさぐる。
きれいな大きい目がときどき
まばたきをする。
なでてやると目をとじる。
アザラシのあかちゃんに
そっくりな声を出す。
ひげにふれられるのをいやがり、
ほんもののアザラシのように
顔をそむける。

充電《じゅうでん》

パロはおなかをすかせたときも、かわいいしぐさを見せる。バッテリーがすくなくなると、なきごえを2回あげてしらせてくれるのだ。魚をたべるかわりに、黄色やピンク色のおしゃぶり型充電器《がたじゅうでんき》をくわえて充電《じゅうでん》する。

充電器《じゅうでんき》

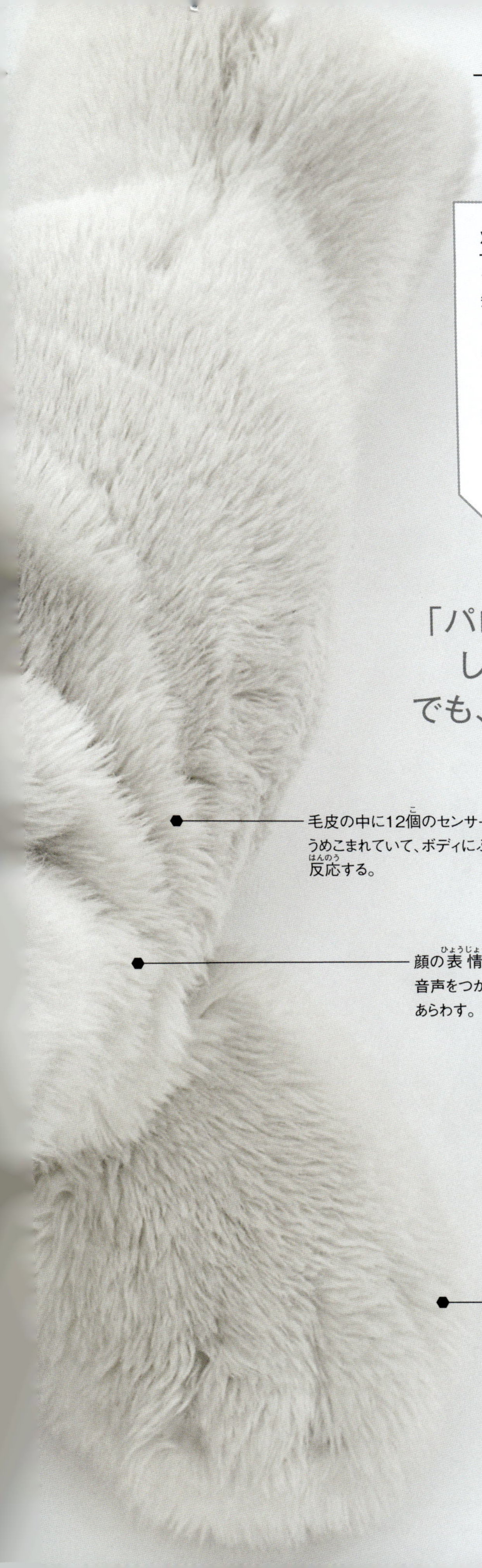

電源

内部にもうけられた
充電《じゅうでん》式バッテリー

特長

マイク、モーター、
センサーがそなわっている。

かわいいペット

セラピーロボットのパロにとって、認知症《にんちしょう》のお年よりによりそうこともたいせつな仕事だ。やさしくふれたときのパロのうれしそうな反応《はんのう》が、患者《かんじゃ》のストレスをへらし、おちつきをあたえることがわかっている。過去《かこ》の反応《はんのう》を記憶《きおく》し、お年よりがよろこぶ反応《はんのう》パターンをくりかえすようプログラムされている。

「パロはほんものの**セラピーアニマル**のように、
しずんだ気持ちや不安《ふあん》をかるくしてくれる。
でも、ほんものの動物とちがい、エサはいらない」

パロ 設計者　柴田崇徳

毛皮の中に12個《こ》のセンサーがうめこまれていて、ボディにふれると反応《はんのう》する。

顔の表情《ひょうじょう》、からだの動き、音声をつかって「気持ち」をあらわす。

ひれ足の中にモーターがあり、ほんもののアザラシのようにもちあげることができる。

たよれる相棒《あいぼう》

家庭用支援《しえん》ロボットのHOBBIT（ホビット）は、きびきびと動き回り、お年よりやからだの不自由《ふじゆう》な人たちの日常《にちじょう》生活をたすける。開発者の目的《もくてき》は、ペットと飼《か》い主《ぬし》の関係《かんけい》のように、ロボットと人間のきずなをはぐくむことだった。ホビットは、つまずく危険《きけん》をゆかからとりのぞいたり、持ち主とゲームをしたり、緊急《きんきゅう》時にアラーム音を出したりする。

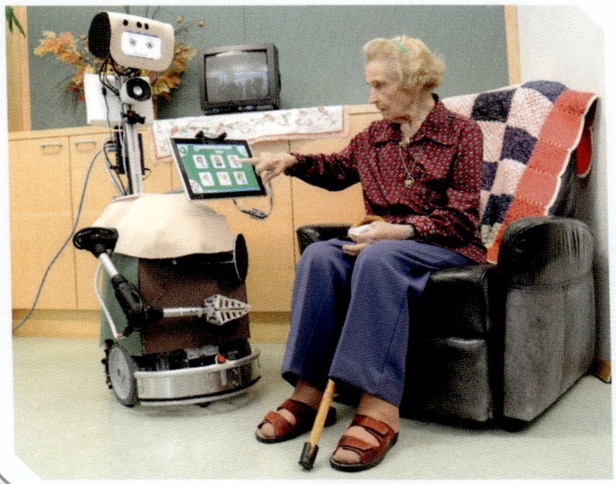

開発元
フェスト社

開発国
ドイツ

開発年
2013年

長さ
44センチメートル

生体模倣《もほう》ロボット

BionicOpter

バイオニックコプター

トンボは自然《しぜん》界でもっとも飛行《ひこう》スピードがはやく、もっとも自由に飛《と》び回《まわ》るいきものだ。全長が44センチメートル、翼《つばさ》の長さが63センチメートルもあるトンボ型《がた》ドローンのバイオニックコプターは、ほんもののトンボよりかなり大きく、飛行《ひこう》スピードもはやい。すばやく羽を動かして、頭としっぽの角度を調節《ちょうせつ》しながら、上下、右左に飛《と》んだり、空中で停止《ていし》したりする。ほんもののトンボのように、うしろ向きに飛《と》ぶこともできる。

羽はカーボンファイバーのフレームと軽量《けいりょう》のポリエステルでできている。

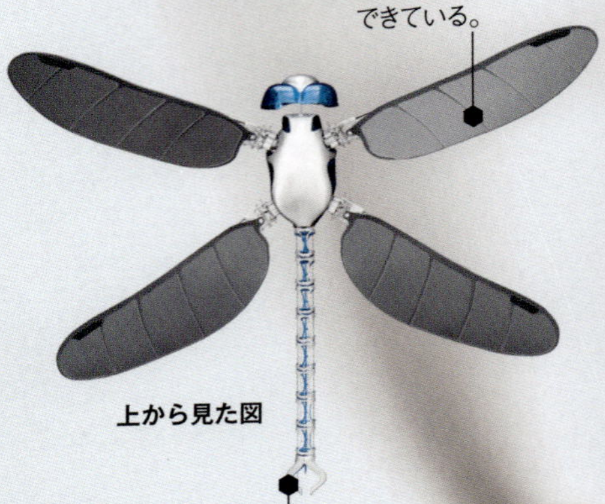

上から見た図

しっぽを上げたり下げたりして、すすむ方向をかえる。

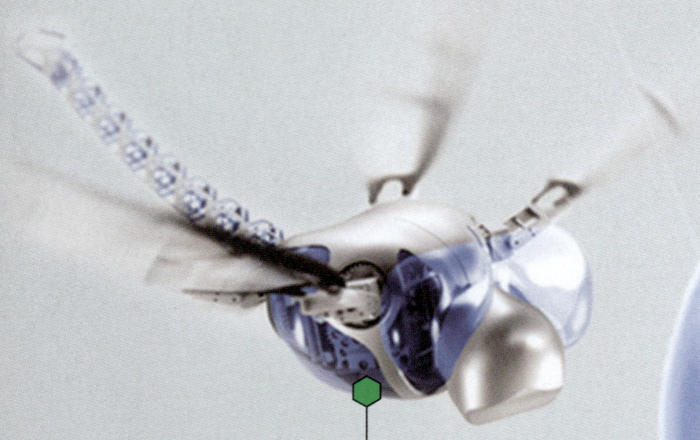

頭と目はトンボそっくりにつくられているが、目にはカメラはついていない。

操縦方法《そうじゅうほうほう》

マイクロコントローラが、軽量《けいりょう》ギアを回転させるモーターに指示《しじ》を出したり、飛行《ひこう》に必要《ひつよう》なあらゆるアクションを調整する。操縦《そうじゅう》する人は、飛《と》ぶ方向や距離《きょり》をアプリケーションをとおしてえらぶだけでよい。

重さ
175グラム

電源
バッテリー

特長
さまざまなアクションを組み合わせて、なめらかに動く。

かたちをかえる

ニチノールという特殊《とくしゅ》な合金《ごうきん》が、しっぽの筋肉《きんにく》のような役割《やくわり》をはたしている。電流をながすとニチノールがあたたまってちぢみ、しっぽが上がったり下がったりする。

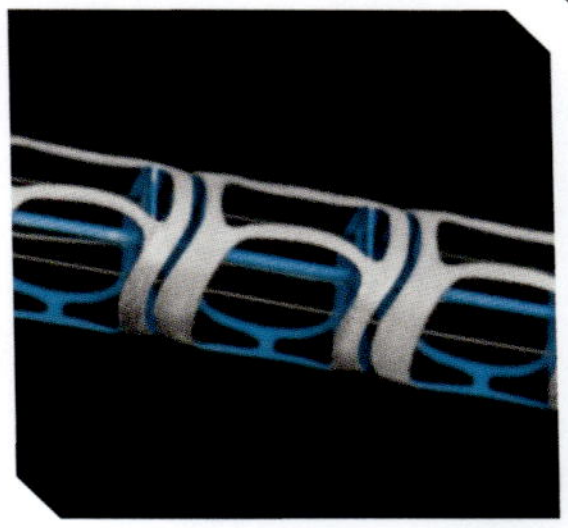

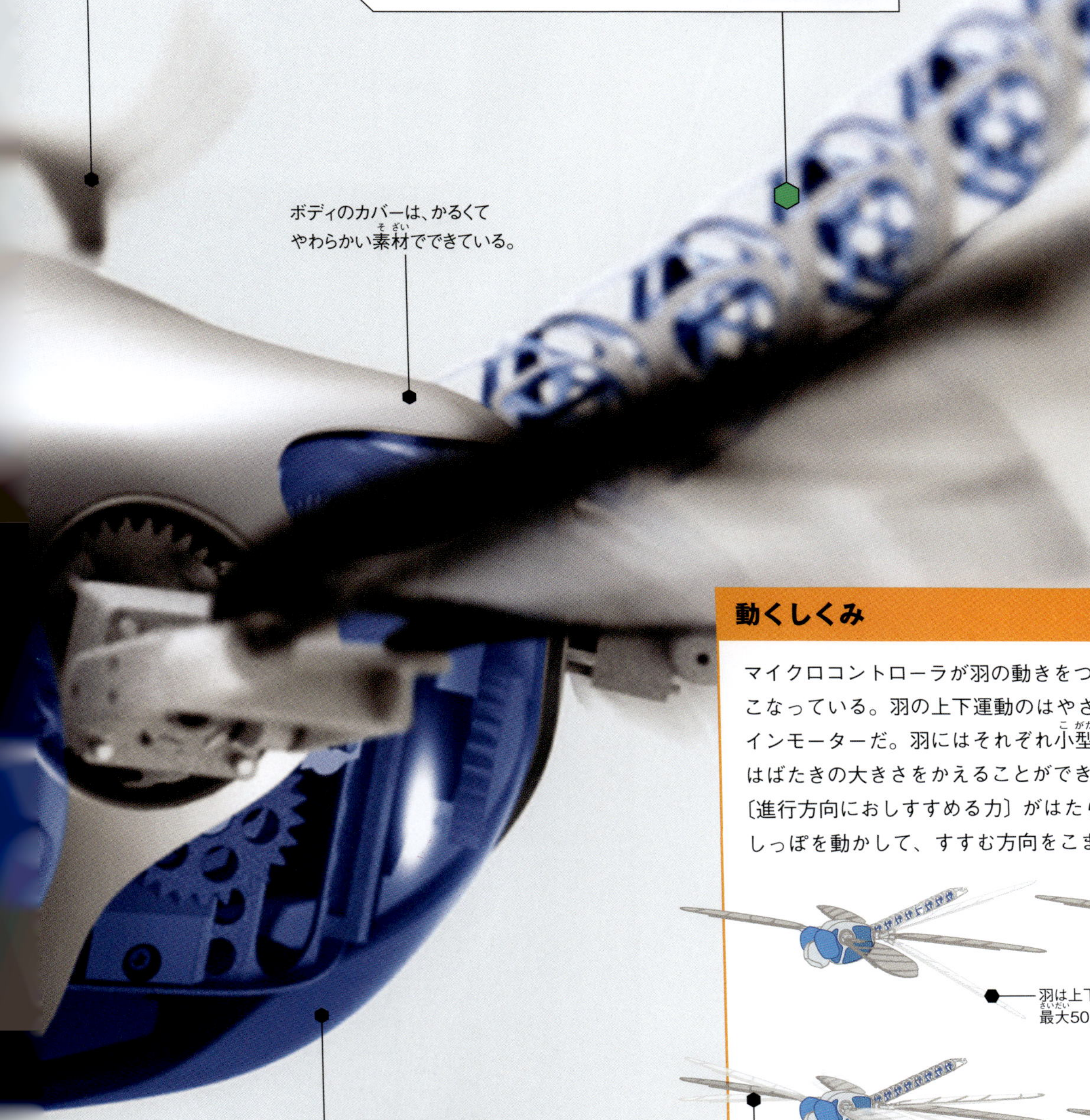
4枚《まい》の羽を毎秒15〜20回動かすことができる。
ボディのカバーは、かるくてやわらかい素材《そざい》でできている。
ボディには2つのバッテリー、マイクロコントローラ、9つのモーターがそなわっている。

動くしくみ

マイクロコントローラが羽の動きをつねにモニターし、調節《ちょうせつ》をおこなっている。羽の上下運動のはやさをかえるのは、ボディのメインモーターだ。羽にはそれぞれ小型《こがた》モーターが2つあり、1回のはばたきの大きさをかえることができる。羽をかたむけて、推力《すいりょく》〔進行方向におしすすめる力〕がはたらく方向をかえ、さらに頭としっぽを動かして、すすむ方向をこまかく調整する。

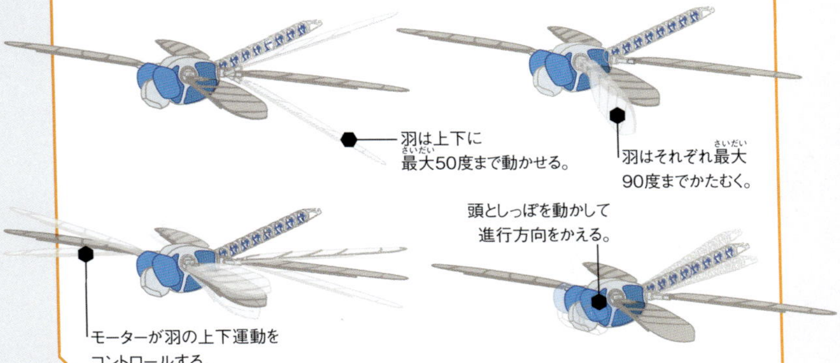
羽は上下に最大《さいだい》50度まで動かせる。
羽はそれぞれ最大《さいだい》90度までかたむく。
モーターが羽の上下運動をコントロールする。
頭としっぽを動かして進行方向をかえる。

開発元
ファラデー・
フューチャー社

開発国
アメリカ

開発年
2016年

操縦型《そうじゅうがた》ロボット

FFZERO1

エフ・エフ・ゼロワン

つややかでうつくしいボディのFFゼロワンは、最新《さいしん》のテクノロジーがつまった1人乗《の》りのEV（電気自動車）スポーツカーだ。グリップ〔走行の安定性《せい》〕や最低《さいてい》地上高〔地面から車体のもっともひくい部分までの距離《きょり》〕などをスマートフォンでコントロールできる。FFゼロワンは、あたらしい技術《ぎじゅつ》やデザインを紹介《しょうかい》するコンセプトカーで、ロボット工学や電子工学の技術《ぎじゅつ》もとり入れられている。とくに注目すべきは、センサーやコントローラをとりつければ、自動運転車に変身《へんしん》する点だ。サーキットを自動走行し、ドライバーに最短《さいたん》コースをおしえてくれる。

動くしくみ

自動運転車にはさまざまなセンサーがついていて、高解像度《こうかいぞうど》のデジタルマップをつかって道路を安全に走行できる。自動運転車のセンサーは、まわりのあらゆる情報《じょうほう》をあつめ、ほかの自動車や歩行者、速度や進行方向などをリアルタイムで追跡《ついせき》する。カメラは自動車のまわりを360度監視《かんし》し、物体認識《にんしき》ソフトウェアでほかの自動車や信号《しんごう》、一旦停止《いったんていし》などの道路標識《ひょうしき》を分析《ぶんせき》する。あつめた情報《じょうほう》をもとに、コントローラが自動車のモーターに走行速度、方向転換《てんかん》、停止《ていし》などの指示《しじ》を出す。

透明《とうめい》のプレートが
空気のながれをよくする。

高い性能《せいのう》

車体にそなえつけられた高性能《こうせいのう》バッテリーが、小型《こがた》ハッチバック車《しゃ》の8〜9倍の動力をうみ、おどろくべき加速度《かそくど》をあたえる。停止状態《ていしじょうたい》からわずか3秒未満《みまん》で、時速96キロメートルまで加速《かそく》することができる。

電源
バッテリー

特長
オートパイロット（自動操縦《そうじゅう》）機能《きのう》がそなわっている。

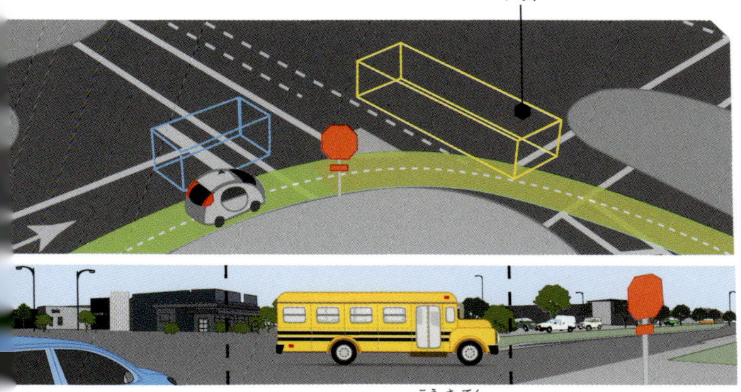

カメラとセンサーをつかい、交差点《こうさてん》をとおりすぎるバスをとらえる。
一時停止《いちじていし》の標識《ひょうしき》を見つけて走行速度をおとす。

近未来型《きんみらいがた》コックピット

運転席《せき》は車の中央にあり、「ハロ」とよばれる安全装置《そうち》でまもられている。ハンドルにスマートフォンをはめこんで、いくつかの機能《きのう》をコントロールしたり、進路などのデータをスクリーンに表示《ひょうじ》させたりできる。

ハンドルにスマートフォンをはめこむ。

ガラスルーフがひらき、運転手はそこから車にのりこむ。

すっきりとしたボディは、軽量《けいりょう》でじょうぶなカーボンファイバーでできている。

車体にそって空気のながれをつくり出すエアトンネルという構造《こうぞう》が、空気抵抗《ていこう》をへらし、電気モーターをひやす。エアトンネルによって車の重心が下がり、安定した走行ができる。

軽合金《けいごうきん》ホイールは、専用《せんよう》の電気モーターで回転する。

GOING TO EXTREMES

おどろきのロボット

ロボットのひみつのおおくは、自然《しぜん》界にかくされている。ロボット技術《ぎじゅつ》者たちは、あたらしいロボットをうみ出すために、動物の研究をすすめている。水中で作業をするウナギ型《がた》ロボットや、集団《しゅうだん》ではたらくハチ型《がた》ロボットなど、さまざまなロボットが活躍《かつやく》の場をひろげている。

開発元
スタンフォード大学

開発国
アメリカ

発売年
2016年

高さ
1.5メートル

電源
リチウムイオン電池と
テザーケーブル

作業用ロボット

OceanOne
オーシャンワン

ロボット潜水艇《せんすいてい》に、あたらしいスターが誕生《たんじょう》した。オーシャンワンは、ダイバーの経験《けいけん》をもとに開発された水中ロボットだ。操縦士《そうじゅうし》は、オーシャンワンがとらえた立体映像《えいぞう》をそのままHD画像《がぞう》で見ることができる。ジョイスティックでアームと手さきを動かし、こわれやすい物体もそっとつかむことができるので、危険《きけん》な場所でのむずかしい作業も正確《せいかく》にやりとげられる。将来的《しょうらいてき》には、人間といっしょに海にもぐり、コミュニケーションをとりながら探査《たんさ》をおこなうようになるだろう。

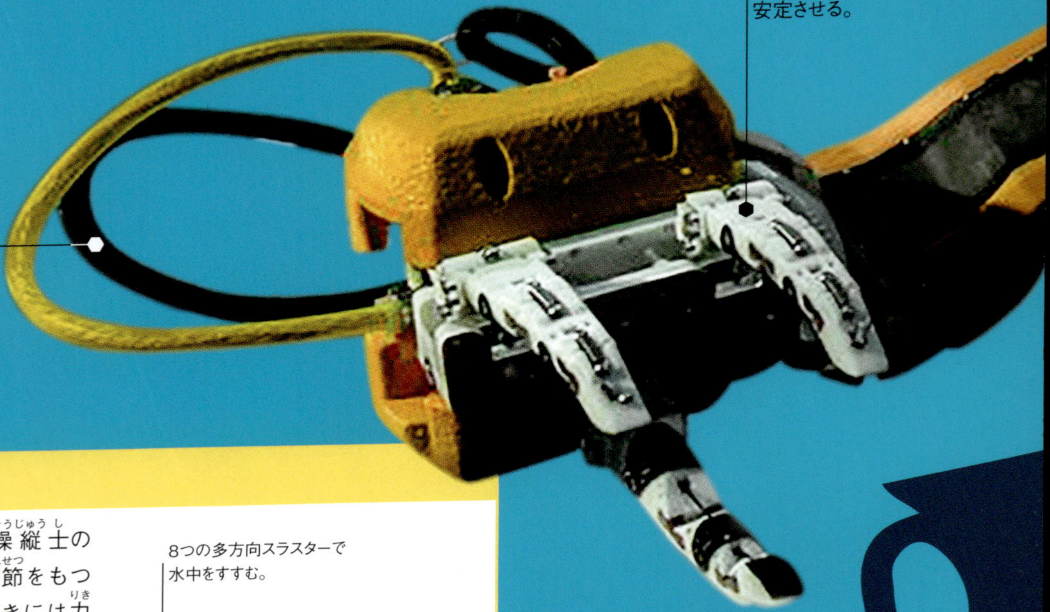
ボディが動いているときも、アームが手の位置《いち》を安定させる。
ケーブルは電力や信号《しんごう》をおくるだけでなく、ロボットとコントローラをつなぐ役割《やくわり》もはたしている。

動くしくみ

人間にそっくりなオーシャンワンは、操縦士《そうじゅうし》の分身として仕事をする。上半身には関節《かんせつ》をもつ2本のアームとカメラがあり、腕《うで》のさきには力覚《りきかく》センサーつきの手がついている。下半身にはバッテリー、内蔵《ないぞう》コンピュータ、パワースラスター（推進《すいしん》システム）がそなわっている。

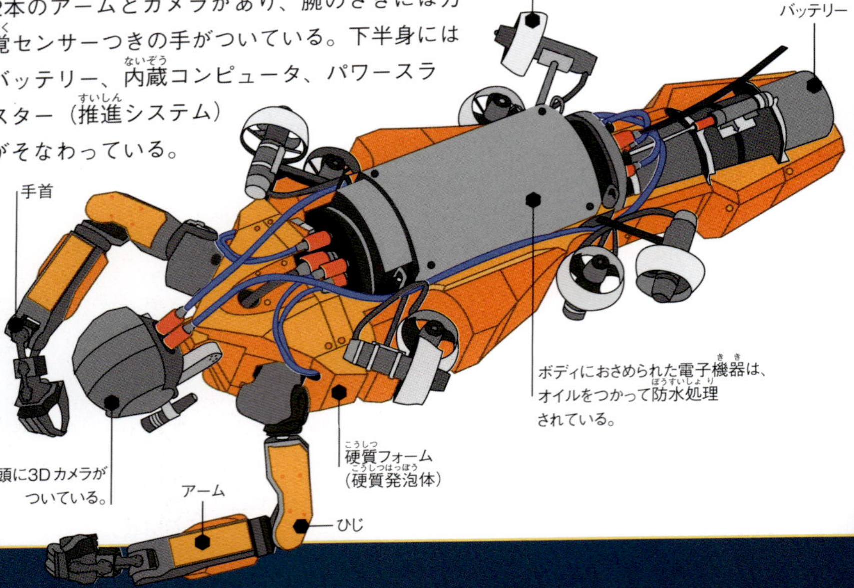
8つの多方向スラスターで水中をすすむ。
バッテリー
手首
ボディにおさめられた電子機器《きき》は、オイルをつかって防水処理《ぼうすいしょり》されている。
頭に3Dカメラがついている。
硬質《こうしつ》フォーム
（硬質発泡体《こうしつはっぽう》）
アーム
ひじ

特長

立体視覚《しかく》と潮流《ちょうりゅう》センサーがそなわっている。

母船とロボットをつなぐ
テザーケーブルで
電力を供給《きょうきゅう》する。
ボディの下についた広角カメラが、
海中での移動《いどう》をたすけてくれる。
特殊《とくしゅ》な強化ケーブルは、
水圧《すいあつ》や潮《しお》の変化《へんか》にも
たえられる。

つかむ力

オーシャンワンの手にとりつけられた力覚《りきかく》センサーが、触《しょっ》覚《かく》をジョイスティックにつたえる。操縦士《そうじゅうし》はロボットの手をとおして、物体の重さやかたさをそのまま「感じる」ことができ、物体をしっかりと、しんちょうにつかむことができる。

SENSORS AND DATA

センサーとデータ

ロボットはセンサーをつかってまわりの情報《じょうほう》をあつめるが、自分自身の位置《いち》や動きについてもデータをあつめなければならない。センサーにはさまざまな種類《しゅるい》がある。カメラやマイクのように、人間の感覚《かんかく》をまねてつくられたセンサーもあれば、わずかな化学物質《ぶっしつ》を検知《けんち》したり、暗やみで距離《きょり》を測定《そくてい》したりするなど、人間にはない能力《のうりょく》をもつセンサーもある。

加速度《かそくど》と傾斜《けいしゃ》を感知する

加速度《かそくど》計は、物体が動くスピードの変化《へんか》をはかるセンサーだ。ロボットの動きの変化《へんか》をしるだけでなく、ボディのバランスをたもつため、かたむきや角度の測定《そくてい》をたすけるはたらきもある。加速度《かそくど》計にはさま

圧電型加速度計《あつでんがたかそくど》

電圧型加速度《でんあつがたかそくど》計には、ばねがついたおもりと、電気回路とつながった圧電性結晶《あつでんせいけっしょう》がそなわっている。

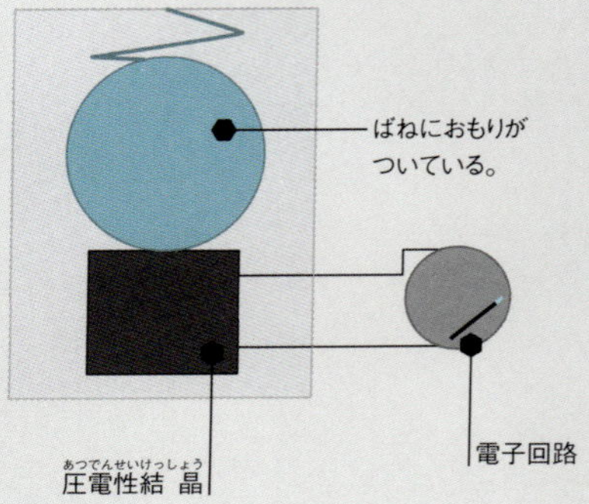

ばねにおもりがついている。
圧電性結晶《あつでんせいけっしょう》
電子回路

危険《きけん》を感知する

人間のオペレータとはなれてはたらくロボットにとって、センサーはたいせつな命づなだ。センサーの中には、作業中のロボットに問題の発生や危険《きけん》をしらせるものもある。放射線《ほうしゃせん》センサーは、電子回路にダメージをあたえる高レベルの放射線《ほうしゃせん》を検知《けんち》すると、ちかづかないようロボットに警告《けいこく》する。

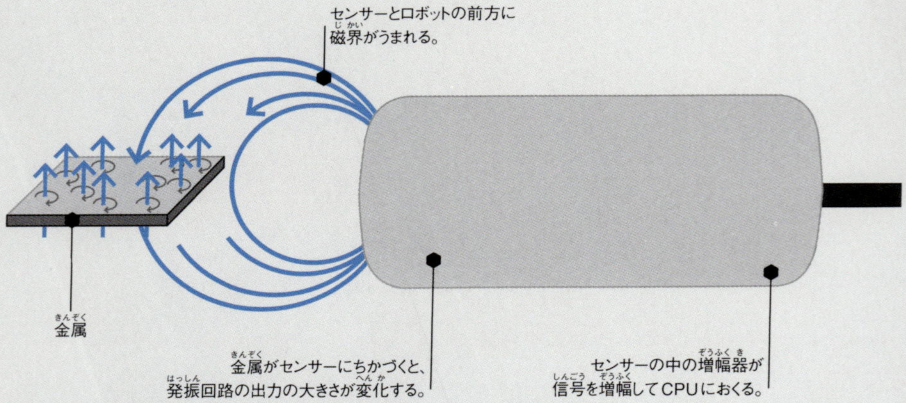

センサーとロボットの前方に磁界《じかい》がうまれる。
金属《きんぞく》
金属《きんぞく》がセンサーにちかづくと、発振《はっしん》回路の出力の大きさが変化《へんか》する。
センサーの中の増幅器《ぞうふくき》が信号《しんごう》を増幅《ぞうふく》してCPUにおくる。

金属《きんぞく》を探知《たんち》する

近接《きんせつ》センサーは、金属《きんぞく》にちかづくとそれを感知し、ロボットが接触《せっしょく》するまえにしらせてくれる。地雷《じらい》がうめられた場所などでとても重要《じゅうよう》な役割《やくわり》をはたす。

ちがった見えかた

ロボットのセンサーは、人間の目には見えない光を感じとることができる。サーモグラフィは、物体から出る熱《ねつ》を画像《がぞう》であらわす。レーザーやレーダーや超《ちょう》音波をつかい、まわりのようすを3D画像《がぞう》でとらえるセンサーもある。

回転式LiDAR(ライダー)スキャニングセンサーは、光のパルスを発射《はっしゃ》し、そのパルスが反射《はんしゃ》されてもどってくる時間から物体との距離《きょり》をはかる。

センサーを組み合わせる

自動運転車はカメラをつかって道路標識《ひょうしき》を見わけ、LiDAR(ライダー)をつかって車体のまわりの360度画像《がぞう》を作成《さくせい》する。レーダーなどのセンサーは、ほかの自動車や動く物体を認識《にんしき》する。

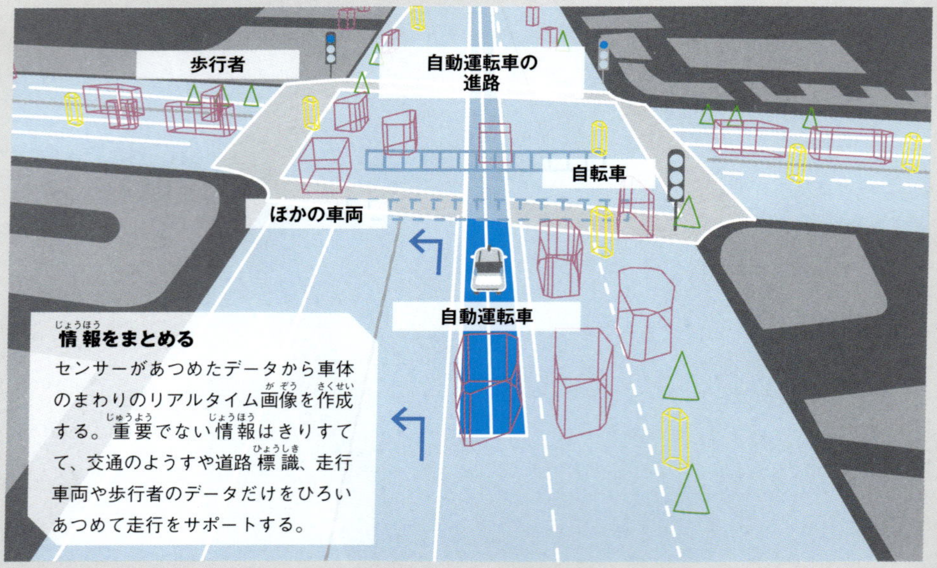

歩行者
自動運転車の進路
自転車
ほかの車両
自動運転車

情報《じょうほう》をまとめる

センサーがあつめたデータから車体のまわりのリアルタイム画像《がぞう》を作成《さくせい》する。重要《じゅうよう》でない情報《じょうほう》はきりすてて、交通のようすや道路標識《ひょうしき》、走行車両や歩行者のデータだけをひろいあつめて走行をサポートする。

ざまな種類《しゅるい》のものがあるが、そのおおくが物質《ぶっしつ》に圧力《あつりょく》をくわえたときにうまれる圧電効果《あつでんこうか》を利用《りよう》している。

加速《かそく》

加速《かそく》する力が結晶《けっしょう》におもりをおしつける。結晶《けっしょう》におもりの圧力《あつりょく》がかかったときにうまれる電圧《でんあつ》をつかって、加速度《かそくど》をはかる。

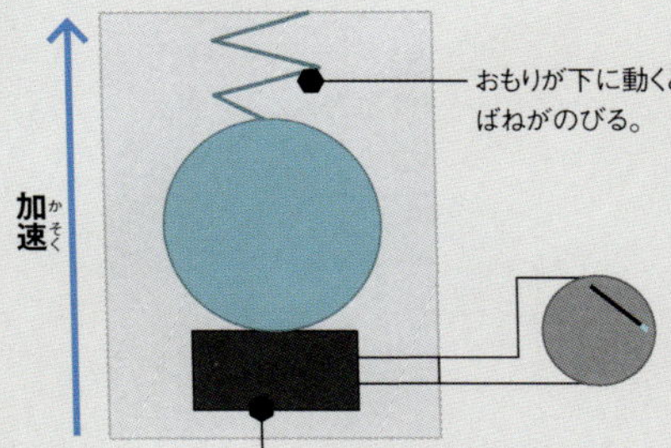
加速《かそく》
おもりが下に動くとばねがのびる。
結晶《けっしょう》がおもりにおされて電荷《でんか》がうまれる。

気圧《きあつ》
湿度《しつど》
風速
熱《ねつ》
汚染《おせん》

環境《かんきょう》センサー

風速計、温度計、汚染《おせん》センサーなどのセンサーをつかい、環境《かんきょう》の測定《そくてい》をおこなうロボットもある。センサーがあつめたデータは、おもに科学の分野で利用《りよう》される。高温を検知《けんち》してロボット本体をまもることもある。

水中で感知する

魚や両生類《りょうせいるい》には、人間にはない特殊《とくしゅ》な能力《のうりょく》がそなわっている。側線《そくせん》という器官《きかん》には、ほかのいきものが動いたときの水圧《すいあつ》の変化《へんか》や、動かない物体のまわりで発生する水流を感じとるはたらきがある。水中のいきものはその器官《きかん》をつかい、えものやてきの接近《せっきん》を感じとる。サーミスタという小型《こがた》の温度センサーは、この側線《そくせん》とおなじはたらきをする。サーミスタのほそい熱線《ねっせん》は、水流の変化《へんか》に反応《はんのう》して温度が変化《へんか》する。ロボットはこのシステムをつかい、視界《しかい》がきかない海中のようすをしることができる。

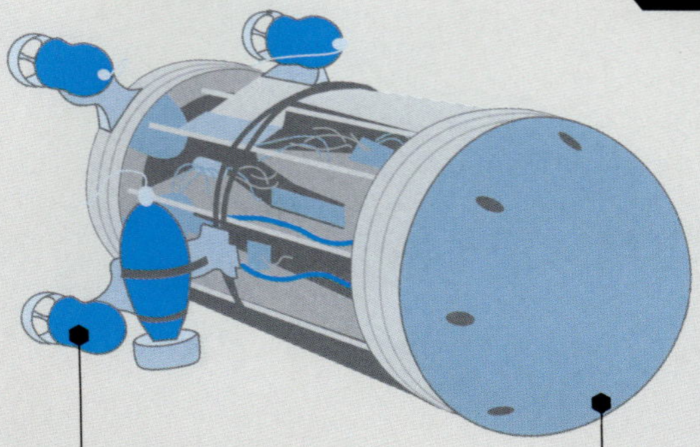
6つのジェットスラスターモーターですすむ。
全長75センチメートル。ボディは、プレキシガラスとアルミニウムでできている。

Snookie（スヌーキー）

ドイツの研究者が開発した水中ロボット。前方についた人工の側線《そくせん》センサーが、障害物《しょうがいぶつ》を検知《けんち》する。

スラスターを逆回転《ぎゃくかいてん》させて、岩などの障害物《しょうがいぶつ》をさける。
スヌーキーのセンサーは、水流や水圧《すいあつ》の変化《へんか》から前方の岩を検知《けんち》することができる。

未来《みらい》の自動運転車

自動運転車のセンサーは将来《しょうらい》、4Dカメラをつかってよりはやく、よりくわしい「ビジョン」を作成《さくせい》できるようになるだろう。4Dカメラが撮影《さつえい》する広角画像《がぞう》には、物体からカメラのレンズにとどくあらゆる光の角度や距離《きょり》など、さまざまな情報《じょうほう》がふくまれる。

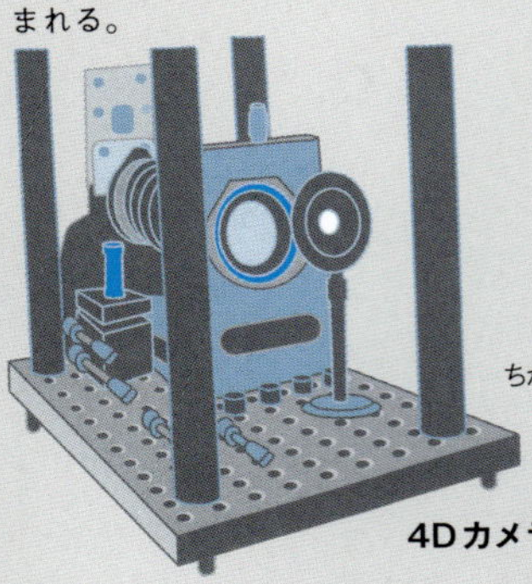
4Dカメラ

4Dカメラは138度（円の3分の1以上《いじょう》）の画像《がぞう》をとらえる。
もとの画像《がぞう》

処理《しょり》された画像《がぞう》には、カメラから物体までの距離《きょり》をしめすデータもふくまれる（青い部分はちかく、白い部分はとおい）。
処理《しょり》された画像《がぞう》

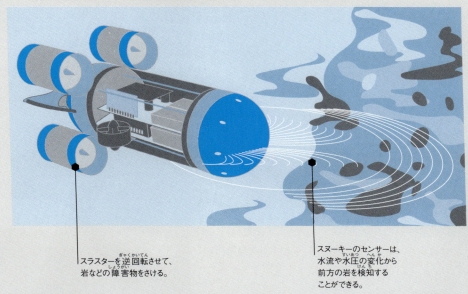

開発元
フェスト社

開発国
ドイツ

開発年
2015年

高さ
4.3センチメートル

重さ
105グラム

スワームロボット

BionicANTs

バイオニックアンツ

6本の脚《あし》で動き回る手のひらサイズのアリ型《がた》ロボットには、たくさんのテクノロジーがつまっている。バイオニックアンツの動きをサポートするのは、超《ちょう》小型無人航空機《こがたむじんこうくうき》（MAV）用のステレオカメラと、コンピュータ用の光学式マウスのセンサーだ。しかし、そのほかのテクノロジーはすべて、このロボットのために開発されたものだ。低《てい》電力のシステムで動くこのロボットは、たがいに無線《むせん》ネットワークでデータをおくりあい、協力《きょうりょく》して仕事にとりくむ。バイオニックアンツの技術《ぎじゅつ》は将来《しょうらい》、工場の生産《せいさん》ラインや危《き》険《けん》な場所ではたらくロボットにもつかわれるようになるだろう。

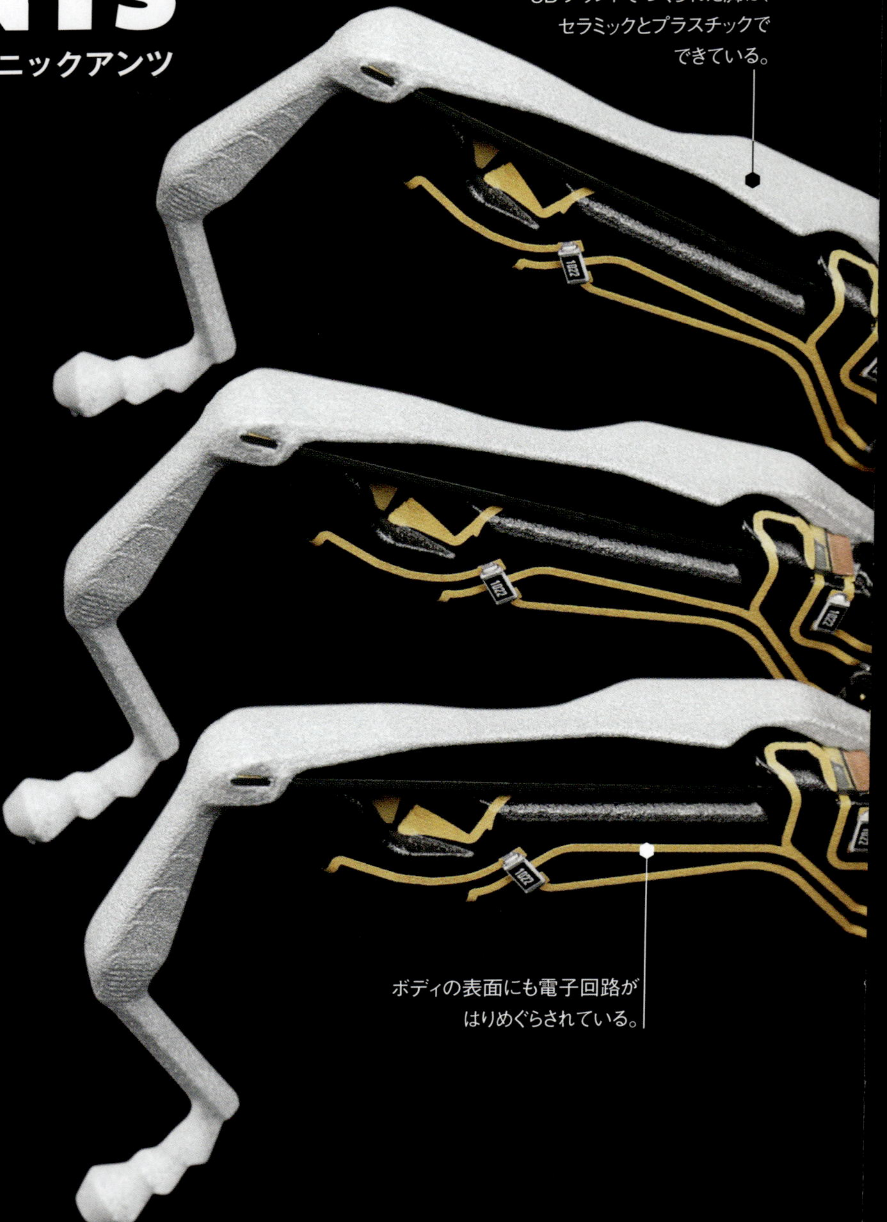
3Dプリントでつくられた脚《あし》は、セラミックとプラスチックでできている。
ボディの表面にも電子回路がはりめぐらされている。

動くしくみ

電流がながれると、圧電《あつでん》エネルギー変換器《へんかんき》が作動し、脚《あし》と口のグリッパーが動く。それぞれの脚《あし》に変換器《へんかんき》が3つあり、脚《あし》をもちあげて前後に動かしながら、1センチメートルずつすすむ。コントローラの役割《やくわり》をはたすプロセッサが、信号《しんごう》と電流を同時に変換器《へんかんき》におくり、6本の脚《あし》を連動《れんどう》させる。

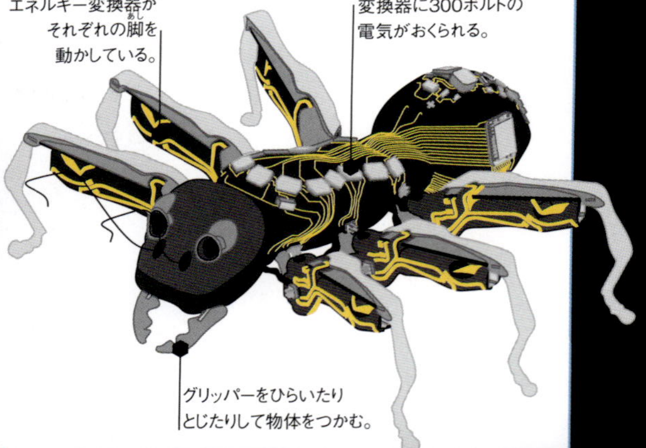
エネルギー変換器《へんかんき》がそれぞれの脚《あし》を動かしている。
環状《かんじょう》回路からエネルギー変換器《へんかんき》に300ボルトの電気がおくられる。
グリッパーをひらいたりとじたりして物体をつかむ。

「自律型《じりつがた》ロボットは、よりかしこく、より機能的《きのうてき》に発展《はってん》している」

フェスト社 バイオニック・プロジェクト・リーダー　エリアス・クヌッベン

電源
バッテリー

特長
人間の手をかりず、
ほかのロボットといっしょに
作業をする。

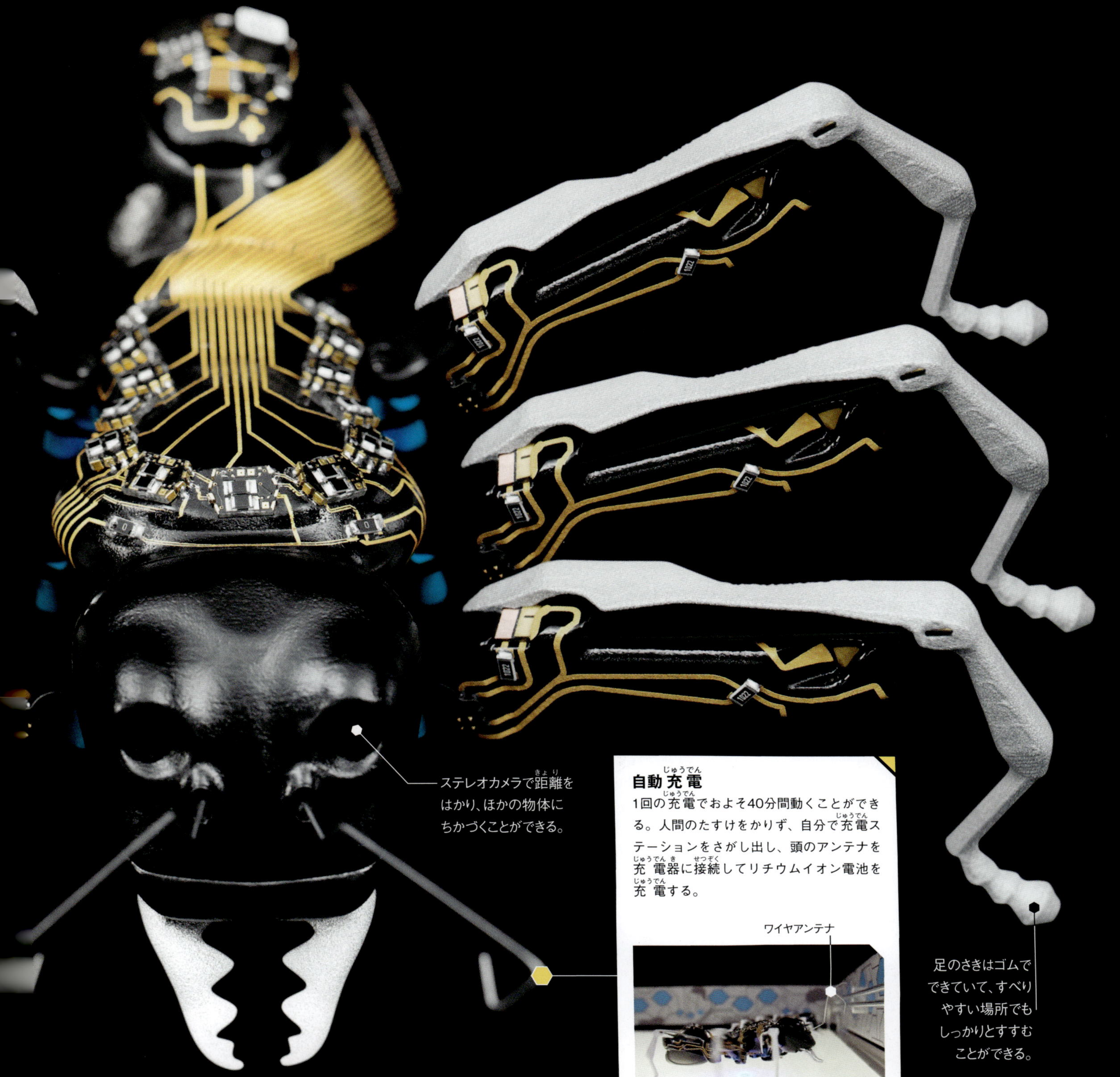

ステレオカメラで距離《きょり》をはかり、ほかの物体にちかづくことができる。

足のさきはゴムでできていて、すべりやすい場所でもしっかりとすすむことができる。

自動充電《じゅうでん》

1回の充電《じゅうでん》でおよそ40分間動くことができる。人間のたすけをかりず、自分で充電《じゅうでん》ステーションをさがし出し、頭のアンテナを充電《じゅうでん》器《き》に接続《せつぞく》してリチウムイオン電池を充電《じゅうでん》する。

ワイヤアンテナ

共同《きょうどう》作業

3匹《びき》のアリがエサをとりあっているわけではない。3体のアリ型《がた》ロボットが力をあわせ、重い物体をはこぼうとしているのだ。共同《きょうどう》作業がとくいなアリをモデルに、3Dプリントでつくられたバイオニックアンツは、腹部《ふくぶ》の電子回路で無線信号《むせんしんごう》をおくりあって情報《じょうほう》を交換《こうかん》する。このような協働《きょうどう》ロボットが将来《しょうらい》、捜索《そうさく》や救助《きゅうじょ》、探《たん》査《さ》の分野で活躍《かつやく》するようになるだろう。

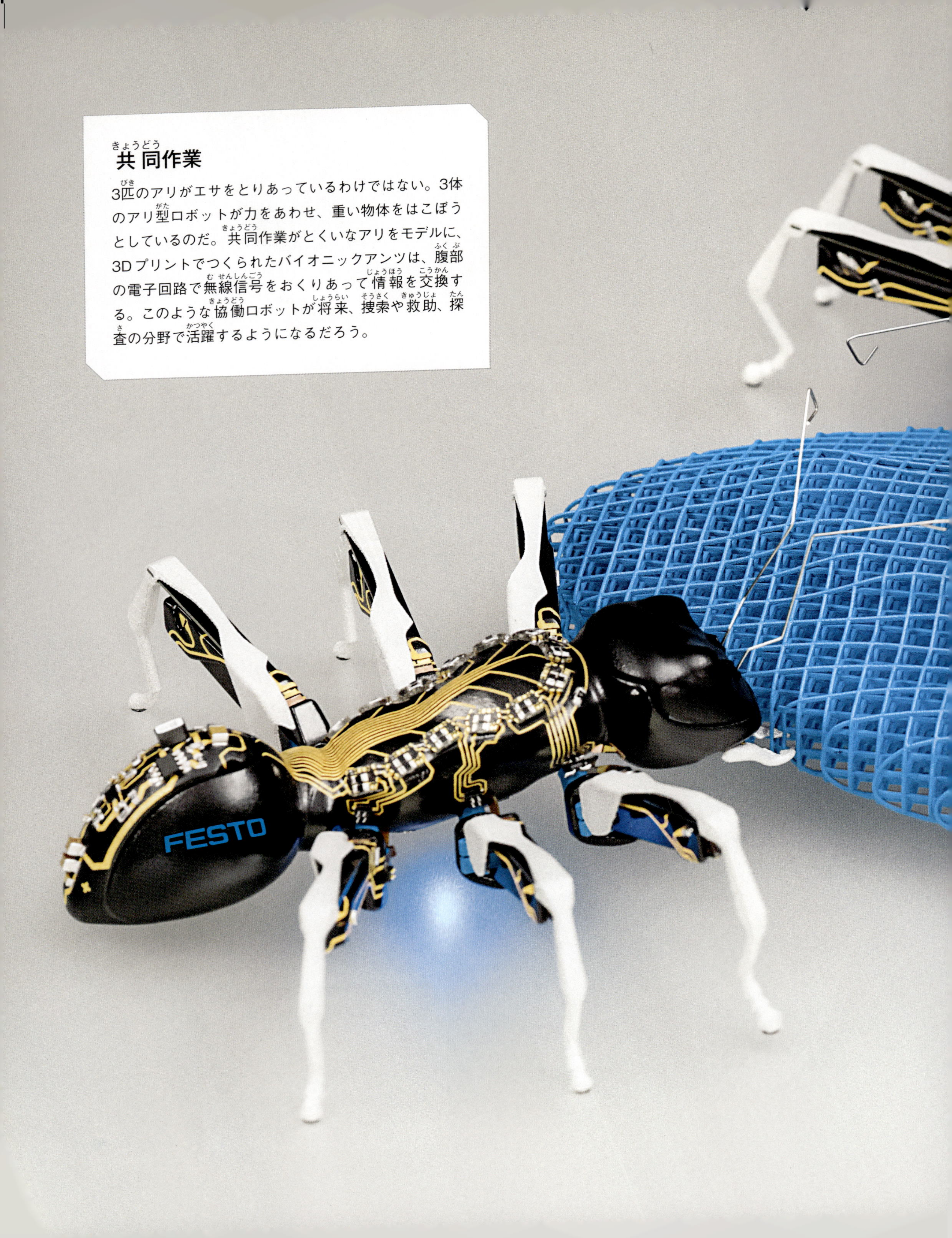

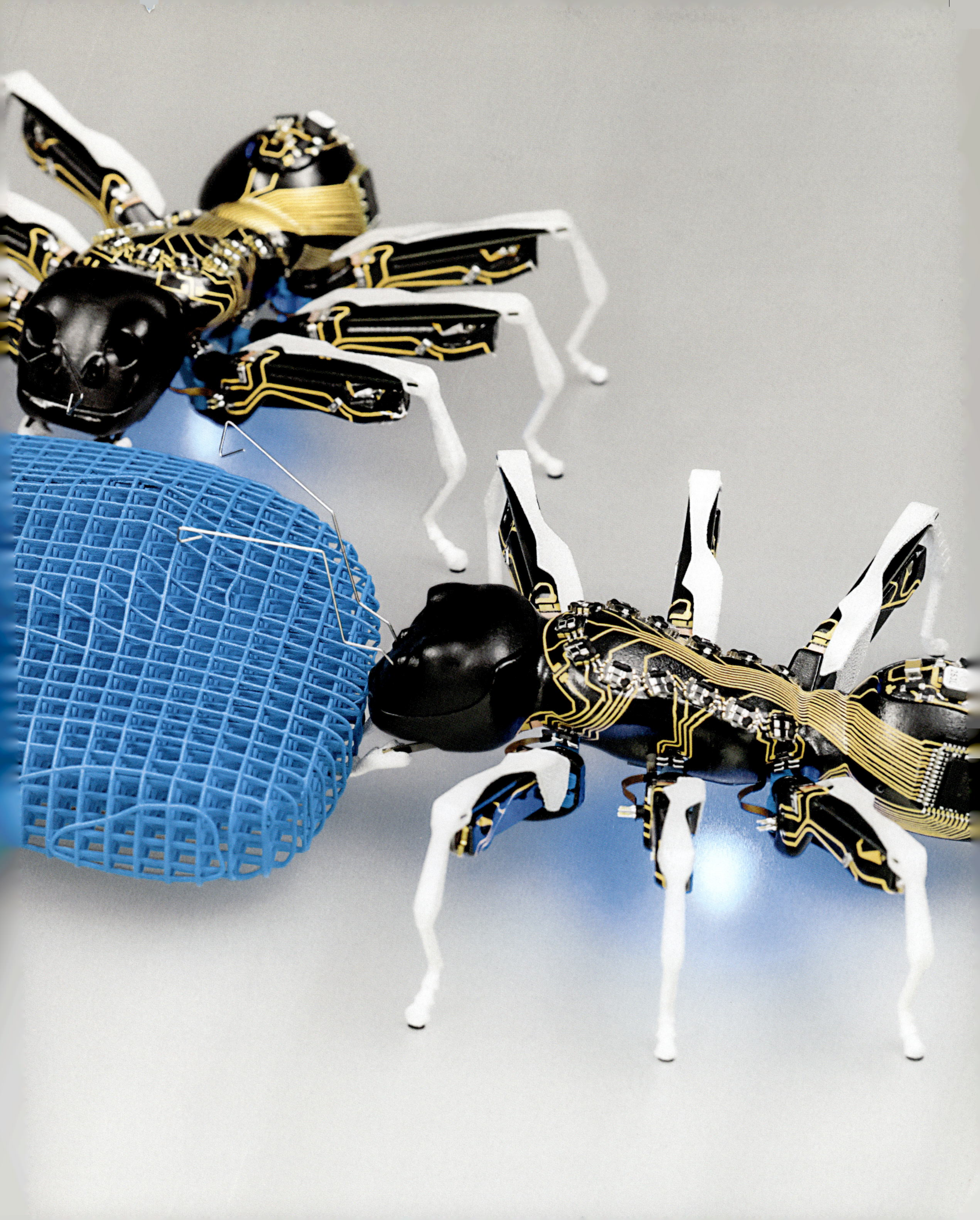

開発元
ハーバード大学

開発国
アメリカ

開発年
2016年

長さ
6.5センチメートル

動力
過酸化水素水《かさんかすいそ》

つくりかた

3Dプリント、成型《せいけい》、ソフトリソグラフィ(立体構造《こうぞう》をプリントする技術《ぎじゅつ》）を組み合わせて、何度でもかんたんにつくることができる。タコをかたどった型《かた》に「頭脳《ずのう》」となる流体回路を入れ、その上からシリコンをながしこむと、3Dプリンターから白金インクが注入される。4日間ほど加熱《かねつ》すれば、オクトボットのボディが完成《かんせい》する。

オクトボットの中の
白金インクが暗やみで光る。

生体模倣《もほう》ロボット

OCTOBOT

オクトボット

タコに骨格《こっかく》がないように、このタコ型《がた》ロボットの触手《しょくしゅ》にもかたい電子部品が1つもない。オクトボットは世界初《はつ》の自律型《じりつがた》「軟体《なんたい》」ロボットで、バッテリーや、マイクロチップ、コンピュータをもたず、化学反応《はんのう》だけでボディを動かす。ハーバード大学の研究チームが300回以上《いじょう》も実験《じっけん》をくりかえし、このタコ型《がた》ロボットを完成《かんせい》させた。3Dプリントでつくられたソフトシリコン製《せい》のボディには、流体回路がうめこまれている。かたちをかえ、せまいスペースに入りこむことができるこうしたロボットが、海での人命救助《きゅうじょ》に役立つ日がくるかもしれない。

動くしくみ

オクトボットは化学反応《はんのう》によって動く。ボディに入れた少量《しょうりょう》の過酸化水素《かさんかすいそ》水が、チューブの中をながれ、白金と接触《せっしょく》して気化する。この化学反応《はんのう》によって触手《しょくしゅ》がぼうちょうし、水中をすすんでいく。開発者は今後、オクトボットが自律的《じりつてき》に移動《いどう》できるよう、センサーをつける予定だという。

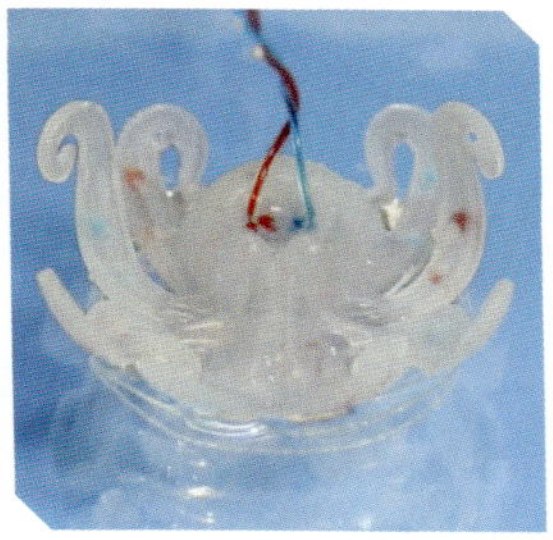

1 色つきの過酸化水素《かさんかすいそ》水をほそい管《くだ》から入れる。

2 ボディ内部で化学反応《はんのう》がおこり、触手《しょくしゅ》が動く。

3 過酸化水素《かさんかすいそ》水1ミリリットルで8分間動く。

過酸化水素《かさんかすいそ》水がとおった回路に色がついている。
やわらかいシリコン製《せい》のボディは手のひらサイズだ。

食べられるロボット

オクトボットのようなロボットをつくる技術《ぎじゅつ》で、食べられるロボットをつくることもできる。スイスの科学者たちは、可《か》食《しょく》アクチュエータ〔さまざまなエネルギーを機械的《きかいてき》な動きに変換《へんかん》する装置《そうち》〕の開発をすすめている。胃《い》の中で消化できるアクチュエータがあれば、小型《こがた》可食《かしょく》ロボットにそれを組みこみ、人間や動物にのませて体内をくわしくスキャンしたり、病気の治療《ちりょう》をたすけたりできる。

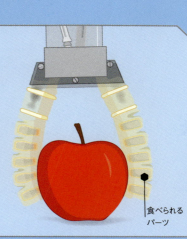

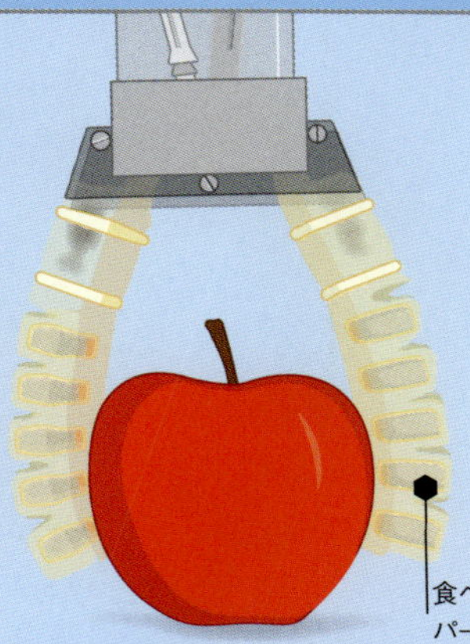
食べられるパーツ

強さと安定性《せい》

Atlas（アトラス）は、ボディパーツが自由に動く最先端《さいせんたん》ヒューマノイドだ。物体をつかんでもちあげ、でこぼこの地面でもしっかりと立っていられる。ハードウェアの一部が3Dプリントでつくられ、つくりが軽量《けいりょう》でコンパクトだ。立体視機能《しきのう》とセンサーをそなえる。

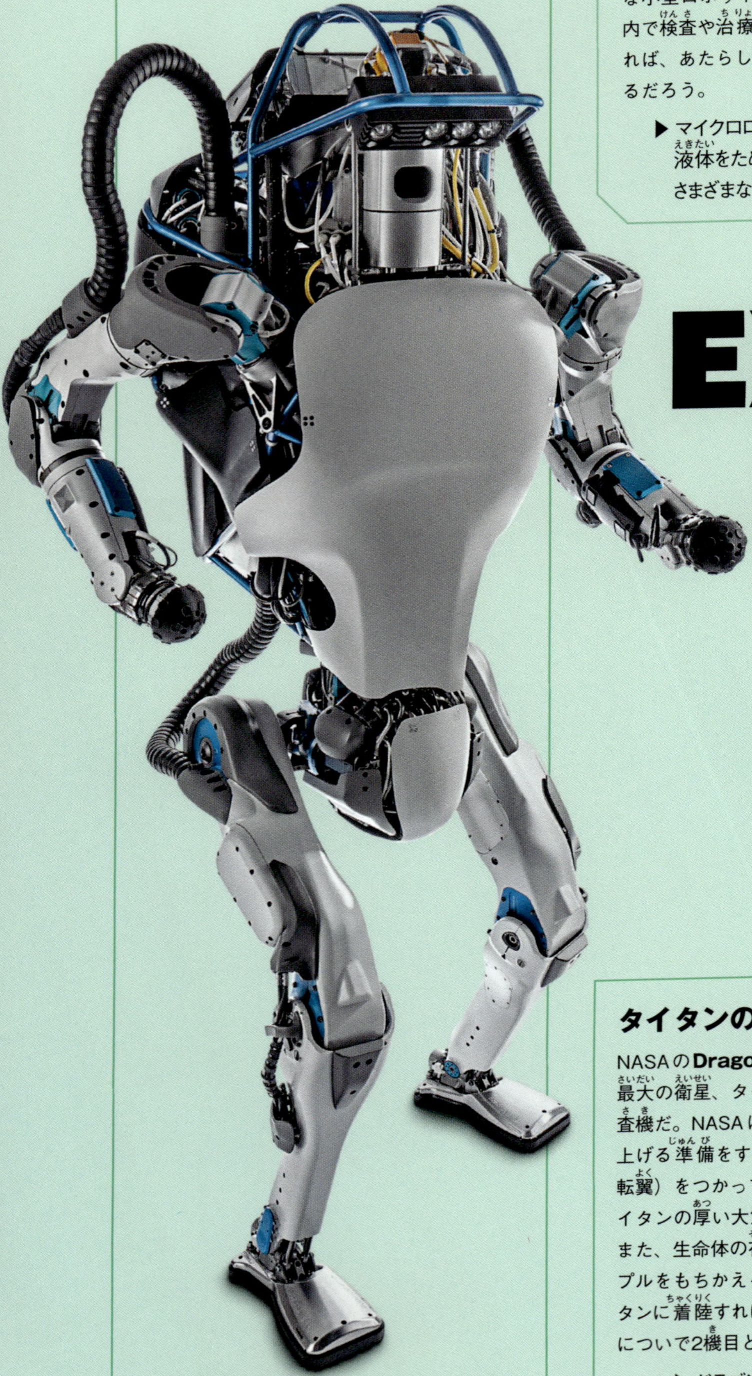

▲足をすべらせてころんでも、自分で立ちあがることができる。

マイクロロボット

マイクロロボットには超小型《ちょうこがた》プリント基板《きばん》と磁石《じしゃく》がつかわれている。数千個《こ》が力をあわせて、工場の組み立てラインのようにはたらけば、大きな製品《せいひん》だってつくることができる。**MicroFactory（マイクロファクトリ）**のような小型ロボットが、人間や動物の体内で検査《けんさ》や治療《ちりょう》をおこなえるようになれば、あたらしい医学の未来《みらい》がひらかれるだろう。

▶マイクロロボットがあつまって、部品をはこんだり、液体《えきたい》をためたり、構造《こうぞう》物を組み立てたりするなど、さまざまな作業をおこなうことができる。

EXTREME BOTS

最先端《さいせんたん》のロボット

さまざまな動きができる最先端《さいせんたん》のロボットは、どんなにけわしい道も勇《ゆう》かんにすすんでいく。遠隔操作《えんかくそうさ》できるロボットは、どんな障害《しょうがい》ものりこえて、人間のかわりに仕事をおこなう。人間の体内で病原菌《びょうげんきん》と戦《たたか》ったり、未開《みかい》の地へわけ入ったり、海中や宇宙《うちゅう》へ旅立ったりもするのだ。

タイタンの探査《たんさ》

NASAの**Dragonfly（ドラゴンフライ）**は、土星最大《さいだい》の衛星《えいせい》、タイタンへの着陸《ちゃくりく》をめざす宇宙探《うちゅうたん》査機《さき》だ。NASAは2024年にドラゴンフライを打ち上げる準備《じゅんび》をすすめている。複数《ふくすう》のローター（回転翼《よく》）をつかって飛行《ひこう》するドラゴンフライは、タイタンの厚《あつ》い大気と液体《えきたい》メタンの湖を調査《ちょうさ》する。また、生命体の存在《そんざい》をしらべるために、地表サンプルをもちかえる予定だ。ドラゴンフライがタイタンに着陸《ちゃくりく》すれば、2005年のホイヘンス（NASA）についで2機《き》目となる。

▶ドラゴンフライはきめられた地点に着陸《ちゃくりく》し、科学機器《きき》をつかって調査《ちょうさ》をおこなう。

AUVのおおくは魚雷型《ぎょらいがた》だ。

深海用潜水艇《せんすいてい》

NOC（英国《えいこく》海洋データセンター）の潜水艇《せんすいてい》をはじめ、世界の海では水中ロボットが活躍《かつやく》している。長いボディの自律型《じりつがた》無人潜水機《むじんせんすいき》（AUV）は、水中や氷の下を深さ6,000メートルまでもぐることができる。これらの潜水艇《せんすいてい》は、あらかじめ作業がプログラムされていて、水中であつめた情報《じょうほう》を母船や陸上《りくじょう》の研究者のもとへ無線《むせん》で送信《そうしん》する。

◀船から海へしずめられたAUVは、数カ月にわたって水中で作業をつづけられる。

海中の見はり番

海中ロボットの**Guardian LF1（ガーディアン・エル・エフ・ワン）**は、からだが毒《どく》のあるトゲでおおわれたミノカサゴから、サンゴ礁《しょう》をまもっている。ここ最近《さいきん》、ミノカサゴがふえすぎたせいで、ほかの魚の数がへり、サンゴ礁《しょう》がこわされつつあるのだ。深さ120メートルまでもぐることができるガーディアンLF1は、ミノカサゴに電気ショックをあたえ、コンテナにすいこんで駆除《くじょ》する。

▲長さ100メートルのテザーケーブルで、海上のコントローラとつながっている。

▼ガーディアンLF1は、人間にとって危険《きけん》な水深までもぐることができる。

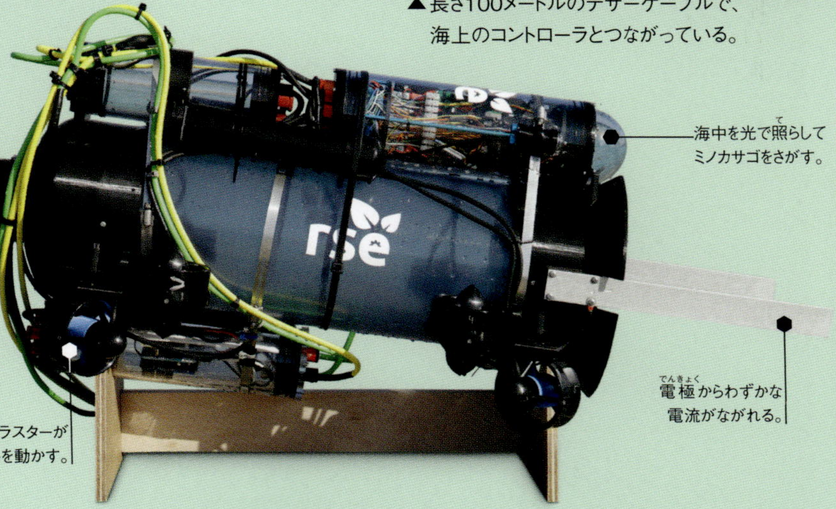
海中を光で照《て》らしてミノカサゴをさがす。
電極《でんきょく》からわずかな電流がながれる。
スラスターがロボットを動かす。

のびるロボット

Vinebot（ヴァインボット）は、ボディを動かさずに一方向にのびる最新《さいしん》の軟体型《なんたいがた》ロボットだ。つるや菌類《きんるい》など、のびて成長《せいちょう》する有機《ゆうき》体をヒントにしてつくられた。大学の研究チームによると、そびえ立つかべや長い管《くだ》の中、せまいスペースや複雑《ふくざつ》なコースでも、障害《しょうがい》物をよけながらはってすすんでいくという。医療《いりょう》、捜索《そうさく》、レスキューの現場《げんば》で、活躍《かつやく》が期待されている。

▲ヴァインボットは軽量《けいりょう》でやわらかい管状《かんじょう》のロボットで、目的《もくてき》地点に向かってすすんだり、からだをのばしたりできる。

開発元
フェスト社

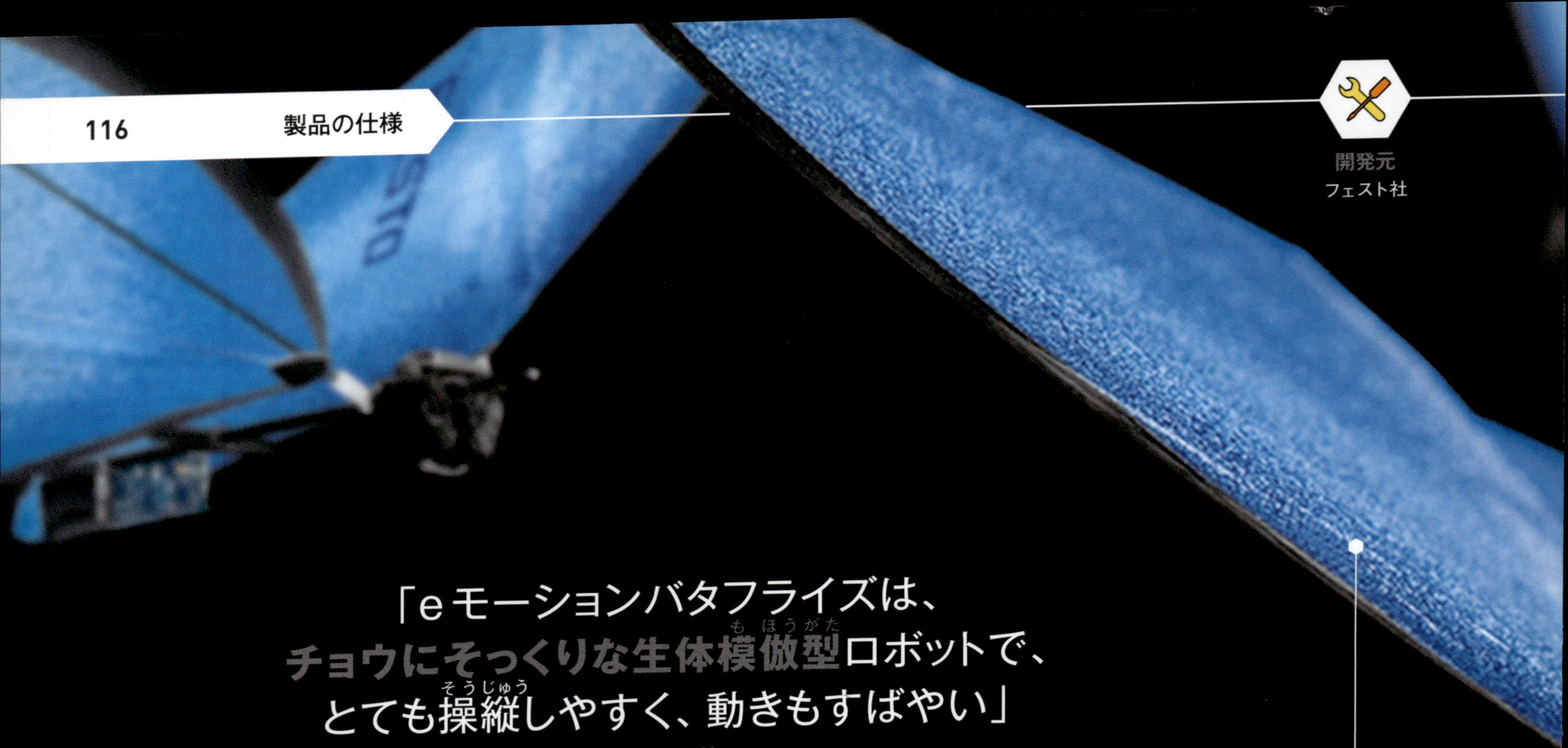

「eモーションバタフライズは、
チョウにそっくりな生体模《も》倣《ほう》型《がた》ロボットで、
とても操縦《そうじゅう》しやすく、動きもすばやい」

フェスト社

電荷《でんか》をたくわえることができる軽量《けいりょう》のキャパシタ膜《まく》(シート状《じょう》のコンデンサ)が、カーボン製《せい》の骨《ほね》組《ぐ》みをおおっている。

電子ユニット

電子ユニットは、マイクロコントローラ、コンパス、加速度《かそくど》計、ジャイロスコープ、2つの赤外線LEDライトからなり、たった15分で充電《じゅうでん》できる2つのバッテリーで動く。ロボット1台の重さはわずか32グラムで、トランプのたば3分の1とおなじくらいだ。

翼《つばさ》をひろげると、
はば50センチメートルになる。

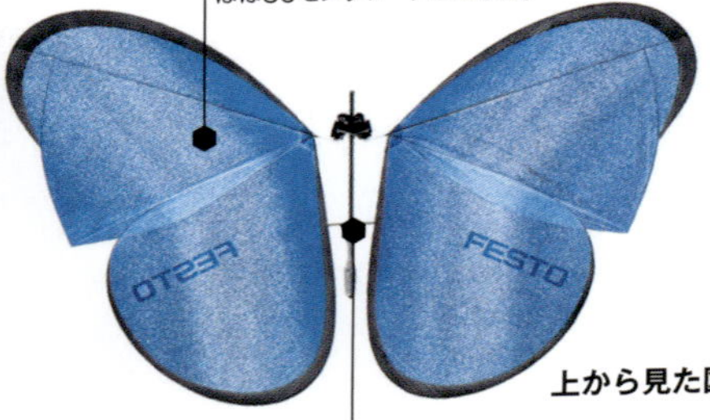

上から見た図

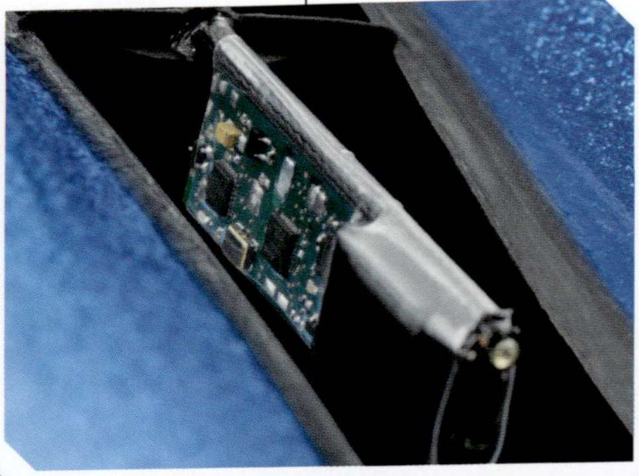

スワームロボット

eMotion Butterflies

eモーションバタフライズ

翼《つばさ》をひろげると、はば50センチメートルにもなるうつくしいチョウ型《がた》ロボット。せまい空間でもぶつからずに飛《と》ぶことができるのは、高度な中央コンピュータと赤外線カメラをつないで遠隔操作《えんかくそうさ》しているからだ。ボディにもマイクロプロセッサやセンサー、羽を動かすツインモーターなど、たくさんの技術《ぎじゅつ》がつまっている。強力なバッテリーをそなえれば、はなれた場所までむれで飛《と》び、パイプラインや設備《せつび》をモニターできるようになるだろう。

開発国
ドイツ

電源
バッテリー

特長
集団《しゅうだん》で行動する知能《ちのう》がそなわっている。

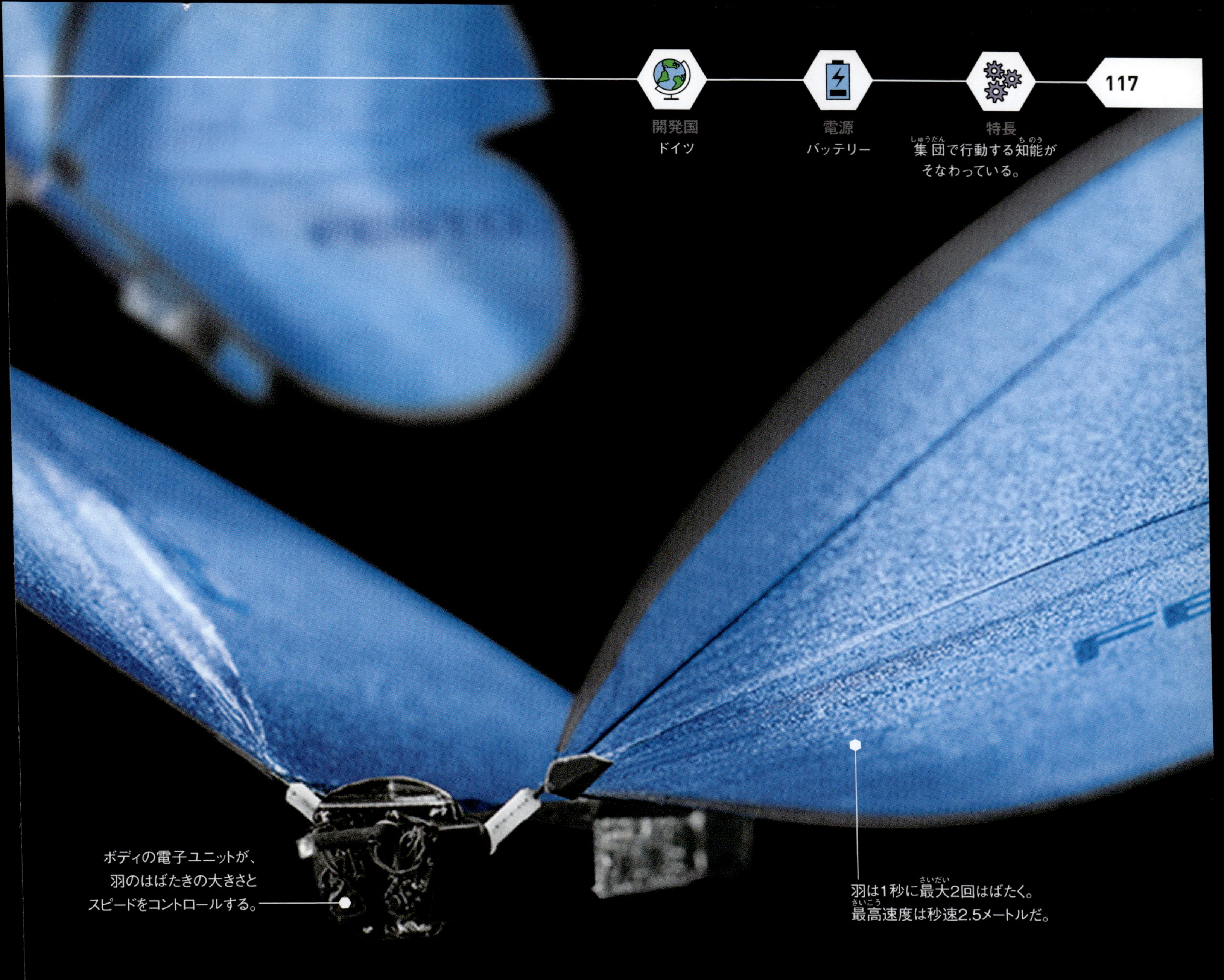
ボディの電子ユニットが、羽のはばたきの大きさとスピードをコントロールする。
羽は1秒に最大《さいだい》2回はばたく。最高《さいこう》速度は秒速2.5メートルだ。

動くしくみ

10台のハイスピード赤外線カメラがチョウの赤外線LEDを追跡《ついせき》し、飛行《ひこう》空間をモニターする。中央コンピュータが飛行《ひこう》データをうけとり、空港の管制塔《かんせいとう》のように飛行《ひこう》ルートを監視《かんし》する。中央コンピュータは1秒に37億《おく》ピクセルものデータを分析《ぶんせき》し、それぞれのチョウの位置《いち》を確認《かくにん》する。1台でも飛行経路《ひこうけいろ》からそれると、コンピュータが指示《しじ》を出し、ただしい位置《いち》にもどす。

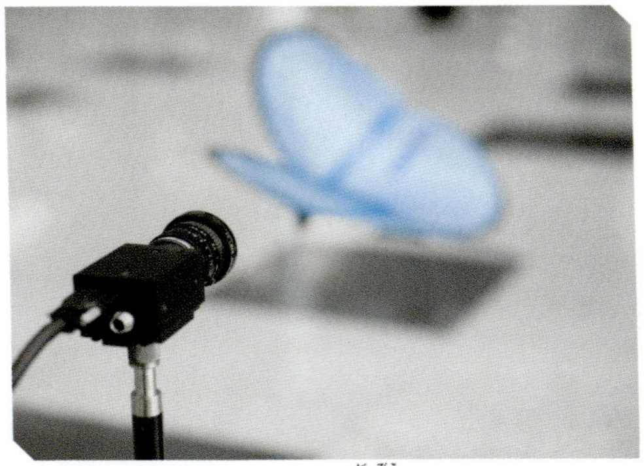

赤外線カメラが、毎秒160もの画像《がぞう》をとりこむ。つねに2台以上《いじょう》のカメラが1台のチョウをとらえるよう設置《せっち》されている。

チョウ型《がた》ロボットは、中央コンピュータから無線信号《むせんしんごう》をうけとる。それぞれのロボットが安全に飛行《ひこう》できるよう、経路《けいろ》を指示《しじ》される。

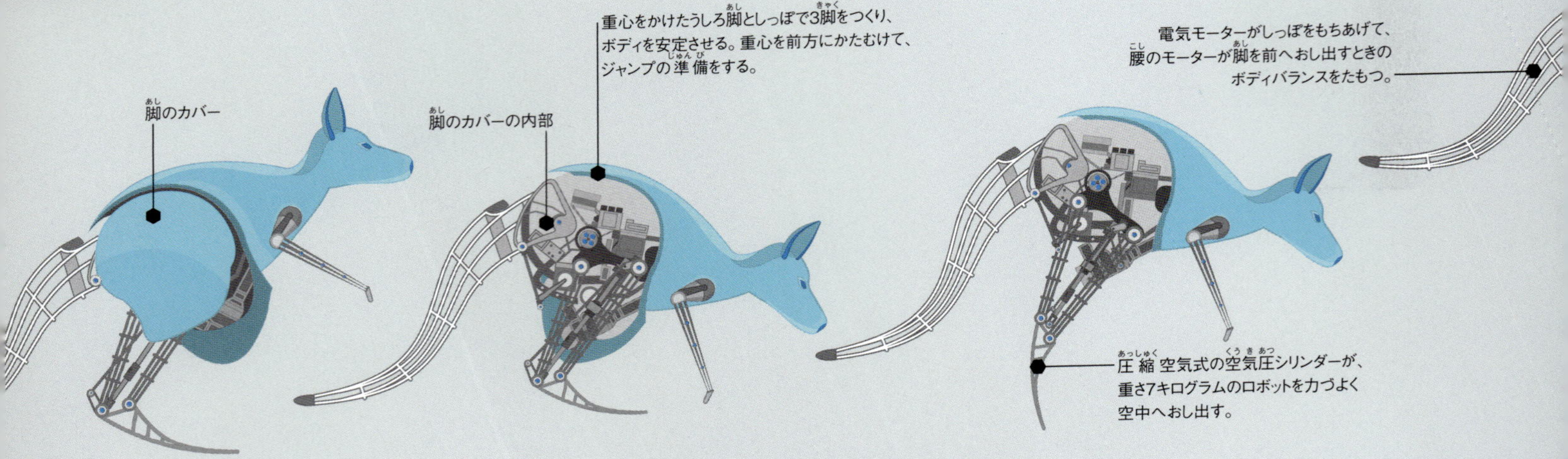
脚《あし》のカバー
脚《あし》のカバーの内部
重心をかけたうしろ脚《あし》としっぽで3脚《きゃく》をつくり、
ボディを安定させる。重心を前方にかたむけて、
ジャンプの準備《じゅんび》をする。
電気モーターがしっぽをもちあげて、
腰《こし》のモーターが脚《あし》を前へおし出すときの
ボディバランスをたもつ。
圧縮《あっしゅく》空気式の空気圧《くうきあつ》シリンダーが、
重さ7キログラムのロボットを力づよく
空中へおし出す。

UNUSUAL MOVES かわった動き

脚《あし》、車輪《しゃりん》、キャタピラだけが、ロボットの移動手段《いどうしゅだん》ではない。困難《こんなん》な場所でもバランスをたもち、障害《しょうがい》物をさけながら動くことができるよう、ロボット技術《ぎじゅつ》者たちはよりよい移動手段《いどうしゅだん》をうみ出そうとしている。自然《しぜん》界にヒントを見つけて、いきものの動きをとり入れたロボットもある。

くねくねすすむ

ほんもののヘビのように長いボディをくねらせながら、自由に動き回るヘビ型《がた》ロボットもある。前進するときは、コンチェルティーナ〔アコーディオンによくにたじゃばら式の楽器《がっき》〕のように、ボディの一部をもちあげたり、のばしたりする。でこぼこ道でも、下の図のように横ばいをしながらすすむ。

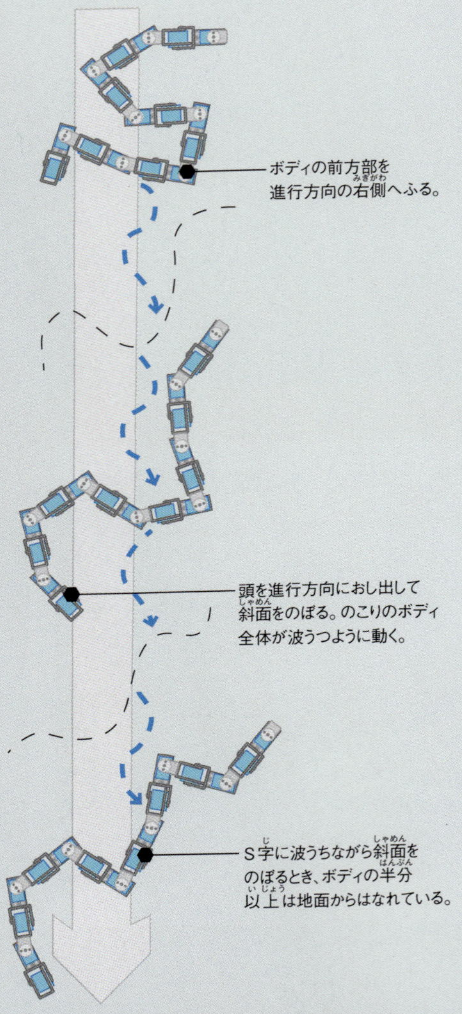
ボディの前方部を
進行方向の右側《みぎがわ》へふる。
頭を進行方向におし出して
斜面《しゃめん》をのぼる。のこりのボディ
全体が波うつように動く。
S字《じ》に波うちながら斜面《しゃめん》を
のぼるとき、ボディの半分《はんぶん》
以上《いじょう》は地面からはなれている。

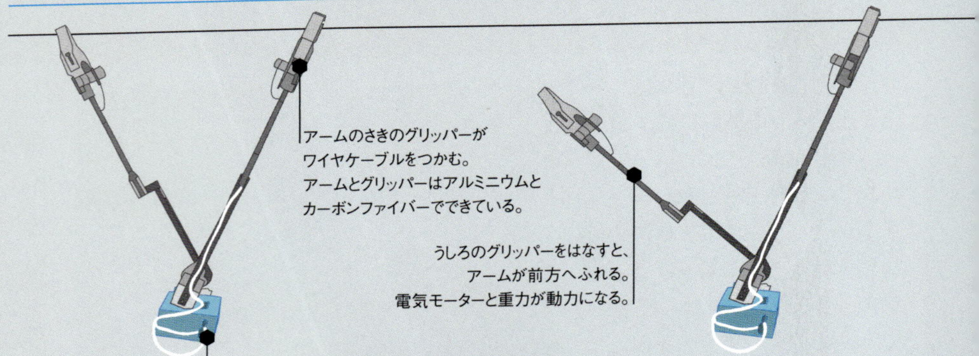
アームのさきのグリッパーが
ワイヤケーブルをつかむ。
アームとグリッパーはアルミニウムと
カーボンファイバーでできている。
うしろのグリッパーをはなすと、
アームが前方へふれる。
電気モーターと重力が動力になる。
ボディの中には、動きを
コントロールするための
センサーと、農地の作物の
データをあつめるカメラなどの
装置《そうち》がおさめられている。

ふり子のような動き

「腕《うで》わたり」は、腕《うで》で何かにぶらさがり、からだを前後にふりながら移《い》動《どう》する方法《ほうほう》だ。テナガザルなどが木から木へわたるときに見られるこの動きは、ロボットにもとり入れられている。アメリカのジョージア工科大学が開発したターザン型《がた》ロボットは、上空にはられたワイヤをつかみ、ふり子のような動きをしながら移動《いどう》する。地面からはなれて移動《いどう》するので、作物をきずつけずに畑を監視《かんし》することができる。

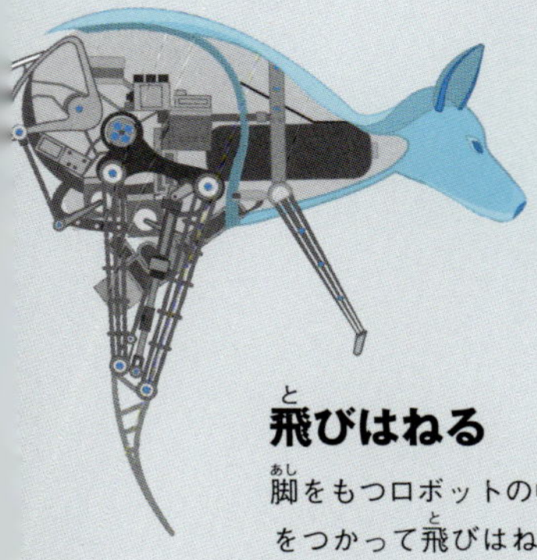

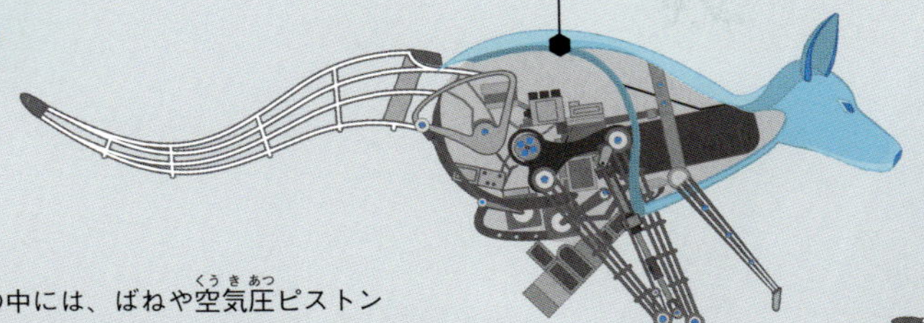
空中でのボディの角度をセンサーが
検知《けんち》する。空中を飛《と》んでいるあいだは、
背《せ》が地面と平行になる。

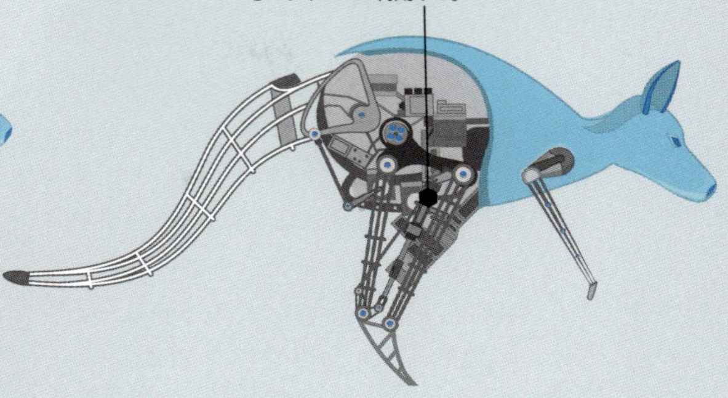
ゴム製《せい》のばねが着地の衝撃《しょうげき》をやわらげ、
エネルギーをたくわえる。たくわえたエネルギーを
つぎのジャンプに利用《りよう》する。

飛《と》びはねる

脚《あし》をもつロボットの中には、ばねや空気圧《くうきあつ》ピストンをつかって飛《と》びはねるものがある。体長1メートルのカンガルー型《がた》ロボットは、空気圧《くうきあつ》とゴムのピストンの両方をつかい、前方へジャンプする。ジャンプができれば、障害《しょうがい》物をすばやくよけたり、危険《きけん》からのがれたりできる。

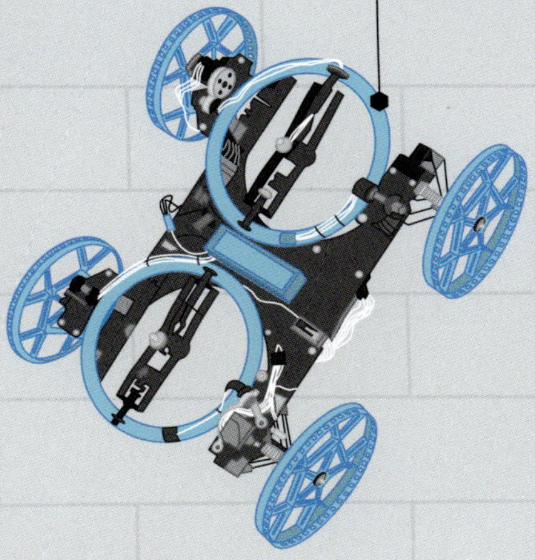
プロペラがおさまった円形フレームが、
かべの表面と平行になるようかたむく。
前後のプロペラがうむ推力《すいりょく》が、ロボットの
車輪《しゃりん》をかべの表面におしつける。

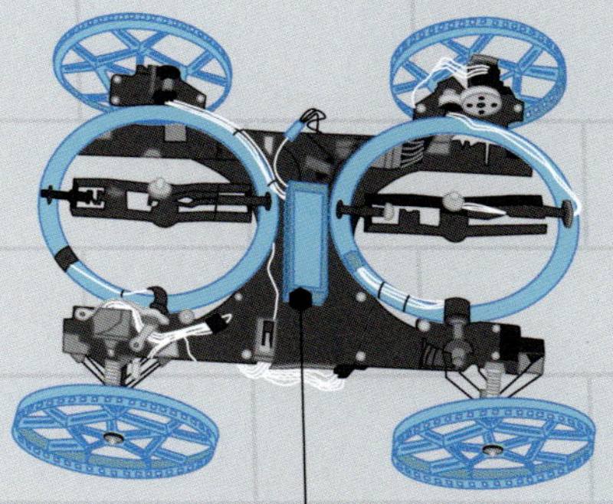
カーボンファイバー製《せい》のメインフレームに
そなえられた慣性測定《かんせいそくてい》ユニットが、
ロボットが地上にあるか、地面と垂直《すいちょく》な
かべをのぼっているかを感知する。

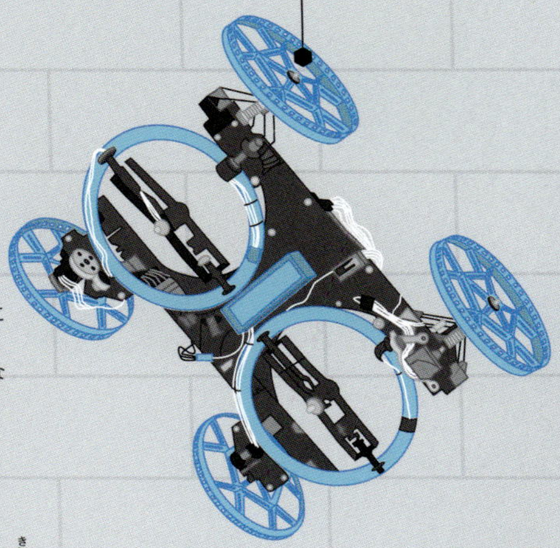
3Dプリントでつくられた前輪《ぜんりん》は、
かべの表面でも進行方向をかえられる。

かべをよじのぼる

かべをのぼったり、天井《てんじょう》を横ぎったりする動きは、危険《きけん》な場所での作業や探査《たんさ》にも役に立つ。歩行型《がた》ロボットの中には、空気圧《くうきあつ》式の吸着《きゅうちゃく》グリッパーをつかってかべをのぼるものもある。ヤモリの足とおなじしくみで、地面と垂直《すいちょく》なかべにはりつくロボットも開発されている。ほかにも、円形フレームの中のプロペラの角度をかえて、重力にさからってすすむ移動手段《いどうしゅだん》もある。

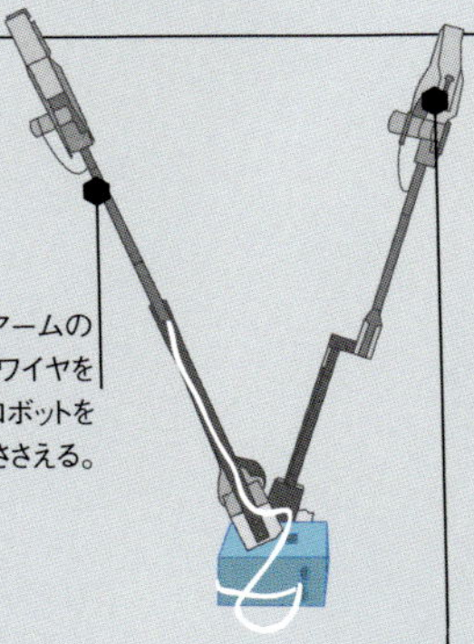
もう一方のアームの
グリッパーがワイヤを
つかみ、ロボットを
ささえる。
ワイヤをはなしたアームが、
さがりきってからふたたび上へあがり、
グリッパーでワイヤをつかむ。

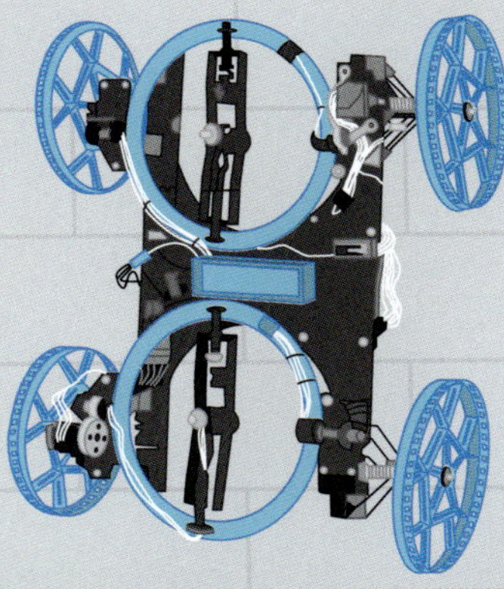

うしろのプロペラが回転して空気を
うしろへおし出すと、ロボットが
かべへ向かって前進する。
前輪《ぜんりん》がかべをのぼれるよう、
前のプロペラをかたむけて
上への推力《すいりょく》をうむ。

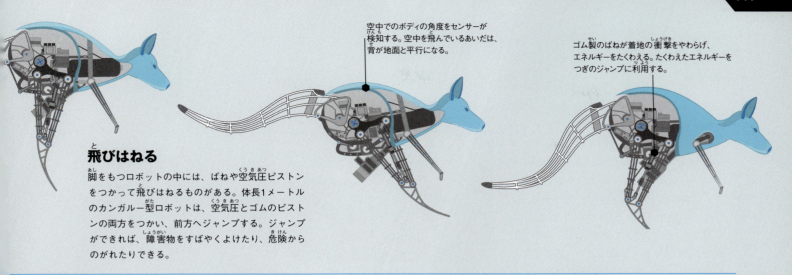

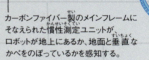

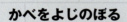

開発元
イールーム社

開発国
ノルウェー

開発年
2016年

重さ
最大《さいだい》75キログラム

動くしくみ

イールームは、たくさんの関節《かんせつ》とスラスター（推進《すいしん》システム）をもつロボットだ。オペレータステーションとつながっていて、そこから電力がおくられる。遠隔《えんかく》操作《そうさ》探査機《たんさき》（ROV）のおおくは、海中のせまい作業スペースには大きすぎるが、イールームはちょうどよいかたちと大きさにつくられている。作業にあわせて長さを調節《ちょうせつ》でき、海中での点検《てんけん》や修理《しゅうり》など、作業によってさまざまな器具《きぐ》やセンサーをつかうことができる。

さまざまな器具《きぐ》を本体に装着《そうちゃく》できる。

「わたしたちが開発した
この探査機《たんさき》は、
どんなときも**水中に**
とどまれるよう設計《せっけい》
されている。どんな
悪天候《あくてんこう》に見まわれても、
24時間365日
はたらきつづける」

イールーム社

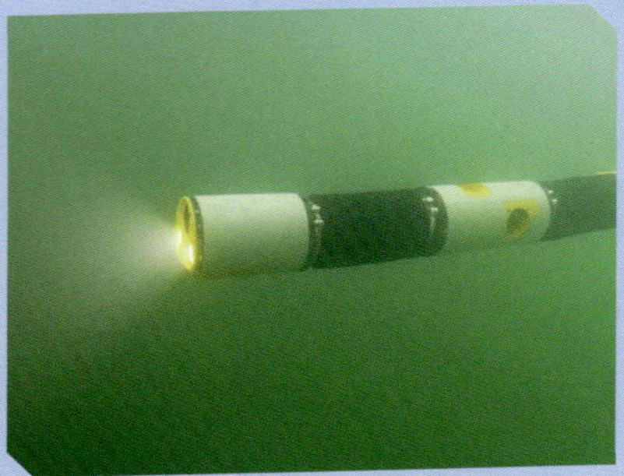

海のスター

深さ150メートルの海中で、はげしい海流やあれくるう波にも負けずに作業をおこなうことができる。悪天候《あくてんこう》に見まわれても、海底《かいてい》にもうけられたステーションにドッキングして、水中にとどまっていられるのだ。なめらかな動きでそうじや修理《しゅうり》をおこない、海中のくわしい画像《がぞう》や映像《えいぞう》を撮影《さつえい》する。

関節《かんせつ》モジュールがボディをのばしたり、かたちをかえたりする。

前方に向けられたHDカメラが、海中のくわしい画像《がぞう》や映像《えいぞう》を撮影《さつえい》する。

LEDライトがついているので、よどんだ海中のようすもはっきりと見ることができる。

回転式のカメラで、
さまざまな角度から
撮影《さつえい》することができる。
ここからテザーケーブルを
外部電源《でんげん》につないで充電《じゅうでん》する。
たて方向のスラスターを
つかい、前進したり
後退《こうたい》したりする。
側面《そくめん》にもスラスターがあり、
横方向の移動《いどう》もできる。
あらあらしい海流の中でも、
スリムなボディを正確《せいかく》に動かせる。

環境《かんきょう》にやさしく

イールームは、海にやさしいロボットだ。水中ロボットをつかうばあい、ふつうは母船を海上にうかべなければならないが、イールームは海底《かいてい》に「ねどこ」があるため、そこからいつでも出動できる。ボディにとりつけられた複数《ふくすう》のカメラが、点検《てんけん》や修理《しゅうり》のようすをはっきりととらえ、画像《がぞう》データをオペレータにおくる。低《てい》コストで安全に作業をおこなうことができるイールームは、環境《かんきょう》にもやさしいロボットだ。

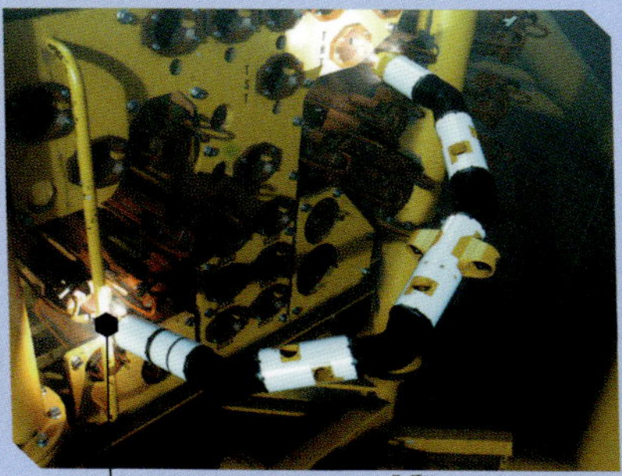
一方のはしを作業場所に固定《こてい》させ、もう一方のはしで作業をおこなうことができる。

作業用ロボット

EELUME イールーム

水中で作業をおこなうために開発された自律型無人潜水機《じりつがたむじんせんすいき》のイールームは、ヘビのようにすばしっこく動き、ウナギのようにすいすいおよぐ。作業にあわせてボディのパーツをつけかえたり、長さを調節《ちょうせつ》したりできる。沖《おき》あいに採掘施設《さいくつしせつ》をもつ石油・天然《てんねん》ガス業界にとって、海底《かいてい》で点検《てんけん》、メンテナンス、修理《しゅうり》をおこなえるイールームは、とてもありがたいロボットだ。イールームは、カメラやセンサーのほかにもさまざまな器具《きぐ》をそなえ、ボディのかたちをかえることもできる。長距離《ちょうきょり》を移動《いどう》するときは、魚雷《ぎょらい》のようにまっすぐのびて、高速で水中をおよいでいく。ダイバーや船がたどりつけない場所にも、ボディをくねらせてすばやく入りこむ。

海底《かいてい》のステーション

海底《かいてい》のドッキングステーションには、イールームを何台か接続《せつぞく》できるスペースがある。イールームはこの基地《きち》から作業現場《げんば》へ向かうので、海面に母船をうかべる必要《ひつよう》がない。今後は、より大きな水圧《すいあつ》にもたえられるよう改良《かいりょう》され、より深い海中で研究や作業がおこなえるようになるだろう。

開発元
フェスト社

開発国
ドイツ

高さ
1メートル

生体模倣《もほう》ロボット

Bionic Kangaroo

バイオニックカンガルー

オーストラリアの人気者をモデルにしてつくられたロボットがある。ほんもののカンガルーにそっくりなバイオニックカンガルーは、高さ40センチメートル、はば80センチメートルのジャンプをつづけて、まえへすすむことができる。ドイツのロボットメーカーが2年の年月をかけて、カンガルーの動きを研究してつくりあげた。モーターとセンサーのほか、エネルギーをたくわえられる脚《あし》があり、ジャンプをくりかえすことができる。カンガルー型《がた》ロボットの省《しょう》エネ走法《そうほう》は、未来《みらい》のロボットにもとり入れられるだろう。

FESTO
前脚《まえあし》を前方に出して
飛距離《ひきょり》をのばす。

ロボットを軽量《けいりょう》化するために、
発泡《はっぽう》体のボディカバーを
カーボンで強化している。
立つときは、しっぽが地面に
接《せっ》する3つ目の支点《してん》となり、
ボディを安定させる。
FESTO

側面図《そくめん》

動くしくみ

動物のカンガルーは、アキレス腱《けん》（ふくらはぎの筋肉《きんにく》とかかとをつなぐ組織《そしき》）のばねのエネルギーをつかって飛《と》びはねる。カンガルー型《がた》ロボットは、空気《くうき》圧《あつ》と電子技術《ぎじゅつ》、ゴム製《せい》の特殊《とくしゅ》なばねを組み合わせて、カンガルーのジャンプを再現《さいげん》する。ただしく飛《と》びあがり、着地できるよう、センサーがあつめたデータをコンピュータがつねに分析《ぶんせき》している。

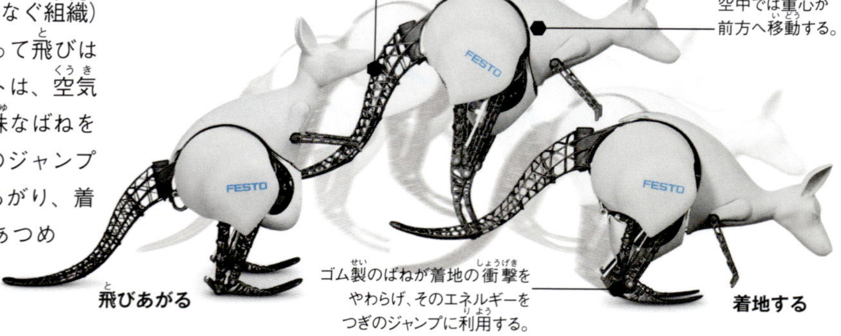
しっぽがジャンプのバランスを
とるためのおもりの役割《やくわり》をはたす。
空中
空中では重心が
前方へ移動《いどう》する。
FESTO
FESTO
FESTO
飛《と》びあがる
ゴム製《せい》のばねが着地の衝撃《しょうげき》を
やわらげ、そのエネルギーを
つぎのジャンプに利用《りよう》する。
着地する

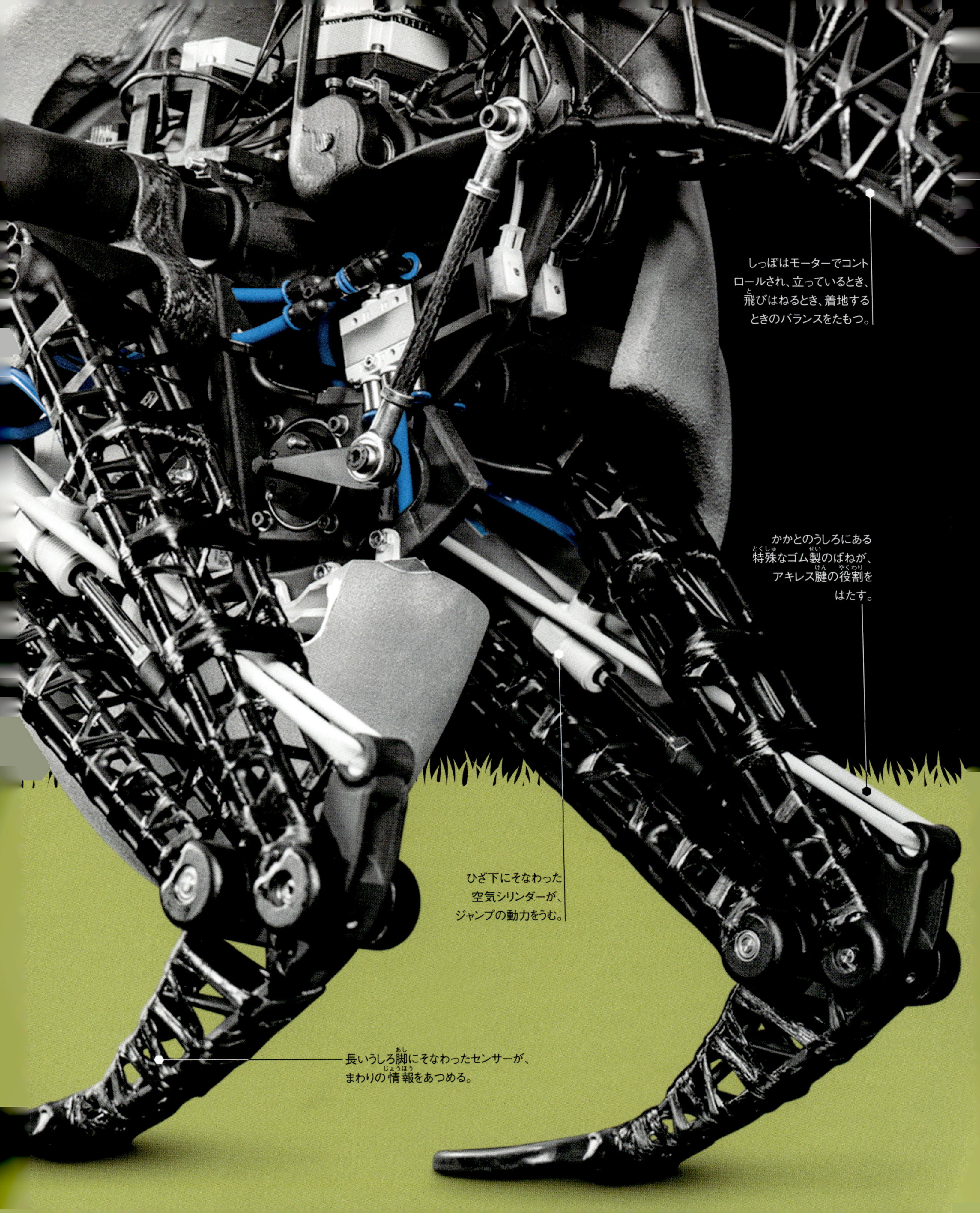
しっぽはモーターでコント
ロールされ、立っているとき、
飛《と》びはねるとき、着地する
ときのバランスをたもつ。
かかとのうしろにある
特殊《とくしゅ》なゴム製《せい》のばねが、
アキレス腱《けん》の役割《やくわり》を
はたす。
ひざ下にそなわった
空気シリンダーが、
ジャンプの動力をうむ。
長いうしろ脚《あし》にそなわったセンサーが、
まわりの情報《じょうほう》をあつめる。

ACTING ON DATA

データへのアクション

ロボットのCPUは、センサーからつねにフィードバックや情報《じょうほう》をうけとっている。知能《ちのう》ロボットはそれらのデータをつかって、さまざまな意思決定をおこなう。移動《いどう》するロボットは、あつめた情報《じょうほう》からまわりのようすをイメージしたり、ツールをつかって調査《ちょうさ》やサンプル採取《さいしゅ》をおこなったり、あるいは目的《もくてき》地へ行くのをあきらめて、べつの場所へ向かったりする。データが危険《きけん》をしらせれば、アラームを鳴らしたり、ロボットをコントロールしている人間に信号《しんごう》をおくったり、いそいでその場をはなれて身をまもったりする。

さまざまな環境《かんきょう》

まわりの状況《じょうきょう》や物体とかかわってデータをあつめ、アクションをおこすロボットもある。サルベージ作業をおこなうロボットは、沈没《ちんぼつ》船の貴《き》重《ちょう》品を見つけてひきあげる。水、土じょう、空気のサンプルをあつめて、研究所へはこぶロボットもある。

水のサンプル採取《さいしゅ》

海洋無人観測艇《むじんかんそくてい》のLRI Wave Glider（エル・アール・アイ・ウェーブグライダー）には、自分で移動《いどう》する能力《のうりょく》がない。海面で波にゆられながら水のサンプルをとり、温度、酸素濃《さんそのう》度《ど》、塩分濃《えんぶんのう》度《ど》、汚染《おせん》レベルなどをしらべる。

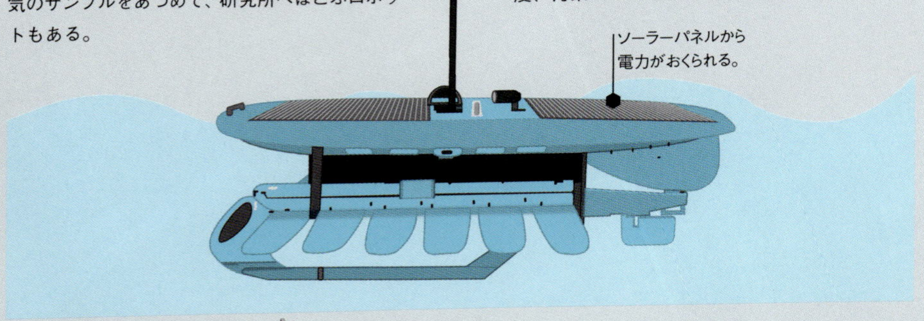
ソーラーパネルから
電力がおくられる。

よりくわしい分析《ぶんせき》をおこなうために、
植物のサンプルを採取《さいしゅ》することもある。

土じょうのサンプル採取《さいしゅ》

地面にあなをほり、土じょうのコアサンプル（円柱状《じょう》のサンプル）をとるロボットもある。採取《さいしゅ》したサンプルは研究所へおくられ、酸性《さんせい》レベル（水素《すいそ》イオン指数）や、植物の成長《せいちょう》に必要《ひつよう》なカリウムなどの栄《えい》養素《ようそ》レベルの測定《そくてい》がおこなわれる。

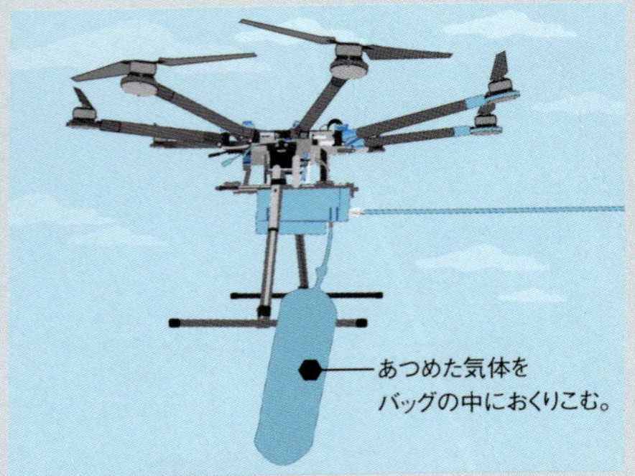
あつめた気体を
バッグの中におくりこむ。

空気のサンプル採取《さいしゅ》

大気環境《かんきょう》の調査《ちょうさ》や、化学工場や発電所が引き起こす大気汚染《おせん》の監視《かんし》には、ドローンがつかわれる。サンプルテストをおこない、有害《ゆうがい》な汚染物質《おせんぶっしつ》の濃度《のうど》をしらべるドローンもある。

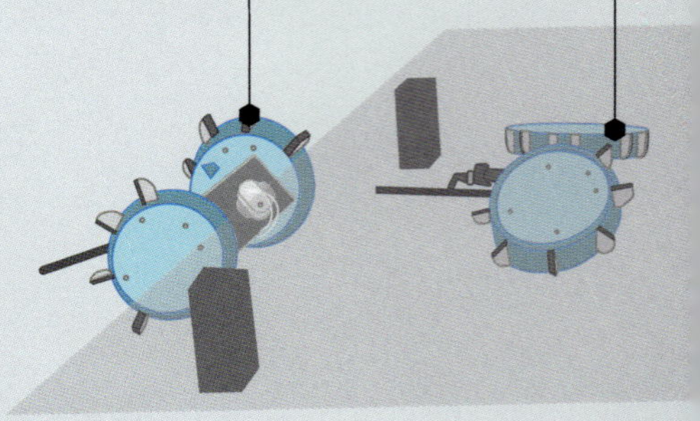
モーターで車輪《しゃりん》を
回転させて、でこぼこの
地面をすすむ。
上下のはばがせまい場所は、
車輪《しゃりん》を内側《うちがわ》にたおして
はうようにすすむ。

かたちをかえる

あつめたデータにたいして、めずらしい反応《はんのう》をするロボットもある。目的《もくてき》にあわせて「変身《へんしん》」するのだ。たとえば、重い物体をもちあげてはこぶために、背《せ》の高いボディをひくくして、がんじょうで安定したボディにかたちをかえるモバイルロボットもある。また、陸《りく》用ロボットが水中移動《いどう》するために変身《へんしん》するなど、地形にあわせてかたちをかえるロボットもある。

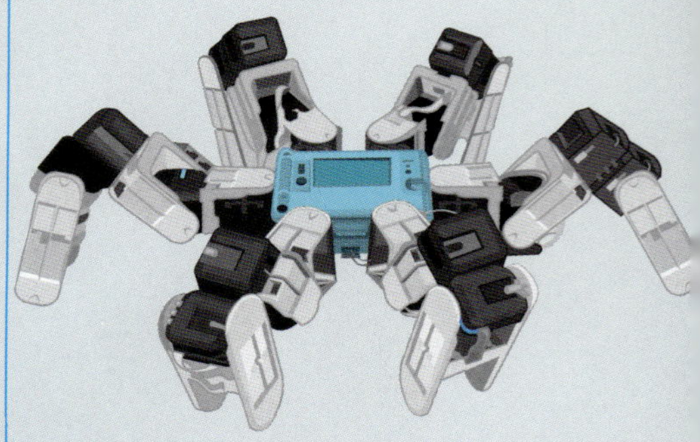

Rero（リロ）

リロは、モジュラーを自由に組み立てられるおもちゃのロボットで、クモ型《がた》（上）や人型《がた》（下）に変身《へんしん》する。未来《みらい》のロボットにはこのようなモジュラーがつかわれ、自律的《じりつてき》にかたちや機能《きのう》をかえる能力《のうりょく》がそなわるかもしれない。

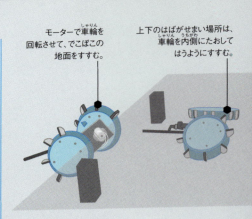

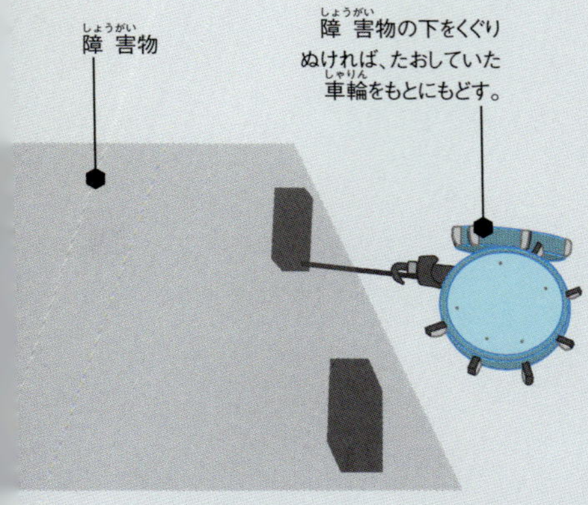
障　害物《しょうがい》
障　害物《しょうがい》の下をくぐり
ぬければ、たおしていた
車輪《しゃりん》をもとにもどす。

PUFFER（パファー）
NASAが試作《しさく》した折《お》りたたみ式探査《たんさ》ロボットのパファーは、溶岩洞《ようがんどう》、せまい洞《どう》くつ、岩のわれ目などに入って探査《たんさ》をおこなう。せまい岩だなの下や、わずかなすきまをとおるときに、ボディのかたちをかえる。

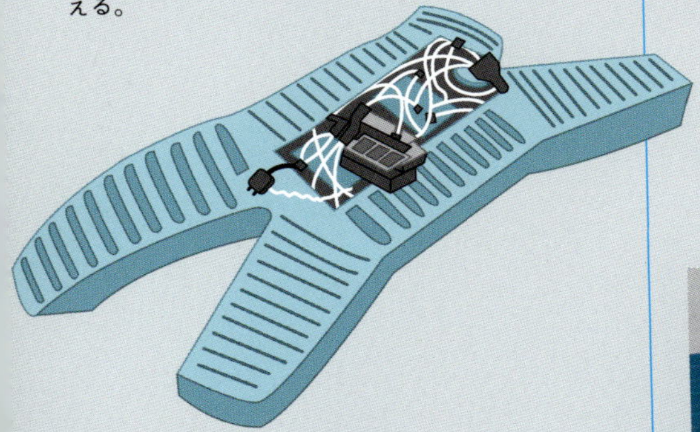

ソフトロボット
シリコンゴムでできたX型《がた》のソフトロボットは、おしたりつぶしたりしてもこわれない。このようなソフトロボットは、タコやイカなど、からだを変形《へんけい》させてすきまに入りこむいきものをモデルにつくられている。

ATRON（アトロン）
アトロンは、べつべつに動く球体が組み合わさって、さまざまなかたちをつくるロボットだ。歩行型《がた》ロボット、ヘビ型《がた》ロボット、車輪型探査機《しゃりんがたたんさき》などに変身《へんしん》する。

探査機《たんさき》
ヘビ型《がた》ロボット

たすけをもとめる

危険《きけん》がせまると、たすけをもとめるロボットがある。ロボットをコントロールしている人間にしらせて作業をおわらせたり、ほかのロボットをよびよせたりするのだ。発展《はってん》をつづける協働《きょうどう》ロボットの分野では、ふだんはべつの仕事をするロボットがチームを組んで、1つの作業をおこなうようになるかもしれない。陸上《りくじょう》ロボットが自力で作業現場《げんば》にたどりつけないとき、飛行《ひこう》ロボットや水中ロボットが目的《もくてき》地へおくりとどける2体ロボットシステムもある。

力をかす
ふだんはべつべつにはたらいているロボットが、協力《きょうりょく》しあって1つの作業をおこなうこともある。1台では傾斜《けいしゃ》をのぼれないロボットが、べつのロボットの力をかりて、急な斜面《しゃめん》をのぼりきったりする。

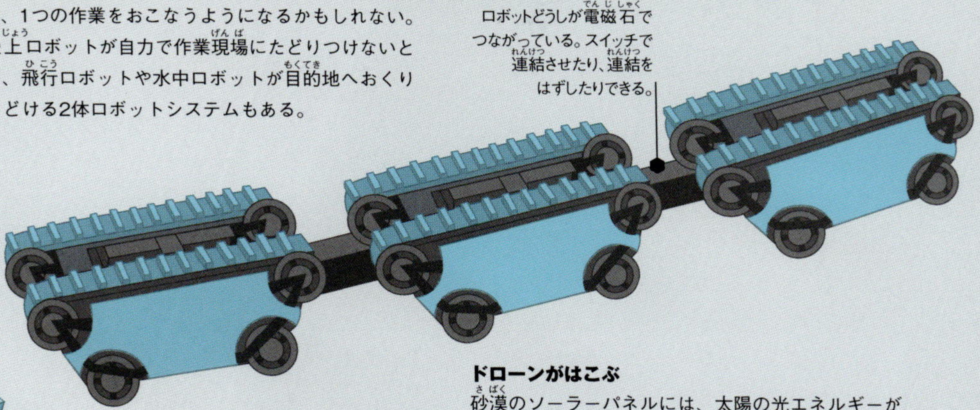
ロボットどうしが電磁石《でんじしゃく》で
つながっている。スイッチで
連結《れんけつ》させたり、連結《れんけつ》を
はずしたりできる。

ドローンがはこぶ
砂漠《さばく》のソーラーパネルには、太陽の光エネルギーがたっぷりふりそそぐ。パネルが砂《すな》ぼこりにおおわれたときは、自律型《じりつがた》ドローンがクリーニングロボットをよごれたパネルまではこび、そうじがおわれば、ロボットをもとの場所へもどす。

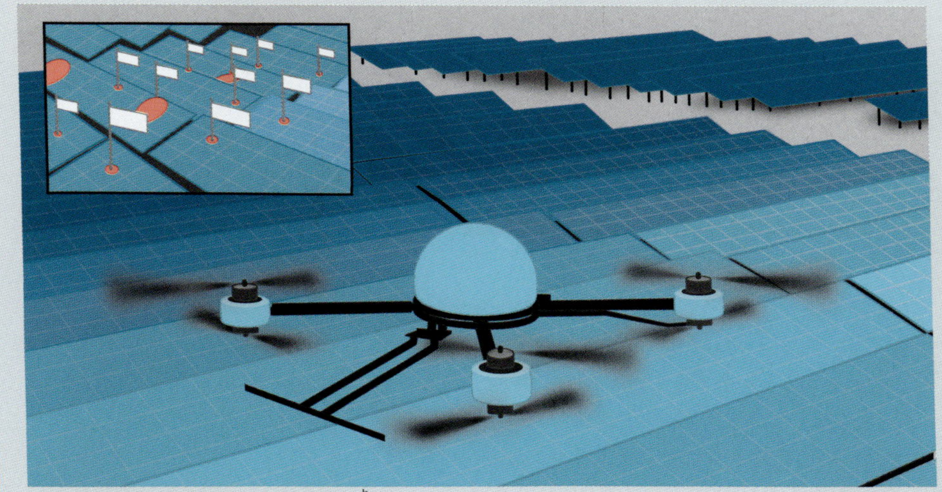

1 ドローンがソーラーパネルの上を飛《と》び、
すなやほこりでもっともよごれたパネルをさがし出す。

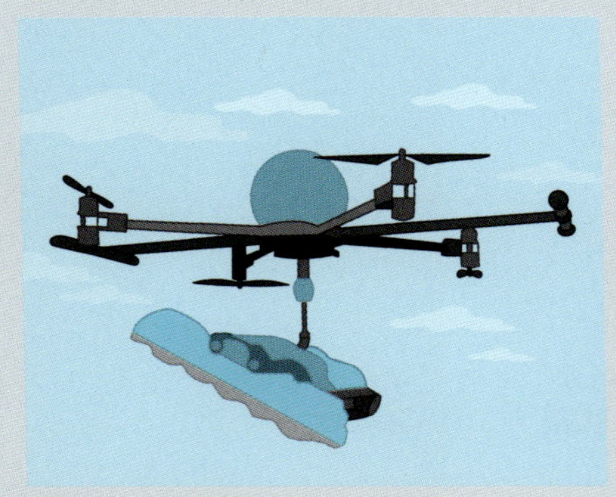

2 ドローンがクリーニングロボットを
もちあげて、よごれたパネルまではこぶ。

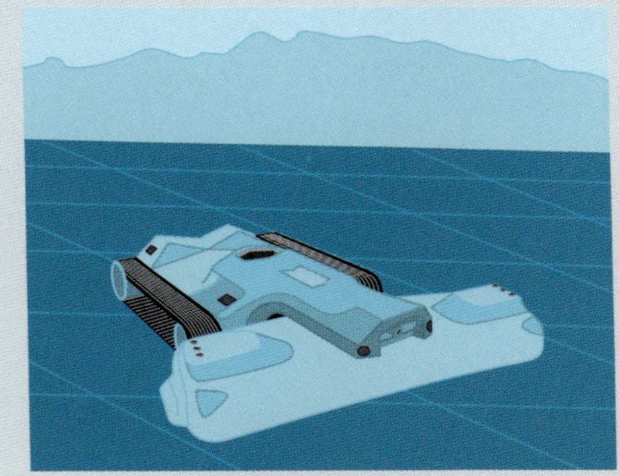

3 クリーニングロボットがパネルの上で動き、
砂《すな》ぼこりをふきとる。

開発元
ハーバード大学

開発国
アメリカ

開発年
2013年

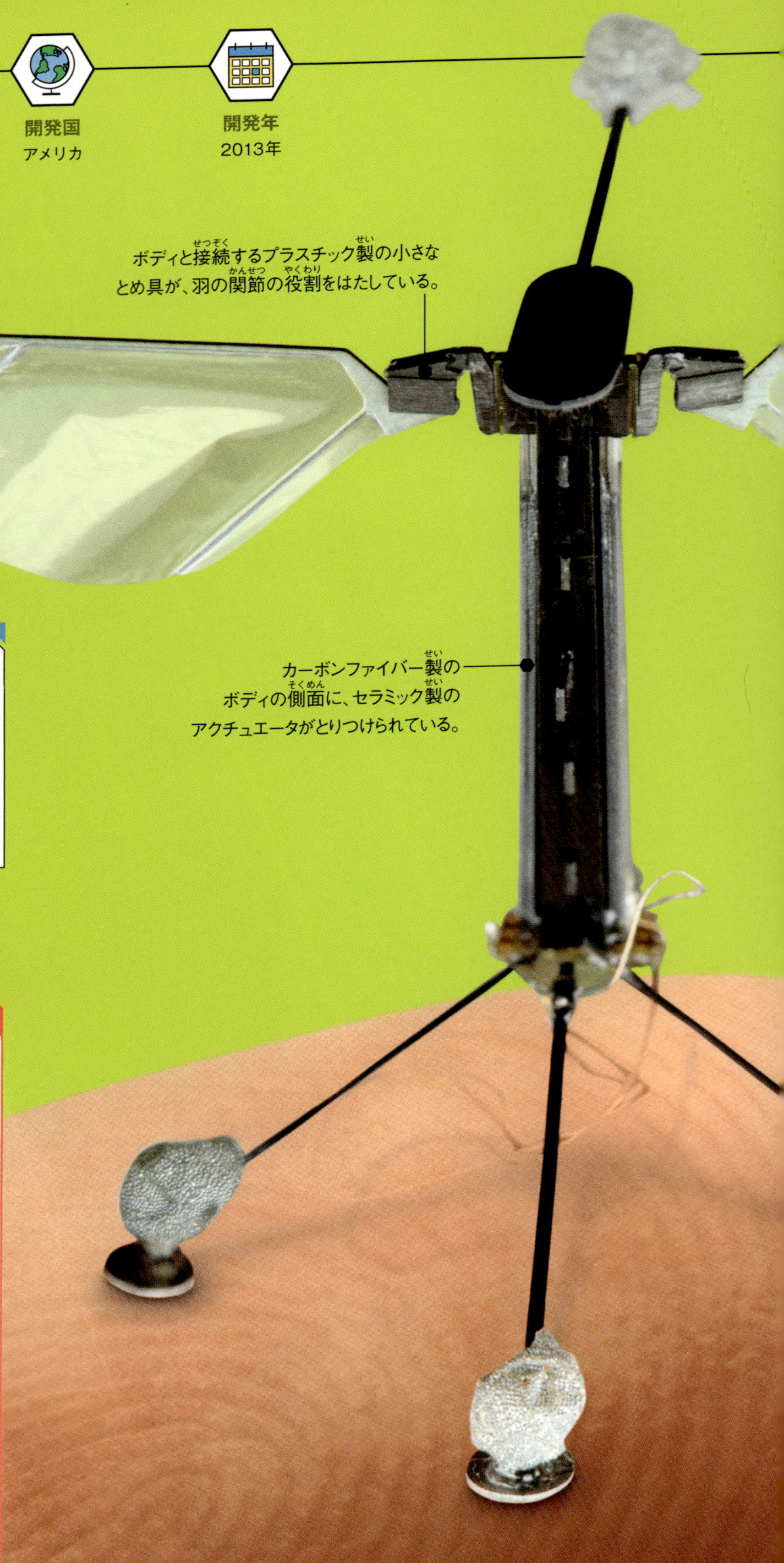
2枚《まい》の羽はべつべつに動く。
ボディと接続《せつぞく》するプラスチック製《せい》の小さなとめ具が、羽の関節《かんせつ》の役割《やくわり》をはたしている。
カーボンファイバー製《せい》のボディの側面《そくめん》に、セラミック製《せい》のアクチュエータがとりつけられている。

羽

カーボンファイバー製《せい》のほそい糸でできた骨組《ほねぐ》みが、羽のうすい膜《まく》をささえている。初期《しょき》のころの羽はステンドグラスもようの骨組《ほねぐ》みだった（右）。

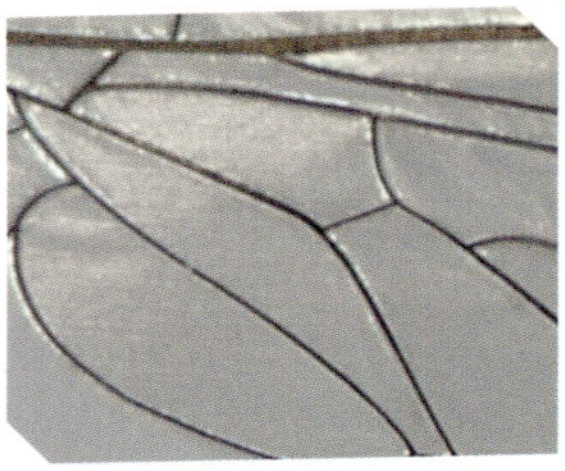

動くしくみ

フライトマッスル（飛行筋《ひこうきん》）とよばれるセラミック製《せい》のアクチュエータが、ロボビーに推力《すいりょく》をあたえる。アクチュエータは電流をながすと長さがかわる。アクチュエータが動くと、肩《かた》の関節《かんせつ》にコントロールされた2枚《まい》の羽がすばやくはばたく（毎秒およそ120回）。羽の角度とはばたきかたをかえながら、前後、左右、上下のどの方向にでも飛《と》ぶことができる。

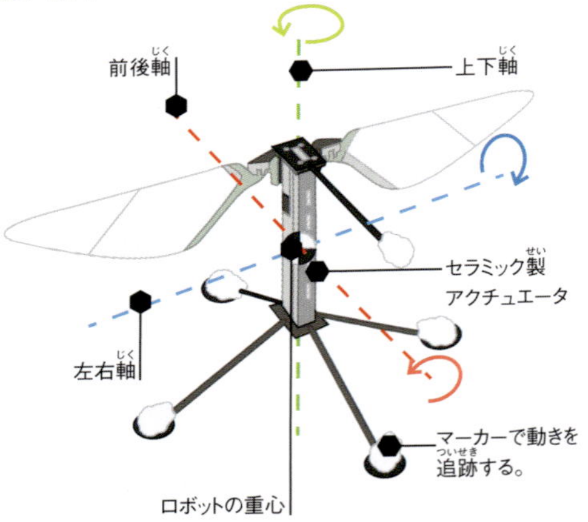
前後軸《じく》
上下軸《じく》
セラミック製《せい》
アクチュエータ
左右軸《じく》
マーカーで動きを追跡《ついせき》する。
ロボットの重心

高さ
2センチメートル

重さ
0.08グラム

電源
電気テザーケーブル

翼《つばさ》の長さは
わずか3センチメートルだ。

ハイブリッド型《がた》ロボット

2017年に誕生《たんじょう》した新型《しんがた》ロボビーは、飛行《ひこう》はもちろん、およいだり、水中にダイブしたり、水中から飛《と》び出《だ》したりもする。アームについたアウトリガーとよばれる4つの箱が「うき」がわりになる。水中から飛《と》び出《だ》すときは、化学反応《はんのう》をおこして羽を水の上へおしあげる。

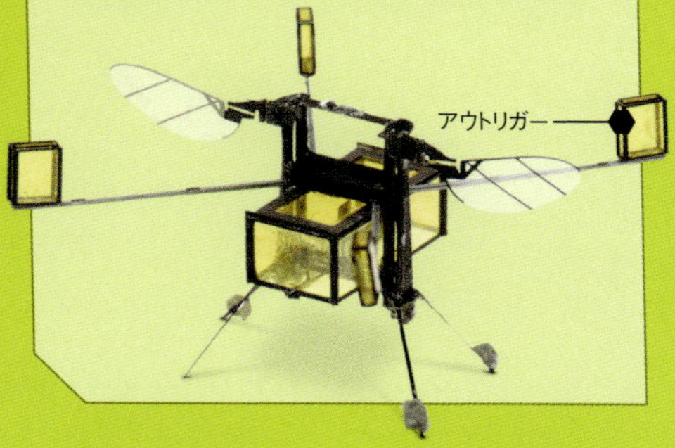

「とても小さな**生物をモデルにした**ロボビーは、はばたく**飛行《ひこう》ロボット**だ」

ハーバード大学 研究助手
エリザベス・ファレル・ヘルブリング

スワームロボット

RoboBees

ロボビー

小さなボディに大きな可能性《かのうせい》をひめたロボビーは、ハーバード大学の研究者が開発したハチ型飛行《がたひこう》ロボットだ。顕微鏡《けんびきょう》をつかって、カーボンファイバーを手ではりつけて組み立てる。2013年に初飛行《はつひこう》に成功《せいこう》したロボビーは、地上から飛《と》び立《た》つと、方向を転換《てんかん》したり、空中で停止《ていし》したりしながら、みじかい距離《きょり》を飛《と》ぶ。重さはわずか0.08グラムで、12台あつまってようやくゼリービーン1つぶくらいの重さになる。

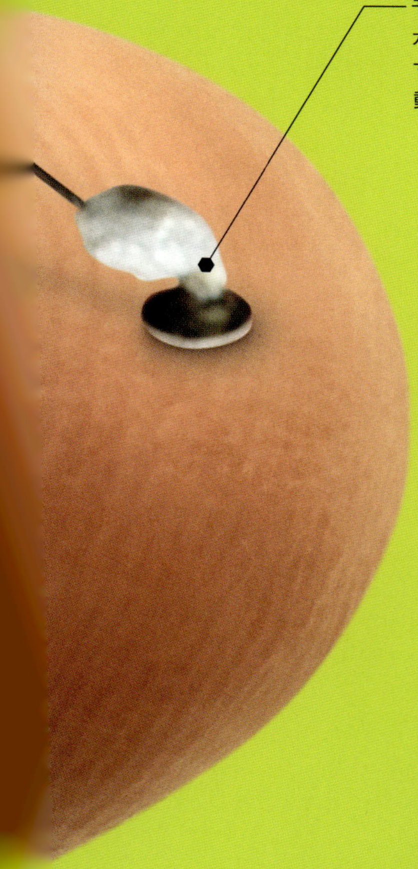

モーションキャプチャ用のカメラが脚《あし》のさきについたマーカーをとらえ、飛行《ひこう》中の動きを追跡《ついせき》する。

世界最小《さいしょう》のドローン

ボディがあまりにも小さいので、充電《じゅうでん》するバッテリーなど、電源をつみこむことができない。そこで、かみの毛のようにほそい電気テザーケーブルをロボビーの下からつなぎ、電力を供給《きょうきゅう》できるよう設計《せっけい》された(右)。のちに、風力をはかるアンテナと、太陽光から上下を感知できる光センサーがとりつけられた。

アメリカの1セント銅貨《どうか》の重さは、ロボビー30台分にあたる。

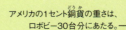

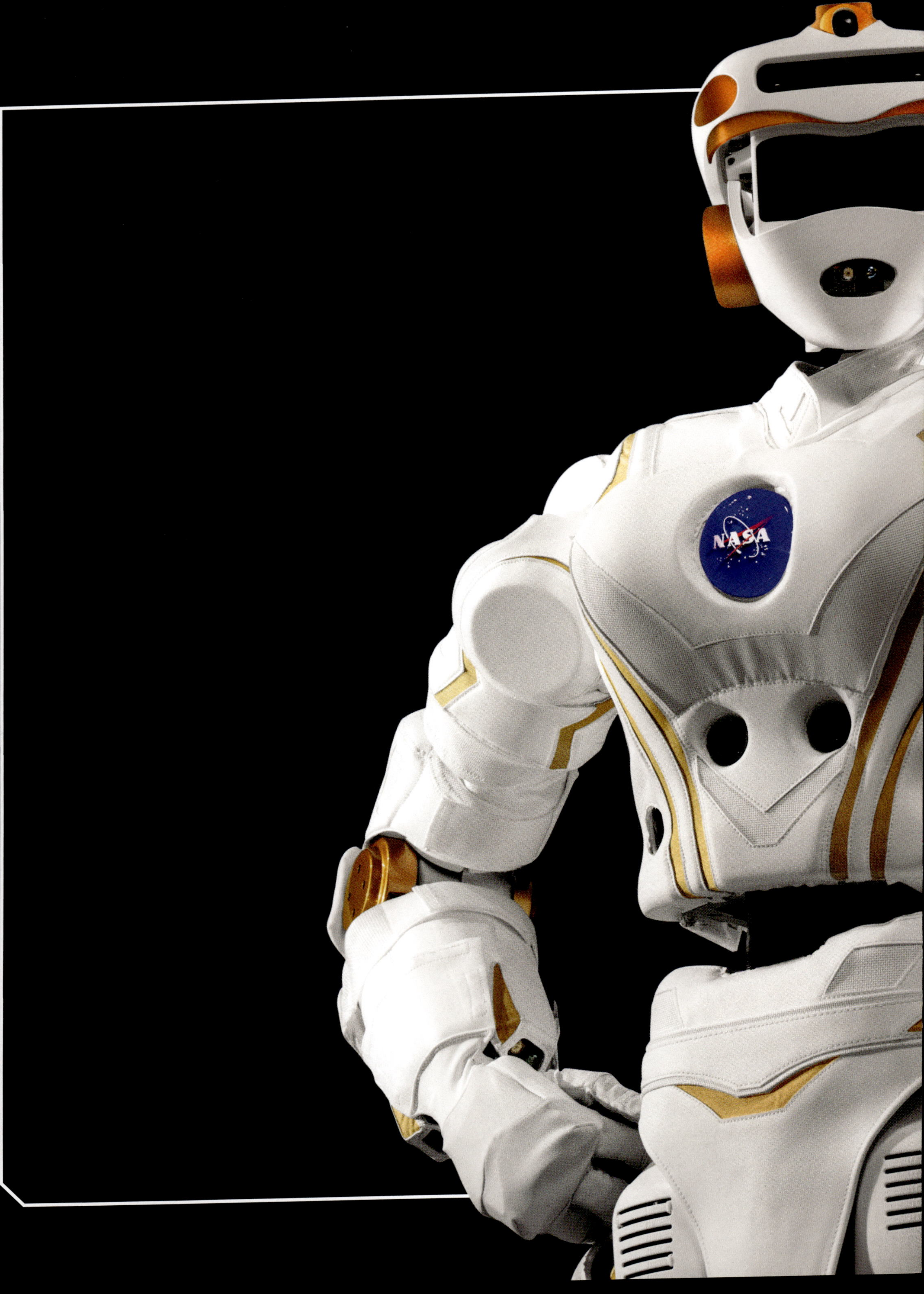
NASA

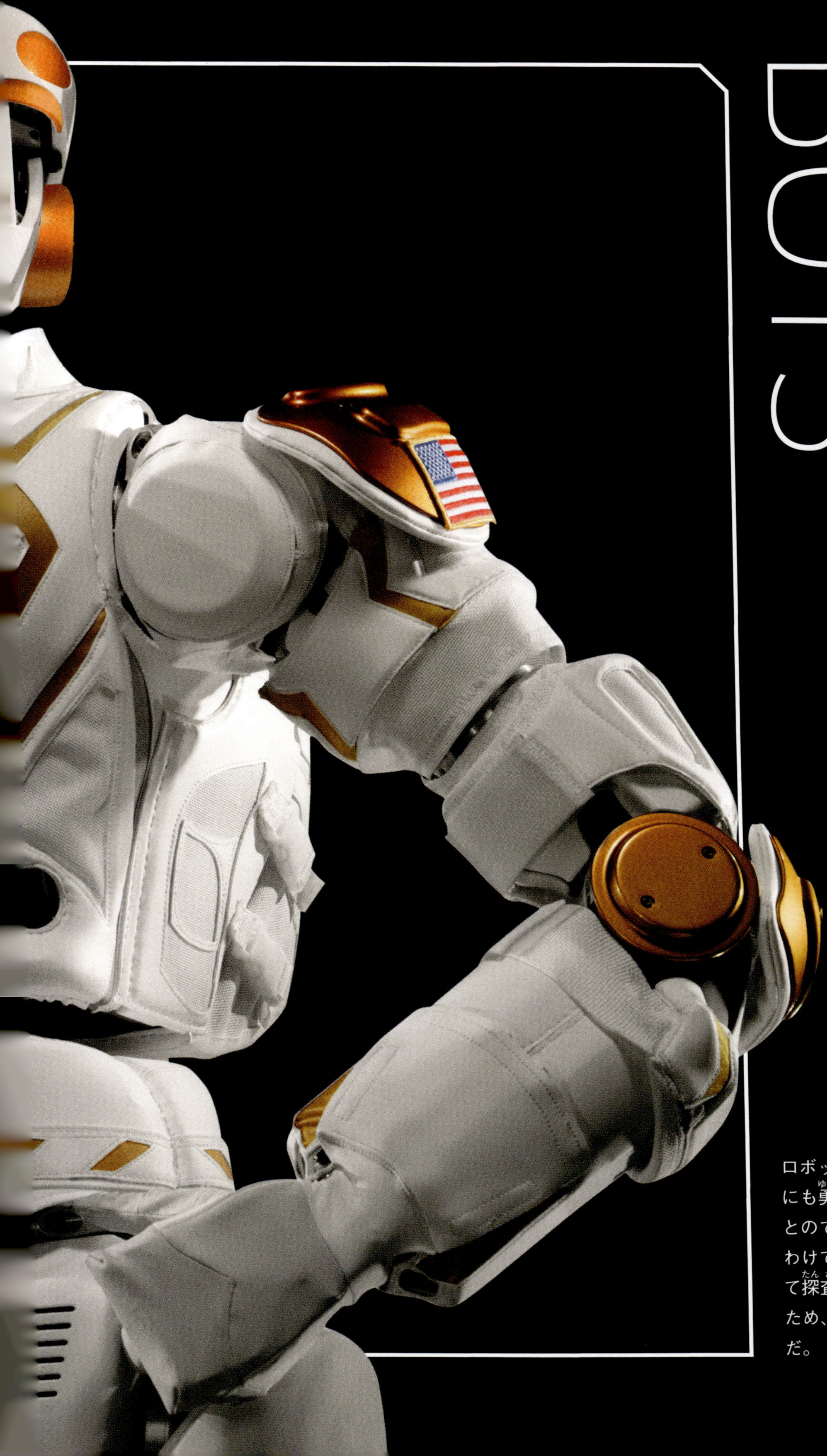

HERO BOTS

ロボットのヒーローたち

ロボットのヒーローたちは、どんな困難《こんなん》にも勇《ゆう》かんに立ち向かう。人間が行くことのできない場所へ行き、がれきをかきわけて被災《ひさい》者をすくい、宇宙《うちゅう》へ飛《と》び立《た》って探査《たんさ》をおこなう。人間の安全をまもるため、危険《きけん》な仕事をひきうけてくれるのだ。

開発元
NASA

開発国
アメリカ

完成予定
2020年

高さ
2.1メートル

重さ
1,050キログラム

動くしくみ

マーズ2020は、移動《いどう》式の科学ラボだ。科学機器《きき》や実験《じっけん》道具と23台のカメラをそなえ、火星の地質《ちしつ》を記録《きろく》して、生命体のこん跡《せき》をさがす。MOXIE（モクシー）はうすい大気（95%が二酸化炭素《にさんかたんそ》）のサンプルを採取《さいしゅ》し、人類《じんるい》がくらすために必要《ひつよう》な酸素《さんそ》をつくる実験《じっけん》をおこなう。

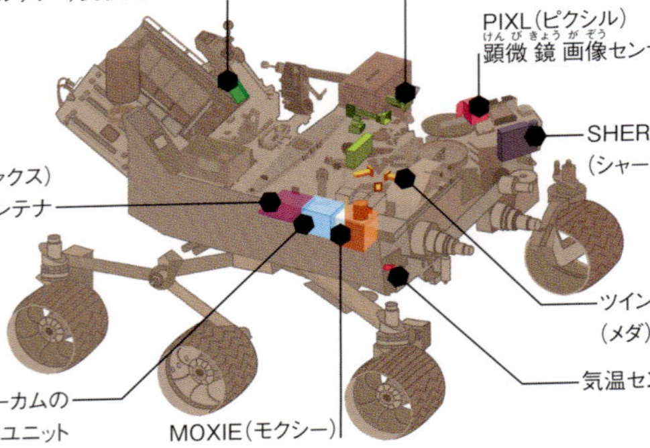
RIMFAX（リムファクス）実験《じっけん》用電子装置《そうち》
マストカメラ
PIXL（ピクシル）
顕微鏡《けんびきょう》画像《がぞう》センサー
SHERLOC
（シャーロック）センサー
RIMFAX（リムファクス）
のアンテナ
ツインMEDA
（メダ）風力センサー
気温センサー
スーパーカムの
ボディユニット
MOXIE（モクシー）

スーパーカムがレーザーをはなち、
岩石の一部を気化させて
成分《せいぶん》を分析《ぶんせき》する。
2台のモノクロ
ナビゲーションカメラは、
25メートルさきにある
ゴルフボール大の物体も
とらえることができる。
前方カメラが、正面の
障害《しょうがい》物やターゲットを検知《けんち》する。
はば52.5センチ
メートルのアルミニウム
製《せい》の車輪《しゃりん》は、ひざの
高さほどもある大きな
岩石ものりこえられる。

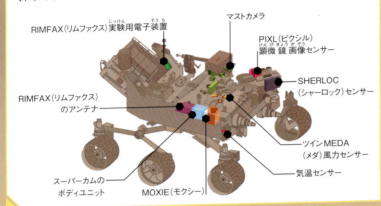

電源
放射性同位体《ほうしゃせいどういたい》を
つかった発電機《き》

宇宙探査《うちゅうたんさ》ロボット

MARS 2020

マーズ2020

がっしりとたくましいマーズ2020は、NASAが開発した最新《さいしん》の宇宙探査《うちゅうたんさ》機《き》だ。2020年に打ち上げが予定されているこの探査機《たんさき》は、9カ月の宇宙《うちゅう》飛行《ひこう》で火星にたどりつく。岩とすなにおおわれた火星は、地球から月までの距離《きょり》の586倍にあたる2億《おく》2500万《まん》キロメートルもさきにある。探査機《たんさき》がとおくはなれた惑星《わくせい》で作業をおこなうためには、障害《しょうがい》物を自力でのりこえられるよう、がんじょうでかしこくなくてはならない。長さ2.1メートルのアームのさきについた器具《きぐ》で、岩石にあなをあけてサンプルを採取《さいしゅ》したり、顕微鏡《けんびきょう》画像《がぞう》をとったり、火星の岩石や土の成分《せいぶん》をしらべたりする。

探査機《たんさき》の製作《せいさく》

自動車とおなじくらい大きいロボットをつくるため、構造《こうぞう》、電子機器《きき》、センサーなど、各《かく》コンポーネントの専門《せんもん》家が何千人も集結《しゅうけつ》した。気温がとてもひくい火星の環境《かんきょう》から、気温にびん感な電子機器《きき》をまもるため、はば3メートルのボディにヒーターがそなえられている。

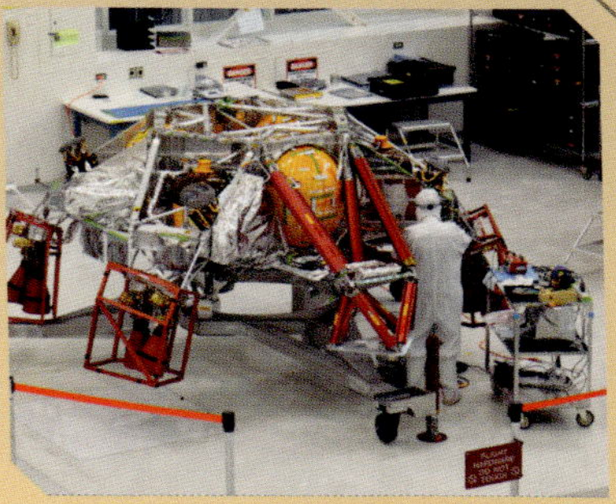

サンプルを保管《ほかん》する

探査機《たんさき》のたいせつな仕事の1つが、ドリルで火星の地表にあなをあけ、深さ5センチメートルの岩石のコアサンプル（円柱状《じょう》のサンプル）を採取《さいしゅ》することだ。採取《さいしゅ》したサンプルは、ボディにそなえたシールド管《かん》に1個《こ》ずつ保存《ほぞん》し、地球の宇宙管制《うちゅうかんせい》センターからの命令《めいれい》にしたがって火星の地表においておく。未来《みらい》のミッションでサンプルを回収《かいしゅう》できるよう、保管《ほかん》場所を正確《せいかく》に記録《きろく》する。

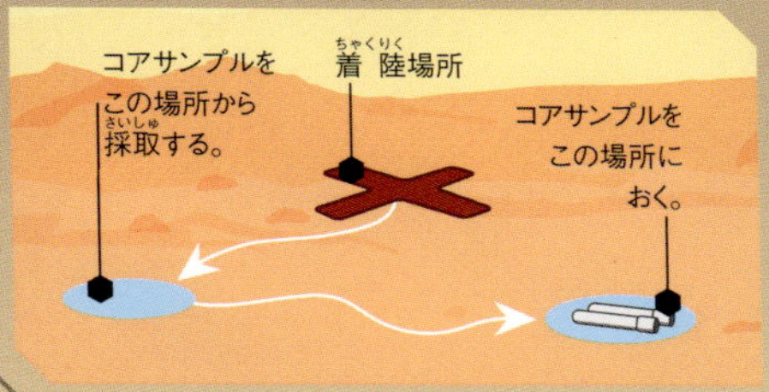

コアサンプルを
この場所から
採取《さいしゅ》する。
着陸《ちゃくりく》場所
コアサンプルを
この場所に
おく。

「われわれはこの**ミッション**により、宇宙《うちゅう》の**生命体**の可能性《かのうせい》をより深くさぐることになる」

NASA 主任《しゅにん》科学者／元宇宙飛行士《うちゅうひこうし》
ジョン・グランズフェルド

SHERLOC（シャーロック）
という装置《そうち》が、レーザーで地表を
スキャンして有機化学物質《ゆうきかがくぶっしつ》をさぐり、
生命体のこん跡《せき》をさがす。

遠隔操作《えんかくそうさ》

災害《さいがい》地などの危険《きけん》な環境《かんきょう》ではたらくおおくのロボットは、遠隔操作《えんかくそうさ》で動いている。オペレータはジョイスティックやタッチパネル、そのほかのコンピュータ機器《きき》をつかい、いつでもロボットに指示《しじ》を出せる。ロボットがちかくで作業をおこなっているときは、ケーブルをとおして指示《しじ》をおくるが、ほとんどのばあい、オペレータが安全な場所から無線信号《むせんしんごう》で指示《しじ》を出す。

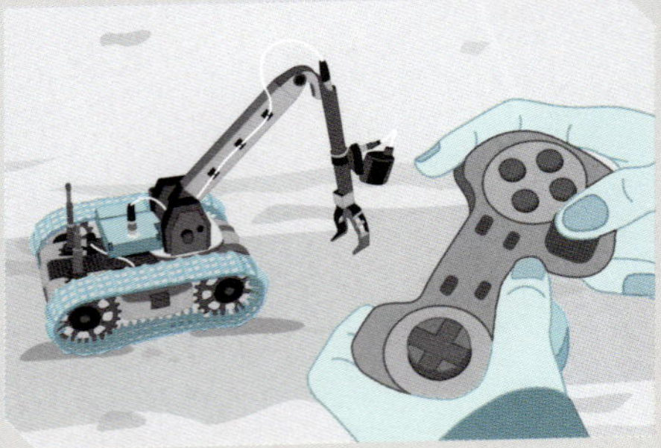

1 配置《はいち》する
Dragon Runner（ドラゴンランナー）は、重さわずか5キログラムのとてもじょうぶなロボットだ。まがり角のさきや、建物《たてもの》のまどの中へ投入し、不審《ふしん》な装置《そうち》や爆弾《ばくだん》の調査《ちょうさ》をおこなう。

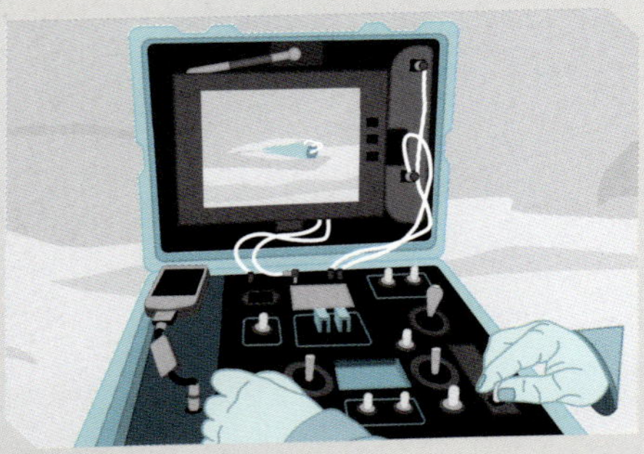

2 コントロールする
安全な場所にいる人間のオペレータが、ノート型《がた》コンピュータやコントローラをつかい、無線通《むせんつう》信《しん》回線でロボットの動きをコントロールする。ロボットのカメラからおくられる画像《がぞう》をもとに、オペレータがロボットのすすむルートをきめる。

3 アクションをする
ロボットはオペレータのコマンドにしたがい、ドアをあけたり、ケーブルをきったり、爆弾《ばくだん》を処理《しょり》したりする。

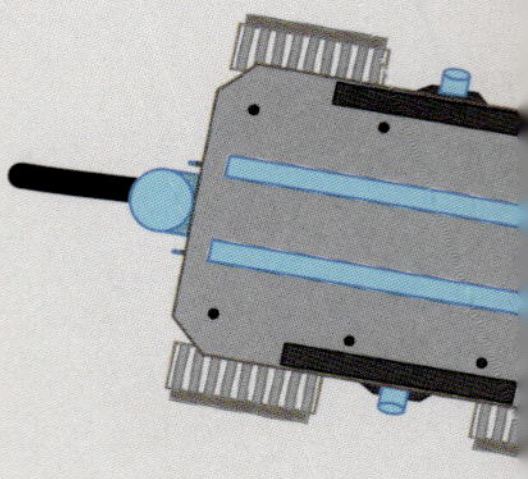

FINDING A WAY

現場《げんば》へ向かう

モバイルロボットが作業をおこなうためには、まず目的《もくてき》地へ向かわなくてはならない。すすむルートを人間が指示《しじ》するロボットもあるが、人間の手をかりず、自律的《じりつてき》に順路《じゅんろ》をきめるロボットもある。がれきがちらばった被災《ひさい》地など、はじめて行く場所や危険《きけん》な環境《かんきょう》では、安全なルートをさがすのがむずかしい。行く手をはばむ障害《しょうがい》物があれば、べつの道を見つけてすすまなければならない。

人間とマシン

ロボットの中には、人間の手をかりて半自律的《じりつてき》に動くものもある。ほとんどの動きを人間にコントロールされながらも、一部の動作を自分できめるロボットだ。人間のオペレータが目的《もくてき》地を指示《しじ》すると、自分でルートをきめてすすむ探査《たんさ》ロボットもある。2017年、半自律型《じりつがた》水中ロボットのMini Manbo（ミニマンボウ）が、地震《じしん》で事故《じこ》が発生した福島第一原子力発電所で、危険《きけん》なミッションを開始した。ミニマンボウは、放射線《ほうしゃせん》レベルがひじょうに高い「ホットスポット」に接近《せっきん》すると、センサーがそれを検知《けんち》し、人間のコントロールをはなれて自律的《じりつてき》に動いた。そして、事故《じこ》でとけてながれてしまい、6年間もゆくえがわからないままになっていたウラン燃料《ねんりょう》のありかをつきとめたのだ。

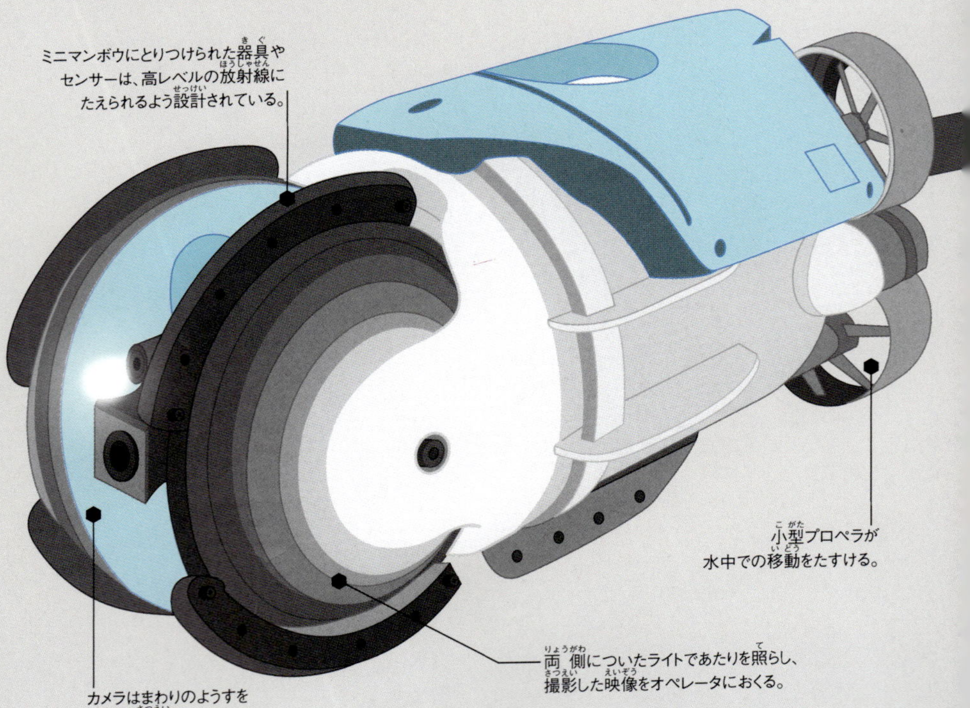
ミニマンボウにとりつけられた器具《きぐ》やセンサーは、高レベルの放射線《ほうしゃせん》にたえられるよう設計《せっけい》されている。
小型《こがた》プロペラが水中での移動《いどう》をたすける。
両側《りょうがわ》についたライトであたりを照《て》らし、撮影《さつえい》した映像《えいぞう》をオペレータにおくる。
カメラはまわりのようすを180度撮影《さつえい》することができる。

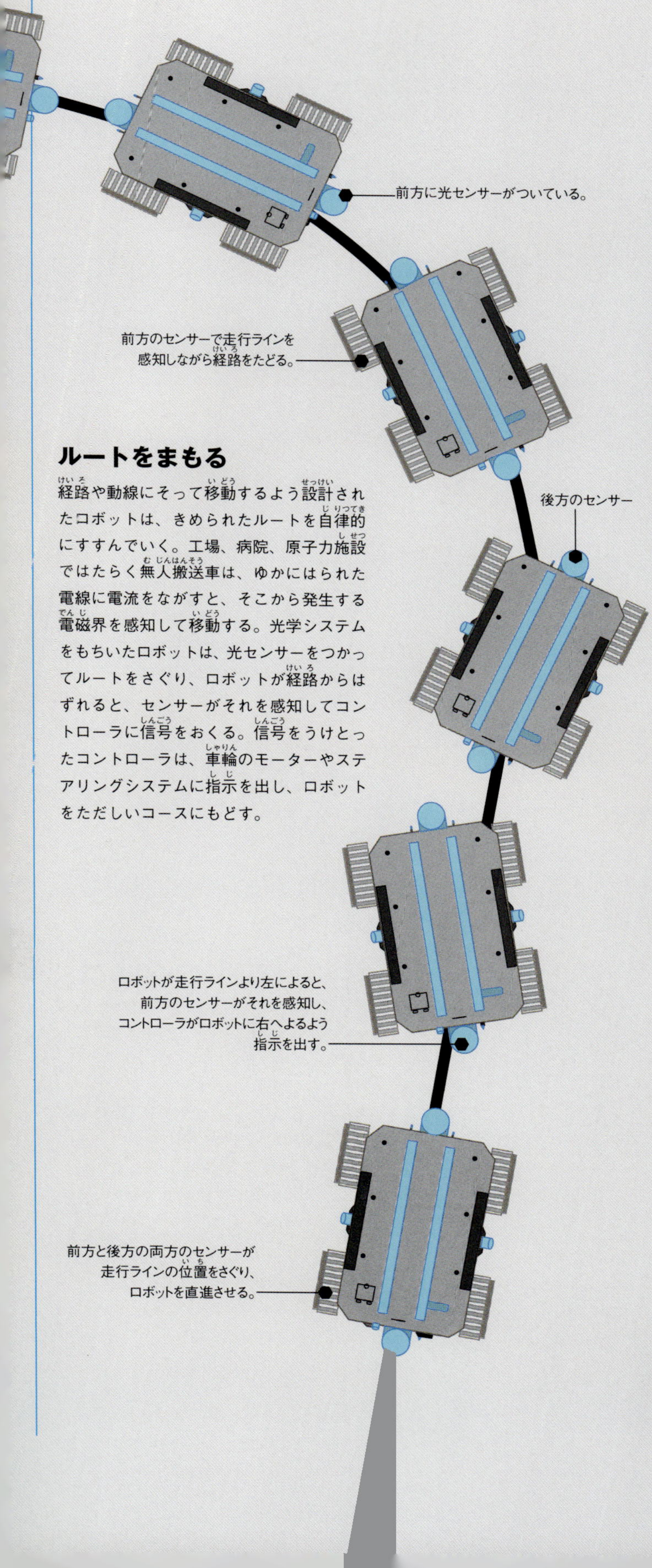

ルートをまもる

経路《けいろ》や動線にそって移動《いどう》するよう設計《せっけい》されたロボットは、きめられたルートを自律的《じりつてき》にすすんでいく。工場、病院、原子力施設《しせつ》ではたらく無人搬送車《むじんはんそう》は、ゆかにはられた電線に電流をながすと、そこから発生する電磁界《でんじ》を感知して移動《いどう》する。光学システムをもちいたロボットは、光センサーをつかってルートをさぐり、ロボットが経路《けいろ》からはずれると、センサーがそれを感知してコントローラに信号《しんごう》をおくる。信号《しんごう》をうけとったコントローラは、車輪《しゃりん》のモーターやステアリングシステムに指示《しじ》を出し、ロボットをただしいコースにもどす。

障害物《しょうがい》を見つける

ロボットが自由に動き回るためには、すすむルートのどの位置《いち》に、どんな障害物《しょうがい》があるかをしる必要《ひつよう》がある。もっともシンプルな障害物《しょうがい》センサーは、ほかの物体にふれると信号《しんごう》を出す接触《せっしょく》センサーだ。無人搬送車《むじんはんそう》の接触《せっしょく》センサーには、アンテナ、ひげのような触覚器《しょっかくき》、バンパースイッチなど、さまざまな種類《しゅるい》のものがある。ロボットが障害物《しょうがい》にちかづくまえに、光線や音波で障害物《しょうがい》を感知するものもある。

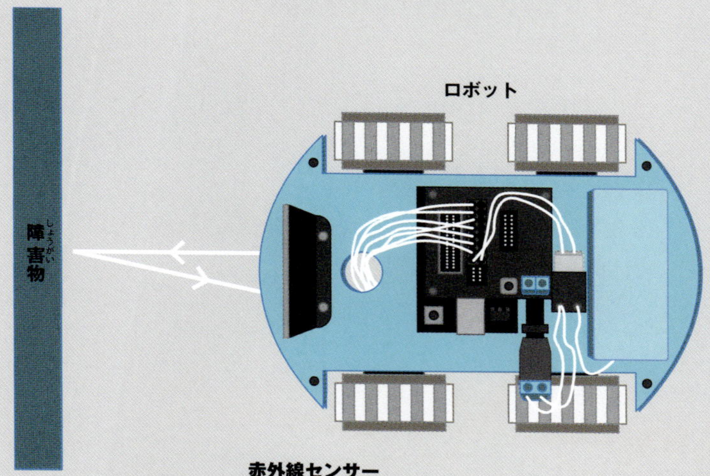

赤外線センサー

赤外線距離《きょり》センサーは、人間の目には見えない赤外線を出す。赤外線が物体の表面にぶつかって反射《はんしゃ》すると、赤外線受信器《じゅしんき》がそれを感知する。赤外線が受信器《じゅしんき》にとどくまでの時間と角度をもとに、ロボットが障害物《しょうがい》までの距離《きょり》と位置《いち》を計算する。

段差《だんさ》をさける

ロボットそうじ機《き》などのモバイルロボットには、ボディの底《そこ》やへりの部分に段差《だんさ》センサーがついている。センサーは下を向いていて、音波や光を面で反射《はんしゃ》させる。信号《しんごう》が反射《はんしゃ》してすぐにもどらなければ、ロボットは段差《だんさ》にさしかかったと判断《はんだん》し、進行方向をかえる。

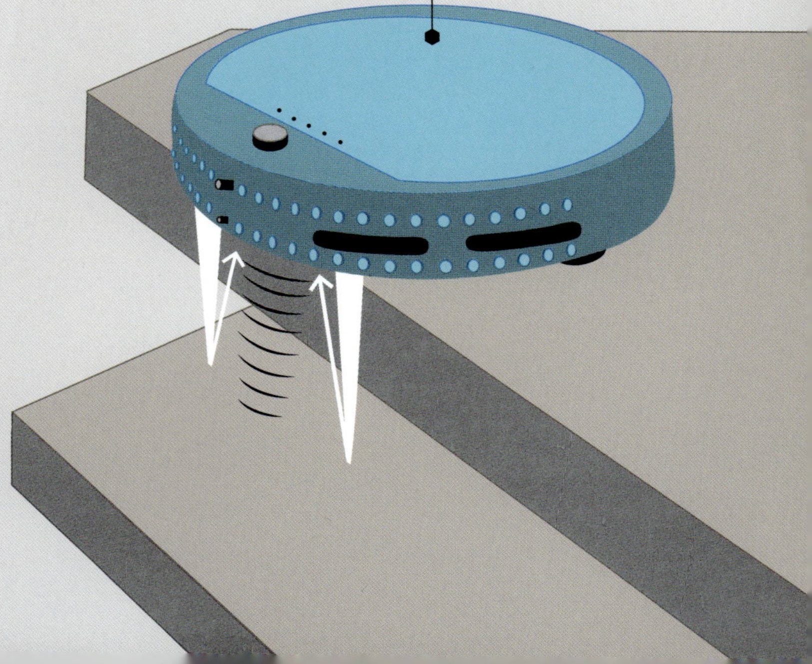

開発元
リッパー・グループ・インターナショナル社

開発国
オーストラリア

発売年
2016年

重さ
15キログラム

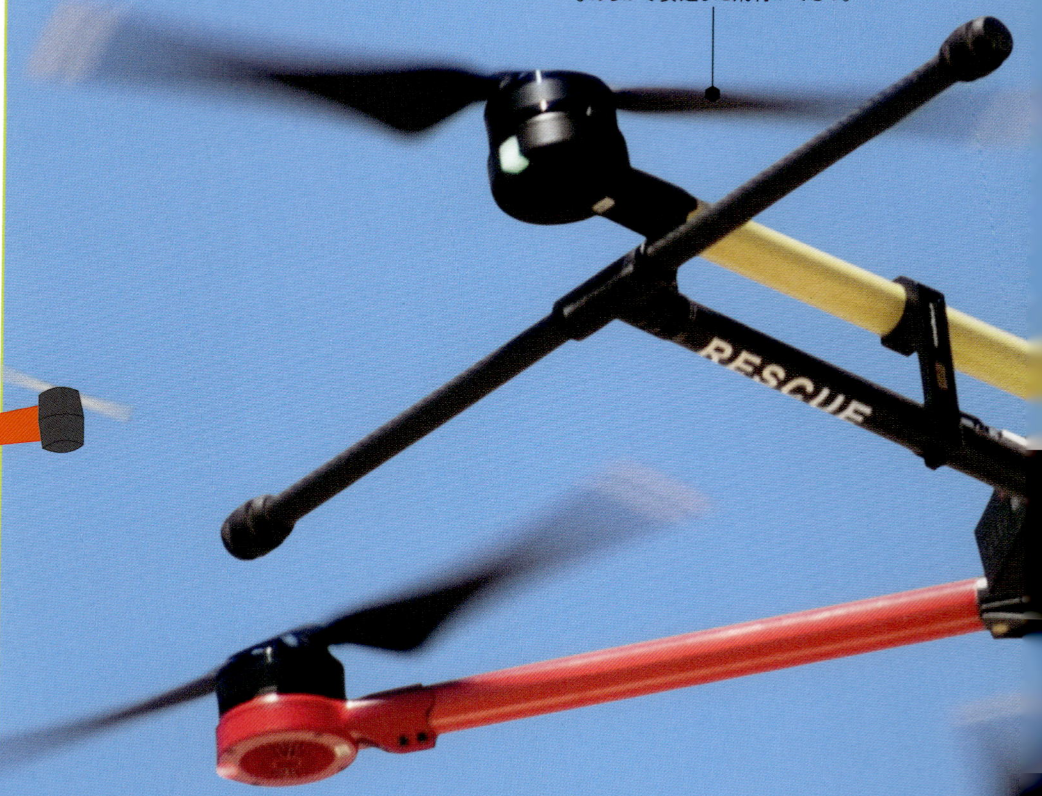
軽量《けいりょう》のプロペラをコントロールし、なめらかで安定した飛行《ひこう》ができる。
RESCUE

動くしくみ

オペレータが遠隔操作《えんかくそうさ》する無人航空機《むじんこうくうき》（UAV）のドローンは、人命救助《きゅうじょ》で活躍する。バッテリーでモーターを動かし、プロペラを回転させて空中へ飛《と》び立《た》つ。ドローンはとくに、有人航空機《ゆうじんこうくうき》がたどりつけないせまい場所や危険《きけん》な場所で力を発揮《はっき》する。戦場《せんじょう》や災害《さいがい》地へ救援《きゅうえん》に向かったり、上空から土地を調査《ちょうさ》したりするが、ときには人間があそび感覚《かんかく》で飛《と》ばしたりもする。

プロペラの羽が機体《きたい》をもちあげてドローンを飛《と》ばす。
ランディングギア（着陸《ちゃくりく》装置《そうち》）は、とりはずしもできる。
カメラが周囲《しゅうい》のようすを撮影《さつえい》する。

操縦型《そうじゅうがた》ロボット

LITTLE RIPPER LIFESAVER

リトル・リッパー・ライフセーバー

急な潮《しお》の変化《へんか》や、おなかをすかせたサメの出現《しゅつげん》は、サーファーやスイマーを危険《きけん》にさらす。オーストラリアの海岸では、リトル・リッパー・ライフセーバーが、海をたのしむ人びとの安全をまもっている。このハイテクのドローンは、サメを発見するとアラームを鳴らし、行方不明《ゆくえふめい》者をさがし出して、救命具《きゅうめいぐ》を海におとす。最高《さいこう》時速64キロメートルで、海上を1.5キロメートルにわたって移動《いどう》することができ、たとえ悪天候《あくてんこう》に見まわれても、最先端技術《さいせんたんぎじゅつ》を武器《ぶき》に、どんな困難《こんなん》な場所へもかけつける。2018年には、オーストラリアのニューサウスウェールズ州の沖《おき》あいで、大波にもまれていた2人のスイマーを発見し、救命具《きゅうめいぐ》をおとした。2人は救命具《きゅうめいぐ》につかまって、ぶじ海岸へたどりついた。

サメを発見する

リトル・リッパー・ライフセーバーには、シャークスポッターというサメを検知《けんち》するテクノロジーがそなわっている。サメをさがして追跡《ついせき》し、海にいる人たちの上で停止《ていし》すると、スピーカーで危険《きけん》をしらせる。サメのほかにも、ボートやクジラ、エイやイルカなどを見わけることができる。撮影《さつえい》したライブ映像《えいぞう》は、ビーチの監視塔《かんしとう》にいるライフガード（水難救助員《すいなんきゅうじょ》）のもとへおくられる。

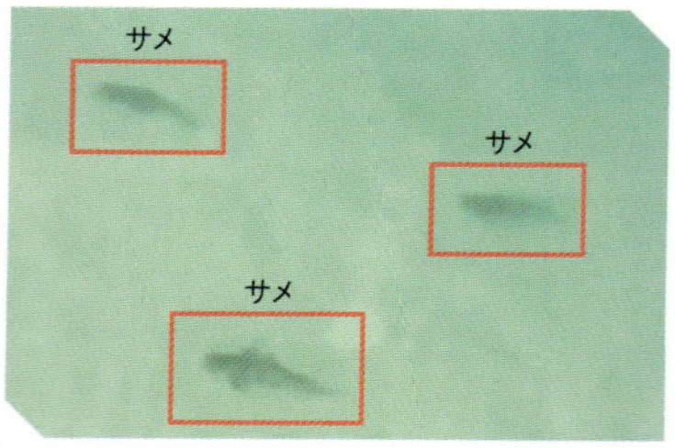
サメ
サメ
サメ

電源
バッテリー

機能
カメラ、スピーカーシステム、AI、遠隔操作機能《えんかくそうさきのう》がそなわっている。

オペレータに指示《しじ》された海上のエリアへ向かい、カメラをつかって探査《たんさ》、調査《ちょうさ》、監視《かんし》をおこなう。

いざというときはオペレータが操作《そうさ》して、ドローンから海へ救命具《きゅうめいぐ》をおとす。

すぐれた救助《きゅうじょ》活動

リトル・リッパー・ライフセーバーは、緊急《きんきゅう》時に救命具《きゅうめいぐ》をはこんで海へおとすことができる。水にふれたしゅんかんに空気でふくらむ救命具《きゅうめいぐ》は、おとな4人をのせて24時間うかんでいられる。スピーカーで救命具《きゅうめいぐ》のつかいかたを説明《せつめい》し、救助隊《きゅうじょたい》が現場《げんば》に向かっていることをしらせる。

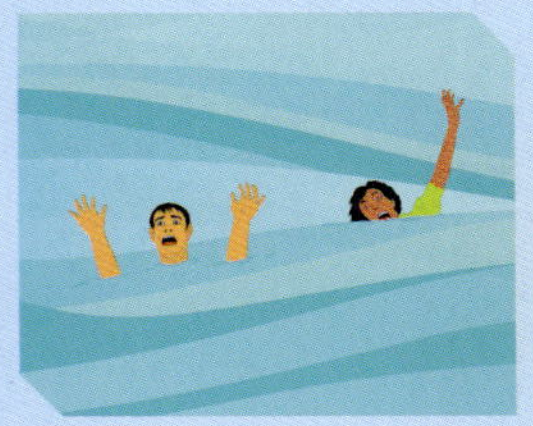

海の遭難《そうなん》者を発見する。

救命具《きゅうめいぐ》を海へおとす。
救命具《きゅうめいぐ》は水にふれるとふくらむ。

遭難《そうなん》者が救命具《きゅうめいぐ》につかまり、海岸をめざしておよぐ。

開発元
韓国未来技術《かんこくみらいぎじゅつ》社

開発国
韓国《かんこく》

高さ
4.2メートル

重さ
1.5トン

コックピットの
保護《ほご》ガラスが、
危険《きけん》な環境《かんきょう》から
操縦士《そうじゅうし》をまもる。
脚《あし》は2本のスチール製《せい》
電力ケーブルで接続《せつぞく》されて
いて、バランスをたもちながら
前進したり、後退《こうたい》したりできる。
正面図

コックピット

メソッド-2は、操縦士《そうじゅうし》の命令《めいれい》にしたがって動く。がんじょうなコックピットに操縦士《そうじゅうし》がすわり、レバーを手で動かす。操縦士《そうじゅうし》が腕《うで》をあげれば、ロボットもアームをあげるなど、ロボットは操縦士《そうじゅうし》の動きにあわせて動くようになっている。たおれたときの衝撃《しょうげき》から操縦士《そうじゅうし》をまもるため、コックピットにはクッション材《ざい》がそなえられている。

ロボットの動きは、2本のレバーでコントロールする。

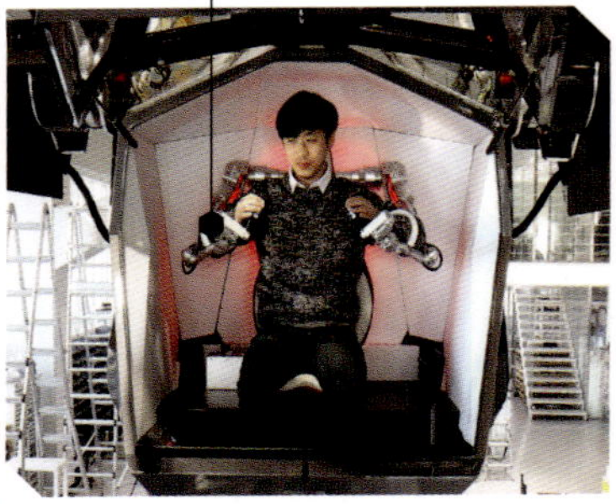

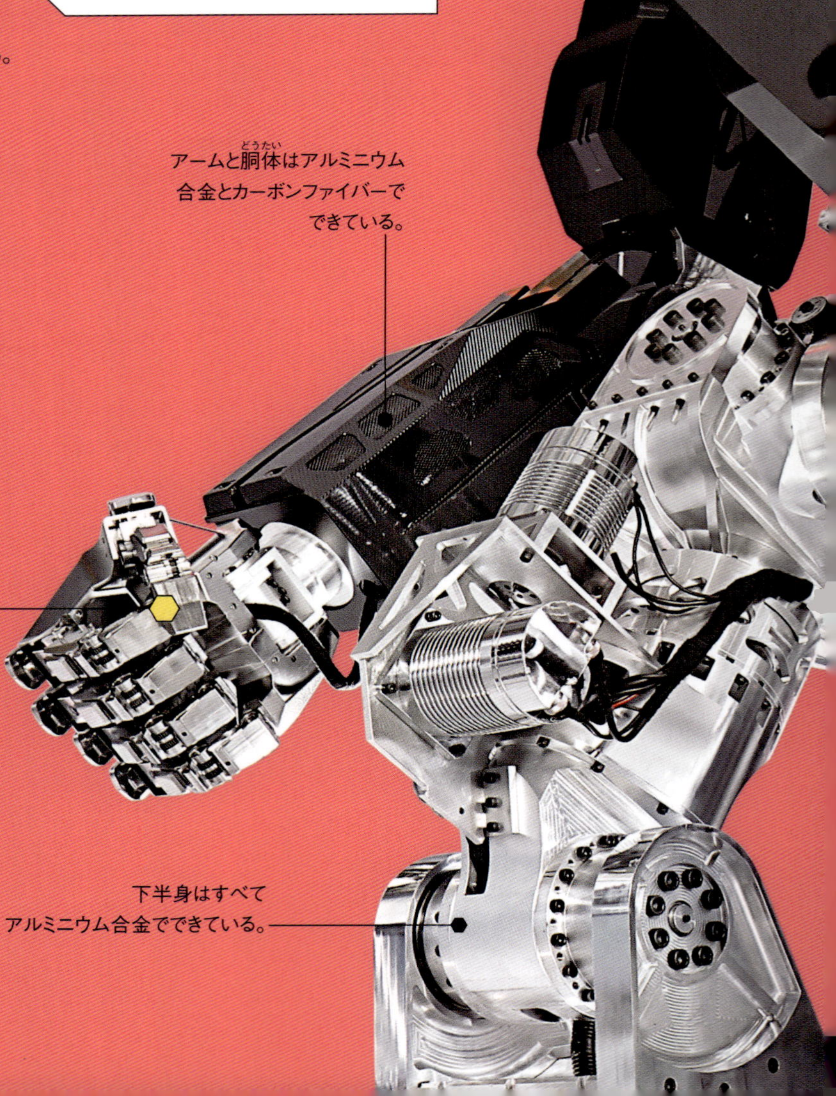
アームと胴体《どうたい》はアルミニウム
合金とカーボンファイバーで
できている。
下半身はすべて
アルミニウム合金でできている。

手の動き

メソッド-2のボディには、コンピュータ制御《せいぎょ》のモーターが40個以上《こいじょう》そなわっている。それぞれのモーターが、操縦士《そうじゅうし》の動きをアーム、手、指につたえ、操縦士《そうじゅうし》はロボットを正確《せいかく》にあやつることができる。

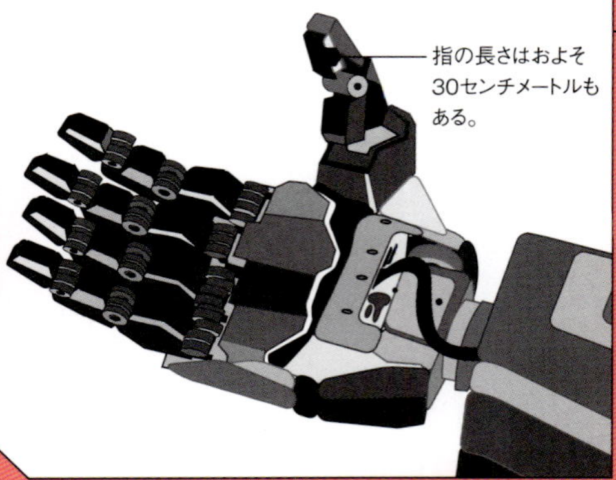
指の長さはおよそ
30センチメートルも
ある。

電源
電気モーター

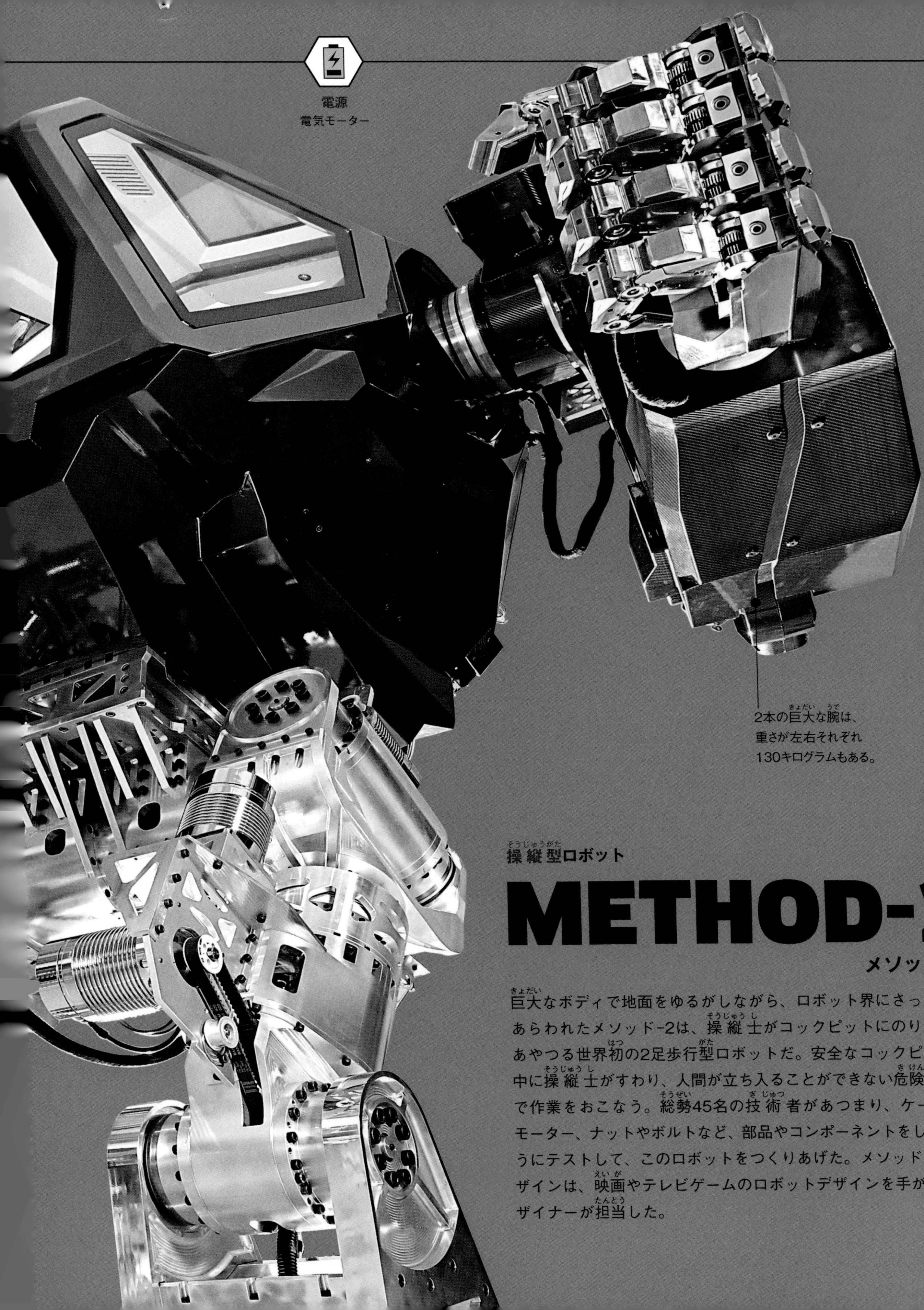

2本の巨大《きょだい》な腕《うで》は、
重さが左右それぞれ
130キログラムもある。

操縦型《そうじゅうがた》ロボット

METHOD-2

メソッド-2

巨大《きょだい》なボディで地面をゆるがしながら、ロボット界にさっそうとあらわれたメソッド-2は、操縦士《そうじゅうし》がコックピットにのりこんであやつる世界初《はつ》の2足歩行型《がた》ロボットだ。安全なコックピットの中に操縦士《そうじゅうし》がすわり、人間が立ち入ることができない危険《きけん》な場所で作業をおこなう。総勢《そうぜい》45名の技術《ぎじゅつ》者があつまり、ケーブル、モーター、ナットやボルトなど、部品やコンポーネントをしんちょうにテストして、このロボットをつくりあげた。メソッド-2のデザインは、映画《えいが》やテレビゲームのロボットデザインを手がけたデザイナーが担当《たんとう》した。

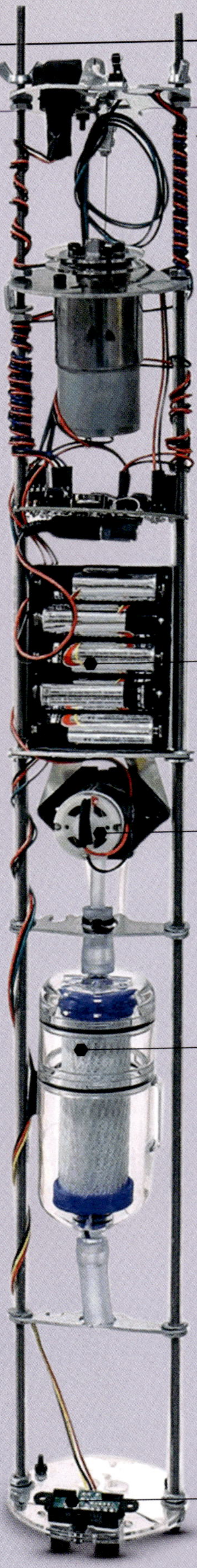

◀ シリンダー型《がた》ロボットのルイージはスマートフォンで操作《そうさ》できる。道路の上にいるオペレータは、GPSでルイージの位置《いち》をしることができる。

バッテリーで動く。

そうじ機《き》がほこりをすいこむように、ポンプで汚水《おすい》をすいこむ。

汚水《おすい》はフィルターにおくられ、水、トイレットペーパー、ゴミなどがとりのぞかれる。

センサーがはたらき、採取《さいしゅ》場所の40センチメートル上で停止《ていし》する。

下水道のパトロール

アメリカでは、世界初《はつ》の下水点検《てんけん》ロボットの**Luigi（ルイージ）**が活躍《かつやく》している。ルイージは道路の下に入りこみ、下水道をながれる汚水《おすい》のサンプルを採取《さいしゅ》する。そこにはバクテリア、ウイルス、人間の体内にある病原菌《びょうげんきん》など、貴重《きちょう》な情報《じょうほう》がたくさんつまっている。研究者は汚水《おすい》サンプルのデータから、町でくらす人びとの健康状態《けんこうじょうたい》や、病気の流行を予測《よそく》する。このような下水点検《てんけん》システムは、世界のほかの国でもつかわれはじめている。

▲人間の手で下水管《かん》におろされ、下水道をながれる汚水《おすい》のサンプルをおよそ1時間かけて採取《さいしゅ》する。

▲ルイージの「お兄さん」にあたるMario（マリオ）には、汚水《おすい》をすいあげるシリンジ（注射筒《ちゅうしゃとう》）があったが、設計《せっけい》に問題があったため、改良《かいりょう》がくわえられてルイージが誕生《たんじょう》した。

▲時速40キロメートルでおよそ10キロメートルの距離《きょり》を飛《と》ぶことができる。4時間にわたって飛行《ひこう》できる。

監視《かんし》用ドローン

ロッキード・マーチン社の**Indago（インディゴ）**は、捜索《そうさく》やレスキュー、災害救助《さいがいきゅうじょ》など、さまざまな現場《げんば》で活躍《かつやく》する。ミッションを開始するまえに、オペレータが作業にあわせて観測装置《かんそくそうち》や監視《かんし》用機器《きき》をえらぶ。4つの回転翼《よく》をもつこの軽量《けいりょう》ドローンは、わずか60秒で機体《きたい》をひろげ、どんな天候《てんこう》でも2分あまりで飛《と》び立《た》つことができる。タッチスクリーンつきのコントローラで操縦《そうじゅう》し、スクリーンにはドローンからおくられるライブ映像《えいぞう》がうつし出される。

AIセラピスト

ロボットやAIは、戦場《せんじょう》でストレスをうけた兵士《へいし》らにもよりそっている。人間は架空《かくう》の人物に心をひらきやすいという研究結果《けっか》をもとに、ストレス障害《しょうがい》をかかえる人たちをサポートするバーチャルセラピストの**Ellie（エリー）**が開発された。エリーはコンピュータアルゴリズムによって動作し、はなすことば、ジェスチャー、動きを自律的《じりつてき》に決定する。これまでに600人の患者《かんじゃ》と情報《じょうほう》のやりとりを経験《けいけん》した。

エリー

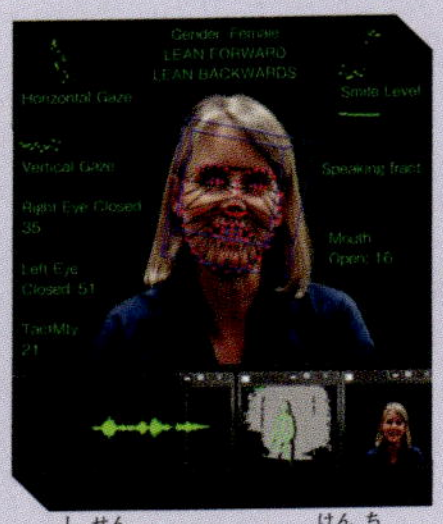

視線《しせん》や身ぶりの検知《けんち》

▲エリーの高性能《こうせいのう》AIは、人間のことばを理解《りかい》し、リアルタイムで会話ができる。

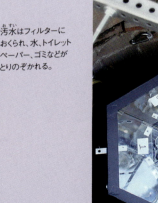

DANGER ZONES

危険地帯《きけんちたい》

危険《きけん》な仕事をやりとげるロボットは、現代《げんだい》にあらわれたヒーローだ。いざというときは、たくましいロボットたちが、わたしたち人間をたすけてくれる。人間が立ち入ることのできない場所へ行き、じっさいに作業をおこなってくれるのだ。人間の健康《けんこう》や命をまもるため、あぶない廃棄《はいき》物や化学物質《ぶっしつ》の中へわけ入って、人間のかわりにはたらいてくれる。

安全を点検《てんけん》する

PackBot（パックボット）は、化学物質《ぶっしつ》の検出《けんしゅつ》や爆弾《ばくだん》の処理《しょり》など、危《き》険《けん》な作業をおこなうポータブルロボットだ。安全点検《てんけん》をおこなうセンサー、カメラ、観測機器《かんそくきき》をそなえ、ゲーム機《き》のような2つのハンドコントローラで操作《そうさ》する。イラクやアフガニスタンでは2,000台以上のパックボットが配備《はいび》され、世界中で国の防衛《ぼうえい》に約5,000台がつかわれている。

▲草、雪、岩、がれきなど、周囲《しゅうい》のようすを確認《かくにん》しながら、時速9キロメートルですすむことができる。

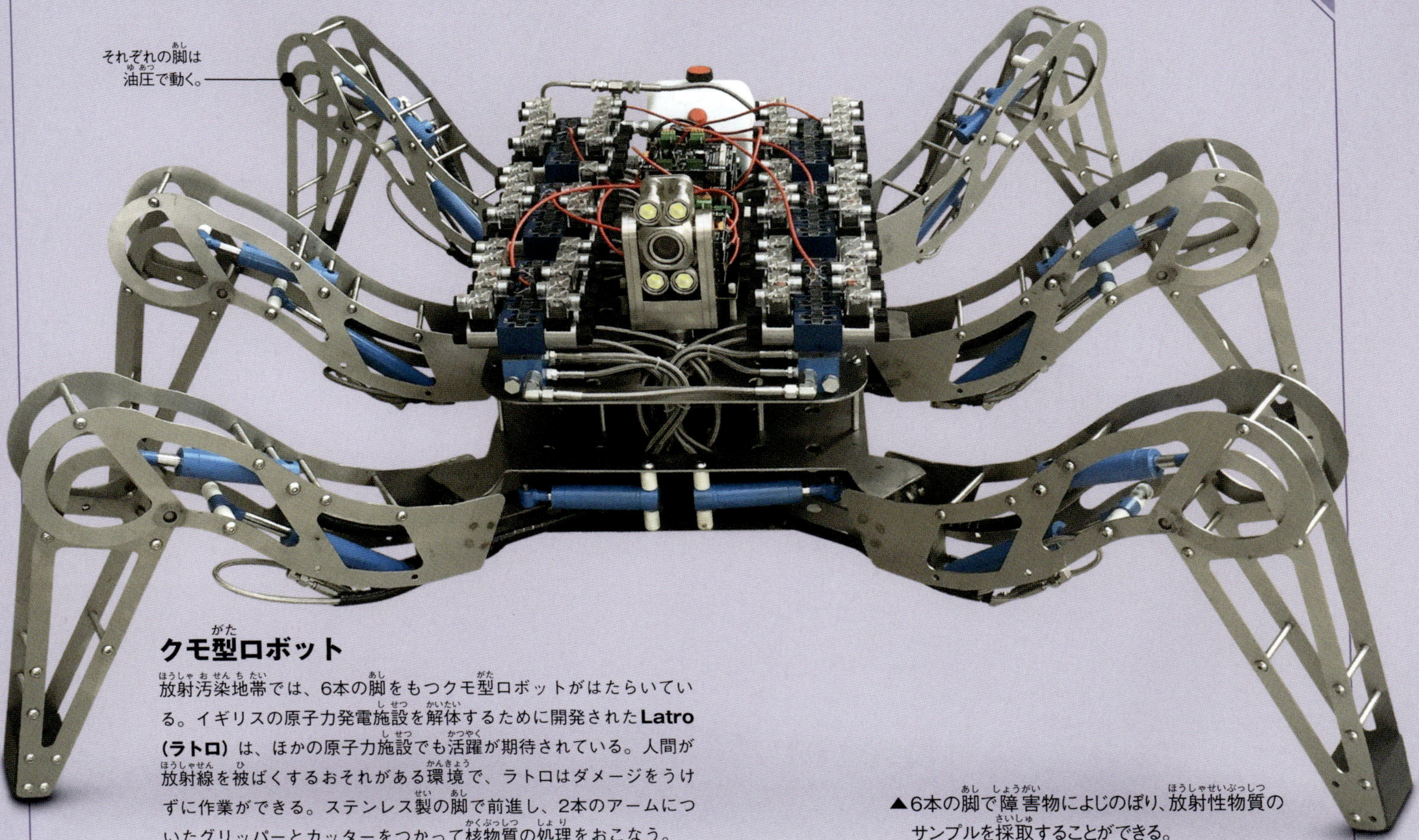

クモ型《がた》ロボット

放射汚染地帯《ほうしゃおせんちたい》では、6本の脚《あし》をもつクモ型《がた》ロボットがはたらいている。イギリスの原子力発電施設《しせつ》を解体《かいたい》するために開発された**Latro（ラトロ）**は、ほかの原子力施設《しせつ》でも活躍《かつやく》が期待されている。人間が放射線《ほうしゃせん》を被《ひ》ばくするおそれがある環境《かんきょう》で、ラトロはダメージをうけずに作業ができる。ステンレス製《せい》の脚《あし》で前進し、2本のアームについたグリッパーとカッターをつかって核物質《かくぶっしつ》の処理《しょり》をおこなう。

▲6本の脚《あし》で障害《しょうがい》物によじのぼり、放射性物質《ほうしゃせいぶっしつ》のサンプルを採取《さいしゅ》することができる。

開発元
サーコス・ロボティクス社

開発国
アメリカ

開発年
2015年

重さ
7.2キログラム

作業用ロボット

GUARDIAN™ S

ガーディアン・エス

ヘビ型《がた》ポータブルロボットのガーディアンSは、危険《きけん》な場所へ音もたてずにしのびこむ。2ウェイ通信《つうしん》システムをつかい、基地《きち》でまつオペレータに音声、映像《えいぞう》、データを送信《そうしん》する。センサーとカメラがそなわっていて、危険地帯《きけんちたい》や災害地《さいがいち》で監視《かんし》や点検《てんけん》をおこなうほか、救命技術《きゅうめいぎじゅつ》をつかって有毒《ゆうどく》ガス、放射線《ほうしゃせん》、有害《ゆうがい》化学物質《ぶっしつ》を検知《けんち》する。磁力《じりょく》をもつキャタピラでどの方向へでもはってすすむことができるので、せまい空間や障害《しょうがい》物がおおい土地でも作業がおこなえる。

垂直《すいちょく》にのぼる

水平面では最大《さいだい》4.5kgの物体をはこぶことができ、地面に垂直《すいちょく》なかべの表面も、磁力《じりょく》をもつボディをはわせてのぼっていく。雪やがれき、どろや水の中でも、安定してすすむことができる。ボディはコンパクトなつくりで、ほそいパイプやタンクなどのとざされた空間へも入りこむことができ、人間が侵入《しんにゅう》できないくずれた建物《たてもの》など、不安定《ふあんてい》で危険《きけん》な場所でも探査《たんさ》がおこなえる。

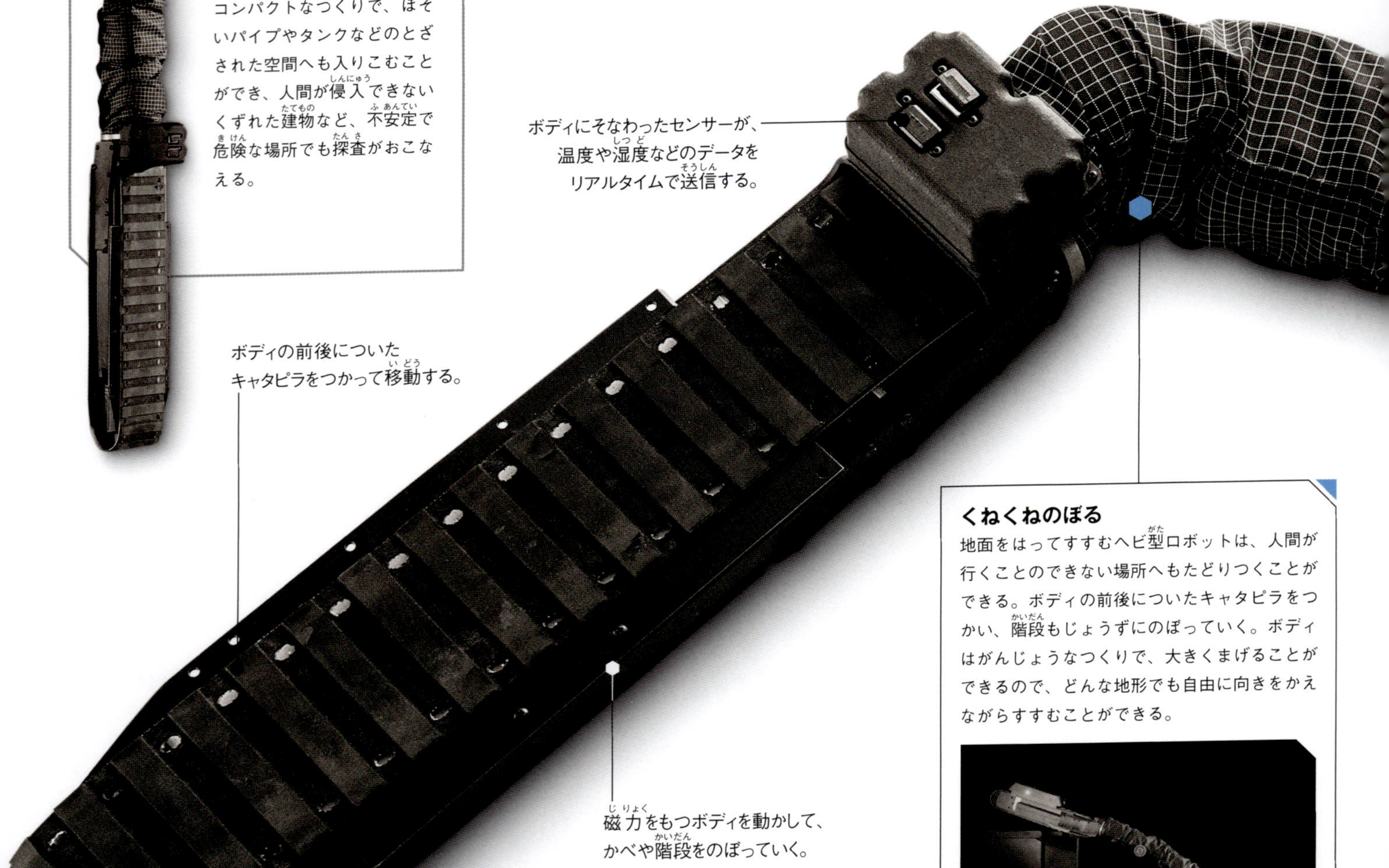

ボディにそなわったセンサーが、温度や湿度《しつど》などのデータをリアルタイムで送信《そうしん》する。

ボディの前後についたキャタピラをつかって移動《いどう》する。

磁力《じりょく》をもつボディを動かして、かべや階段《かいだん》をのぼっていく。

くねくねのぼる

地面をはってすすむヘビ型《がた》ロボットは、人間が行くことのできない場所へもたどりつくことができる。ボディの前後についたキャタピラをつかい、階段《かいだん》もじょうずにのぼっていく。ボディはがんじょうなつくりで、大きくまげることができるので、どんな地形でも自由に向きをかえながらすすむことができる。

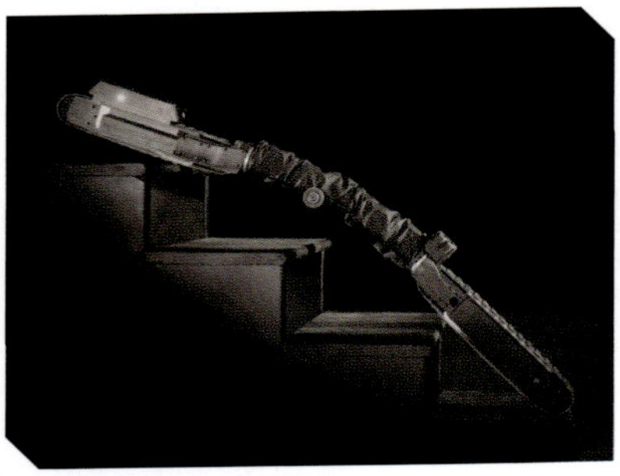

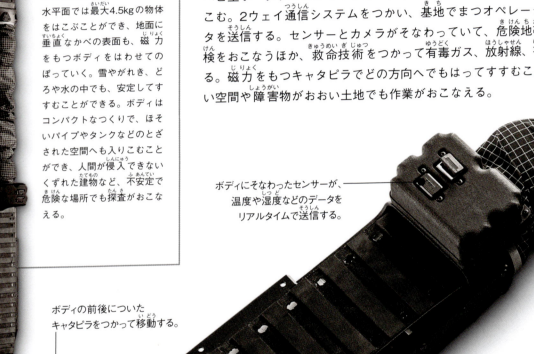

危険《きけん》な現場《げんば》で

ガーディアンSは、どんな危険《きけん》な場所でも作業ができる。爆弾《ばくだん》の処理《しょり》、災害《さいがい》地での救助《きゅうじょ》や復旧《ふっきゅう》作業、防《ぼう》火《か》活動や監視《かんし》など、さまざまな仕事をサポートする。現場《げんば》に到着《とうちゃく》すると、周囲《しゅうい》のようすをよみとって、データの記録《きろく》と確認《かくにん》をおこなう。オペレータがデータをうけとり、安全を確認《かくにん》してから作業を開始させる。防水加工《ぼうすいかこう》がほどこされているので、作業のあとで洗《あら》いながして汚染物質《おせんぶっしつ》を除去《じょきょ》できる。

LEDライトが暗やみを照《て》らす。
うす型《がた》のボディをはわせて、
18センチメートルのすきまにも
入りこむことができる。

動くしくみ

点検《てんけん》場所や災害《さいがい》地などの作業現場《げんば》まで手ではこぶ。オペレータが電源《でんげん》を入れると、ゲーム機《き》のようなジョイスティックつき専《せん》用《よう》コントローラにワイヤレスでつながる。オペレータがはなれた場所からあやつり、スクリーンでロボットの動きを確認《かくにん》する。どの方向へでも動くことができ、データや映像《えいぞう》をオペレータにおくったり、問題発生地点の座標《ざひょう》を記録《きろく》したりする。安全な場所でまつ分析《ぶんせき》者たちが、ロボットからうけとった情報《じょうほう》をもとに作業計画を立てる。1回の充電《じゅうでん》で4.8キロメートルの距離《きょり》を移動《いどう》できる。

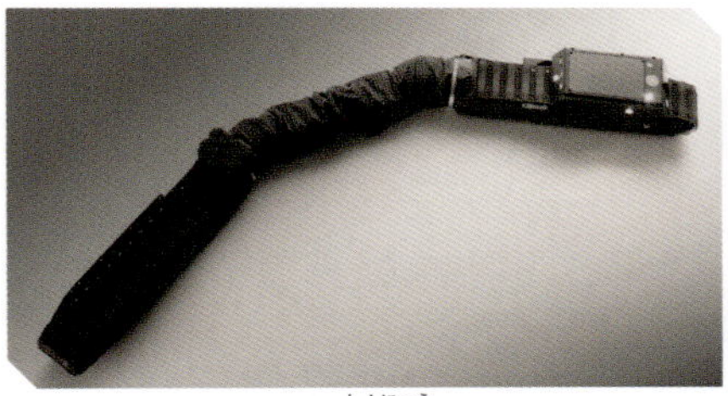

横ばいでせまいすきまへ侵入《しんにゅう》する。

360度回転できるので、ひっくりかえっても
自力でもとにもどる。

ボディの中間がまがるので、入りくんだ場所でも
作業ができる。

開発元
カーネギーメロン大学

開発国
アメリカ

開発年
2013年

操縦型《そうじゅうがた》ロボット

CHIMP

チンプ

カーネギーメロン大学が開発したサル型《がた》ロボットのチンプ（Carnegie Mellon University Highly Intelligent Mobile Platform［カーネギー大学高《こう》知《ち》能《のう》移《い》動《どう》型《がた》プラットフォーム］の略《りゃく》）は、見ためはまるでおもちゃのようだが、じつはすぐれた救助《きゅうじょ》ロボットだ。2足歩行型《がた》のヒューマノイドロボットはふつう、バランスをとるのがむずかしい。しかし、チンプの手足にはキャタピラがついていて、すすむ、方向をかえる、のぼるなどの動作を安定しておこなえる。また、親指がほかの指と向きあっているので、せまい空間で物体を器用《きよう》につかむこともできる。力強さ、安定性《せい》、器用《きよう》さをかねそなえたチンプは、世界最高《さいこう》の救《きゅう》助《じょ》ロボットだ。

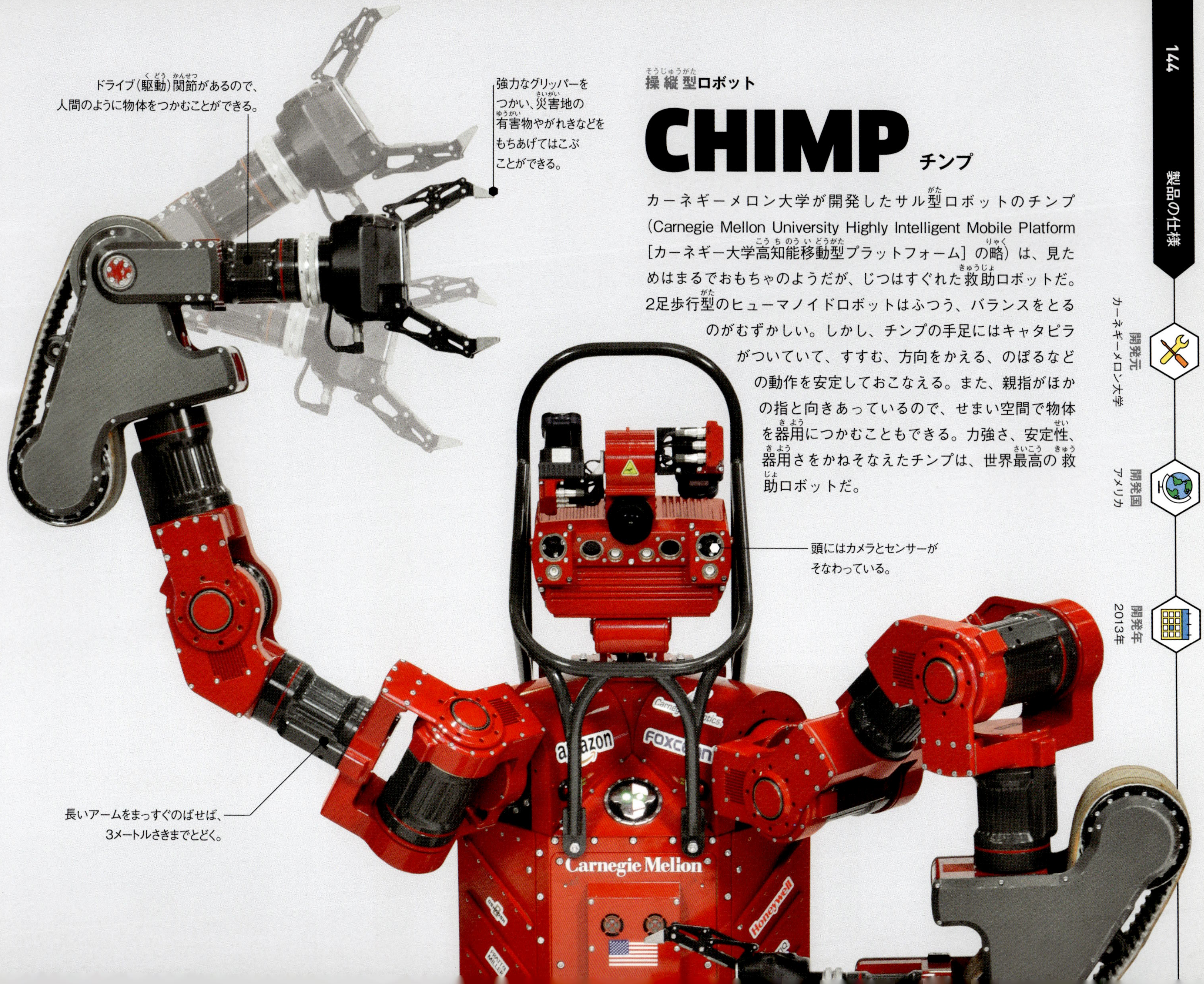

ドライブ（駆動《くどう》）関節《かんせつ》があるので、人間のように物体をつかむことができる。

強力なグリッパーをつかい、災害《さいがい》地の有害《ゆうがい》物やがれきなどをもちあげてはこぶことができる。

頭にはカメラとセンサーがそなわっている。

長いアームをまっすぐのばせば、3メートルさきまでとどく。

高さ
1.4メートル

重さ
200キログラム

電源
電気テザーケーブルによる電力供給《きょうきゅう》

機能
レーザー、センサー、カメラ、モーターがそなわっている。

「チンプはけっして**ころばない**。ごく自然《しぜん》にバランスをたもつことができるのだ」

カーネギーメロン大学　クラーク・ヘインズ

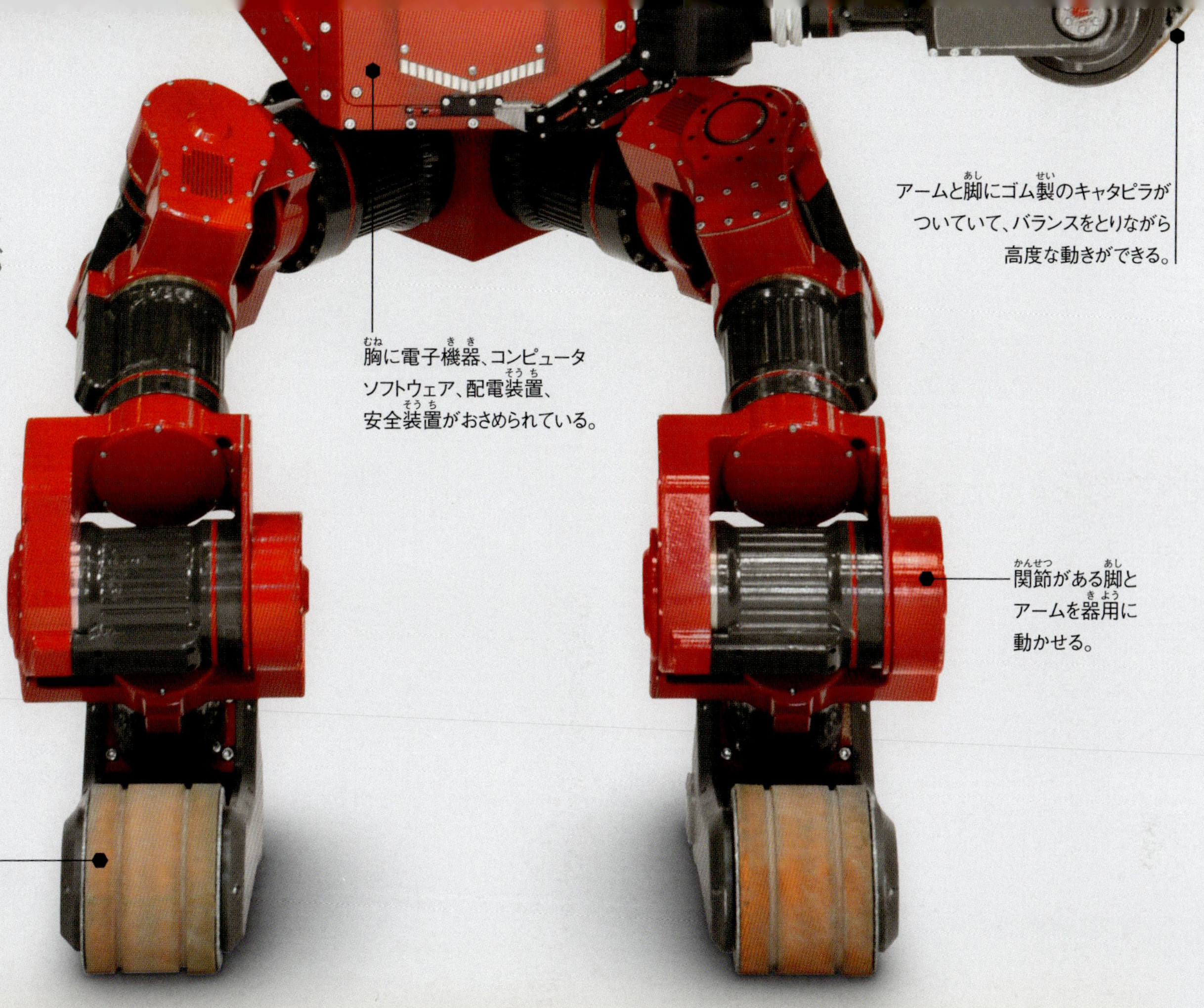

アームと脚《あし》にゴム製《せい》のキャタピラがついていて、バランスをとりながら高度な動きができる。

胸《むね》に電子機器《きき》、コンピュータソフトウェア、配電装置《そうち》、安全装置《そうち》がおさめられている。

関節《かんせつ》がある脚《あし》とアームを器用《きよう》に動かせる。

足にローラーがついていて、スムーズに移動《いどう》することができる。

おどろきの運動能力《のうりょく》

チンプの頭にある6台のカメラと光レーダーのLiDAR（ライダー）センサーが、はなれた場所にいるオペレータにまわりの3D画像《がぞう》を送信《そうしん》する。チンプの動きは基本的《きほんてき》にオペレータがコントロールするが、チンプ自体も自律的《じりつてき》に動けるようプログラムされている。

キャタピラがついているので、2本の脚《あし》でも安定して移動《いどう》できる。

自由に動くグリッパーでハンドルをつかんで回す。

ヒューマノイドロボットの中でも、最高《さいこう》レベルのバランス能力《のうりょく》をほこる。

サラウンドビジョン（周辺視野《しゅうへんしや》）で物体の位置《いち》を認識《にんしき》し、モーションアルゴリズムをつかって物体をつかむ。

脚《あし》とアームをつかってはしごをのぼる。

アームと脚《あし》をつかい、サルのようにバランスをとりながら安全にのぼることができる。

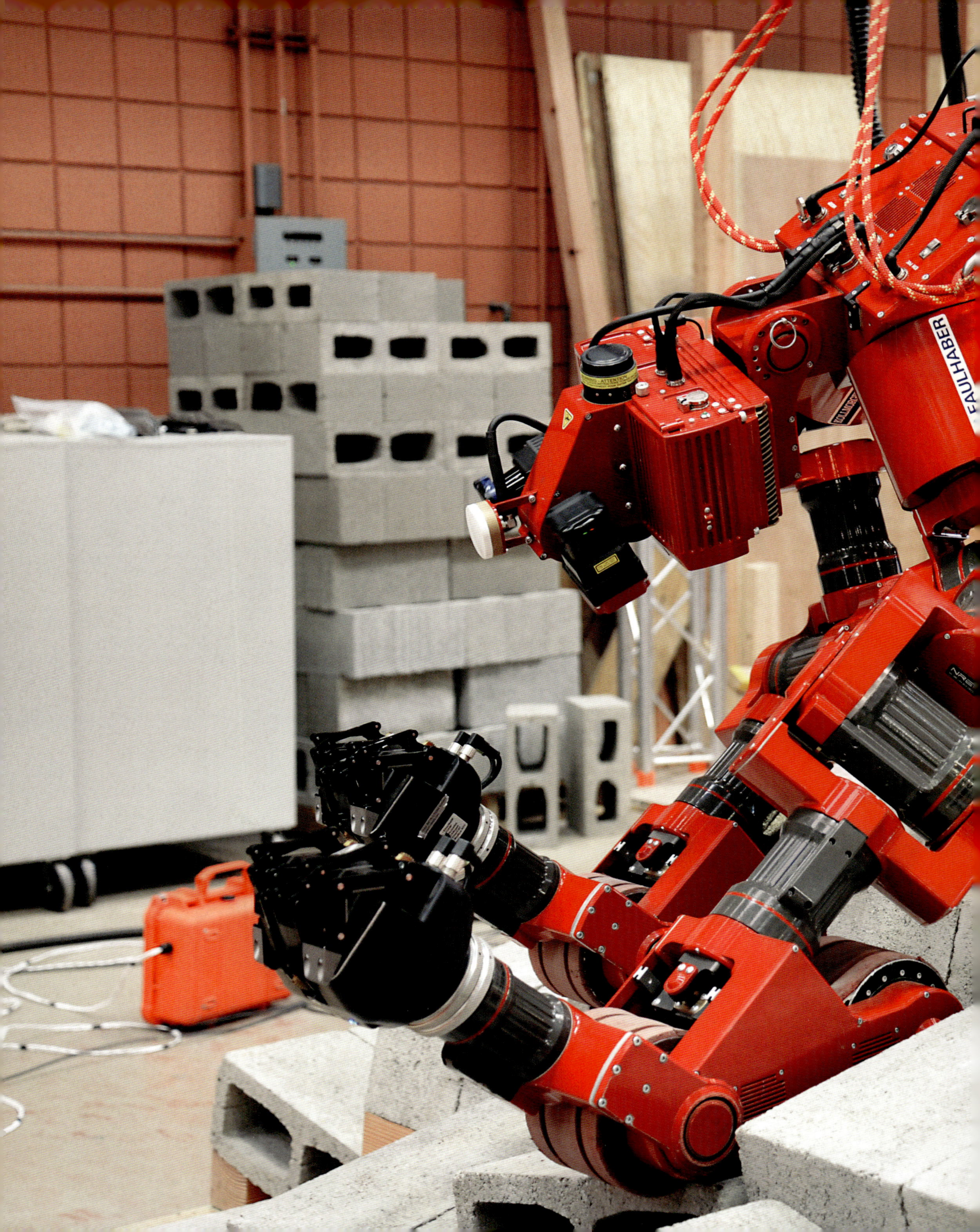
FAULHABER

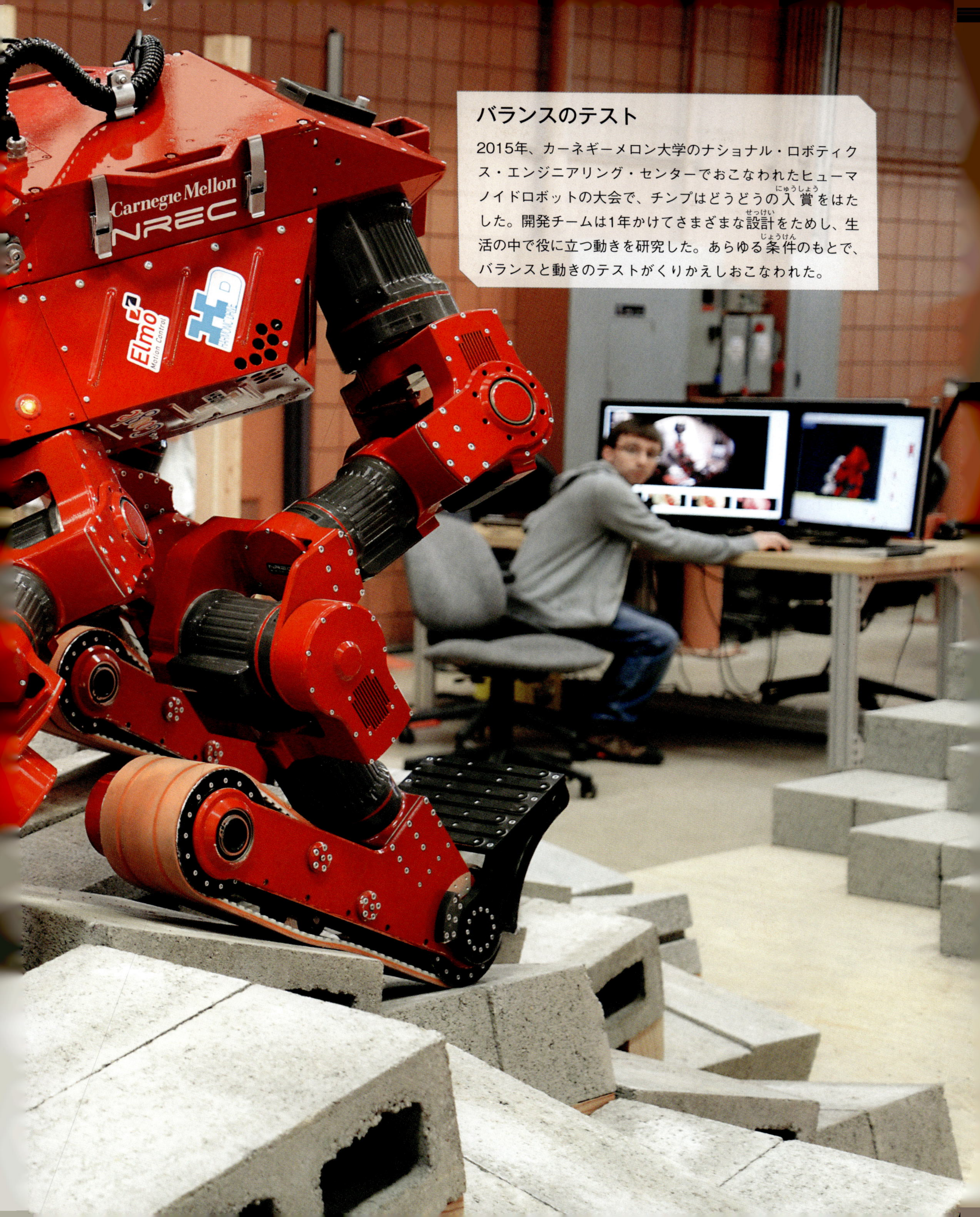

バランスのテスト

2015年、カーネギーメロン大学のナショナル・ロボティクス・エンジニアリング・センターでおこなわれたヒューマノイドロボットの大会で、チンプはどうどうの入賞《にゅうしょう》をはたした。開発チームは1年かけてさまざまな設計《せっけい》をためし、生活の中で役に立つ動きを研究した。あらゆる条件《じょうけん》のもとで、バランスと動きのテストがくりかえしおこなわれた。

FIGURING TERRAIN

まわりを認識《にんしき》する

人間には、自分の現在位置《げんざいいち》をしるローカライズ（位置確認《いちかくにん》）とよばれる能力《のうりょく》がある。身のまわりの物体や場所を認識《にんしき》し、ときには「車の音が聞こえるから、ちかくに道路がある」など、感覚的《かんかくてき》な手がかりをいかして生活している。しかし、ロボットにはもともと位置《いち》をしる感覚《かんかく》がそなわっていない。そこで、センサーや高性能《こうせいのう》アルゴリズムをソフトウェアに組みこみ、つぎの動きを考えるためのローカライズ能力《のうりょく》をあたえる必要《ひつよう》がある。

グローバル・ポジショニング・システム（GPS）

地球の軌道《きどう》にのった30以上《いじょう》の人工衛星《えいせい》ネットワークが、GPS受信器《じゅしんき》をもつロボットや装置《そうち》に正確《せいかく》な現在《げんざい》位置《いち》をしらせる。受信器《じゅしんき》は、衛星《えいせい》から信号《しんごう》がとどくまでの時間から距離《きょり》を計算する。3つの衛星《えいせい》からの正確《せいかく》な距離《きょり》がわかれば、三辺測量《さんぺんそくりょう》という方法《ほうほう》をつかい、地球上の正確《せいかく》な位置《いち》をしることができる。4つ以上《いじょう》のGPS衛星《えいせい》をつかえば、受信器《じゅしんき》の位置《いち》と高度をふくむ三次元位置《いち》がわかる。

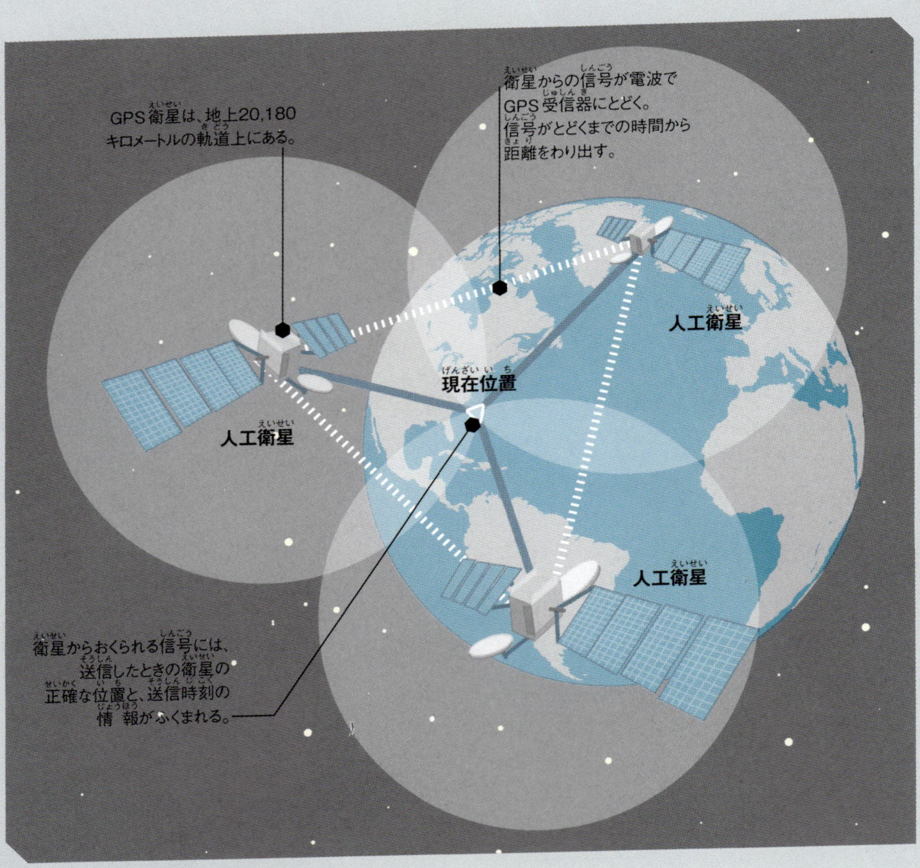

マップの作成《さくせい》

地球上の危険《きけん》な場所や、はるかとおい宇宙《うちゅう》ではたらくロボットは、周囲《しゅうい》のマップを作成《さくせい》し、それにもとづき作業をする。火星探査《たんさ》車のMER（Mars Exploration Rover：マーズ・エクスプロレーション・ローバー）は、地球の宇宙管制《うちゅうかんせい》センターから目的《もくてき》地を指示《しじ》されると、カメラと地形マッピングソフトウェアをつかい、すすむルートを自律的《じりつてき》にきめる。

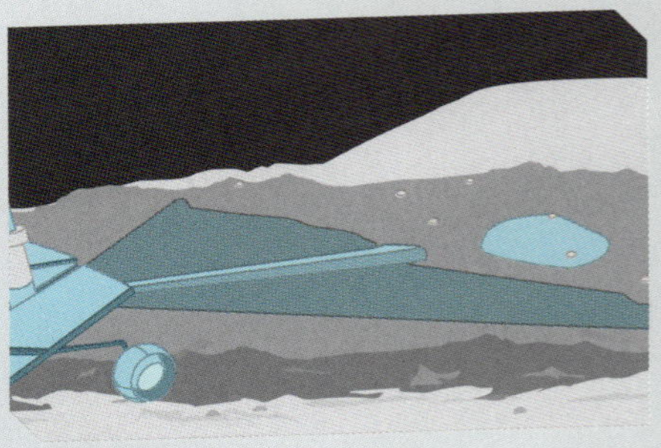

1 画像《がぞう》化する
探査《たんさ》車のステレオカメラが前方の風景《ふうけい》を撮影《さつえい》する。画像《がぞう》をすべてあわせて単純《たんじゅん》化し、深度マップを作成《さくせい》する。マップ上の16,000カ所の地点までの距離《きょり》をすべて計算する。

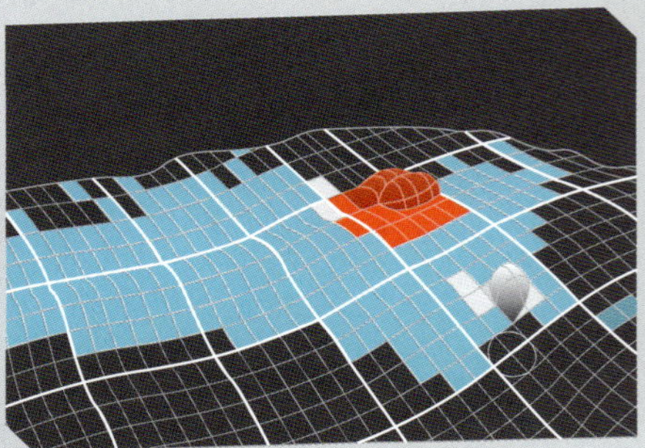

2 地形をしる
探査《たんさ》車のソフトウェアが、斜面《しゃめん》の角度や表面のようすから地形を認識《にんしき》する。エリアの画像《がぞう》は、移《い》動《どう》のむずかしさによって色わけされる。このマップでは、もっともけわしい場所が赤色でしめされている。

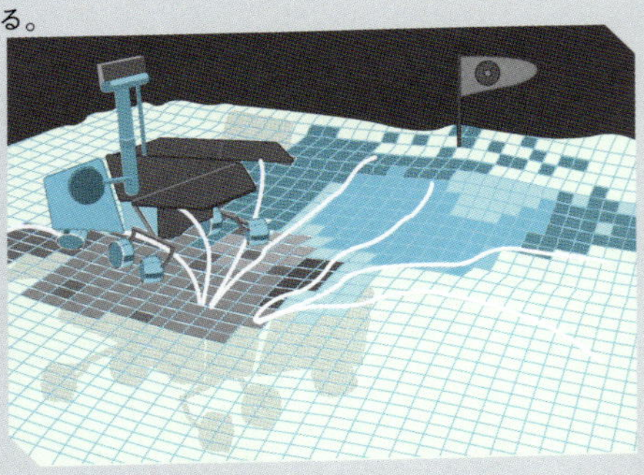

3 ルートをきめる
ソフトウェアが目的《もくてき》地までのルートをいくつか考え、移動《いどう》時間や安全面からもっともよいルートをえらぶ。探査《たんさ》車がルート上を移動《いどう》しているときも、マップ作成《さくせい》を何度もくりかえす。

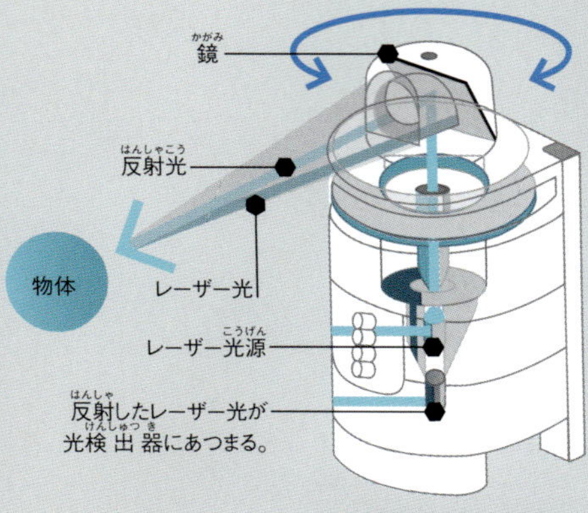
鏡《かがみ》
反射光《はんしゃこう》
物体
レーザー光
レーザー光源《こうげん》
反射《はんしゃ》したレーザー光が
光検出器《けんしゅつき》にあつまる。

LiDAR（ライダー）
センサー

ライダーの画像《がぞう》は、高度や距離《きょり》を
よりわかりやすくしめすために
色づけされている。

Momaro（モマロ）

ドイツのボン大学で開発されたモマロは、障害物《しょうがい》をよけるためにかたちをかえる。頭についたライダーセンサーが回転し、周囲《しゅうい》のようすを記録《きろく》する。

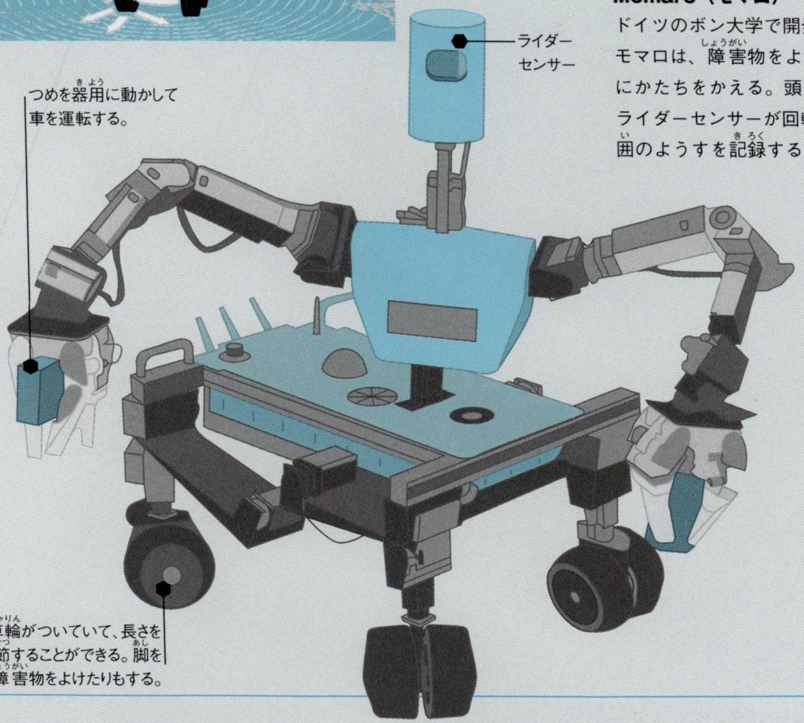
ライダー
センサー
つめを器用《きよう》に動かして
車を運転する。
脚《あし》には車輪《しゃりん》がついていて、長さを
調節《ちょうせつ》することができる。脚《あし》を
もちあげて障害物《しょうがい》をよけたりもする。

LiDAR（ライダー）

ライダーとは、光の検出《けんしゅつ》と距離《きょり》の測定《そくてい》をおこなう技術《ぎじゅつ》のことだ。ライダーセンサーは、光エネルギーを反射《はんしゃ》させて周囲《しゅうい》のマップを作成《さくせい》し、光が物体に反射《はんしゃ》してとどくまでの時間をもとに、物体までの距離《きょり》を計算する。もともと上空から陸《りく》のマップを作成《さくせい》する航空機《こうくうき》につかわれていたが、現在《げんざい》では自動運転車、UAV、ロボットなどにもつかわれるようになった。回転しながら毎秒15万回もレーザーパルスを発射《はっしゃ》し、とてもくわしい深度マップを作成《さくせい》するシステムもある。

ソナー

ソナーとは、音波によるナビゲーションと距離《きょり》の測定《そくてい》をおこなう技術《ぎじゅつ》のことだ。ソナーセンサーはライダーセンサーとおなじようなはたらきをするが、レーザー光のかわりに、光や電波よりも水中でとおくへすすむ音波をつかう。ソナーは海底《かいてい》のマップを作成《さくせい》し、海中にひそむ危険《きけん》や海底《かいてい》に沈没《ちんぼつ》した船を見つける。

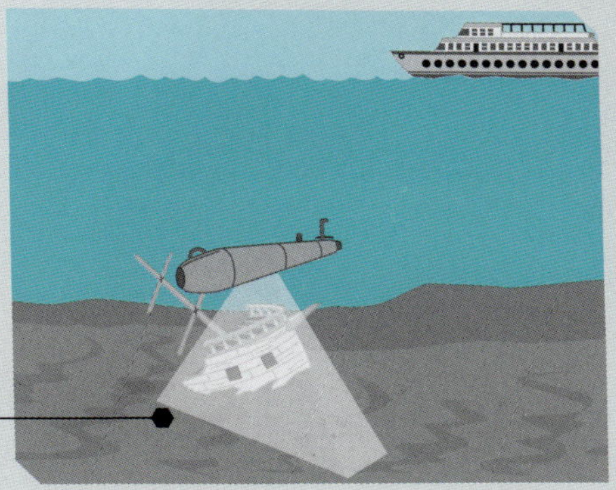
沈没船《ちんぼつ》に音波がぶつかり、
反射《はんしゃ》する。

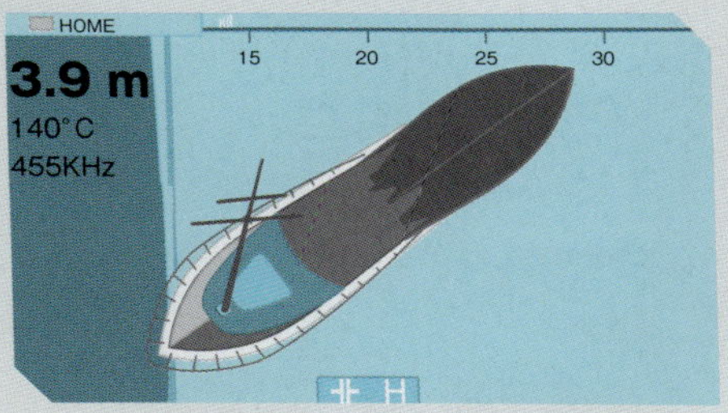
HOME
15
20
25
30
3.9 m
140°C
455KHz

ソナー画像《がぞう》

ソナーシステムが、船までの距離《きょり》や大きさなどの情報《じょうほう》をあつめ、沈没船《ちんぼつ》の画像《がぞう》を作成《さくせい》する。

最高《さいこう》時速40キロメートル
で飛《と》ぶことができる。
木などの物体にぶつからないよう、物体認識《にんしき》ソフトウェアが指示《しじ》を出す。
ドローンについたカメラが、
あらゆる角度からリアル
タイムでマップを作成《さくせい》する。

SLAM（スラム）

スラムとは、自己位置推定《じこいちすいてい》と地図作成《さくせい》をおこなうロボットナビゲーション方法《ほうほう》の1つだ。未来《みらい》の無人航《むじんこう》空機《くうき》（UAV）や陸上《りくじょう》ロボットにもちいられ、災害《さいがい》地の人命救助《きゅうじょ》に役立てられることが期待されている。スラムは高度な計算能力《のうりょく》をつかい、ロボットの正確《せいかく》な位置《いち》とまわりの状況《じょうきょう》をやすみなくマッピングする。Skydio（スカイディオ）R1というドローンは、スラムと6組のナビゲーションカメラをつかい、周囲《しゅうい》の3Dマップを作成《さくせい》する。衝突《しょうとつ》をさけながら、動く物体を追跡《ついせき》してビデオカメラで撮影《さつえい》する。

追跡《ついせき》する

スカイディオR1は、ターゲットがとつぜん方向転換《てんかん》しても、ふりきられずに追跡《ついせき》できる。

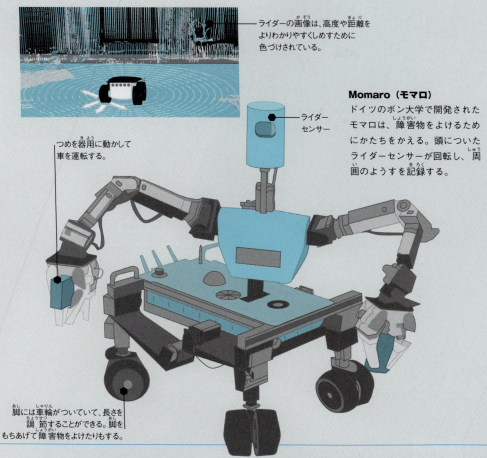

開発元 NASA
開発国 アメリカ
開発年 2013年

宇宙《うちゅう》ロボット

R5 VALKYRIE

R5ヴァルキリー

NASAが開発した人型《ひとがた》ロボットのR5ヴァルキリーは、現代《げんだい》ロボットのスーパースターだ。バッテリー式の2足歩行型《がた》で、どんなきびしい環境《かんきょう》でも、人間の手をかりずにはたらくことができる。ヴァルキリーという名前は、北欧《ほくおう》神話の女性戦士《じょせいせんし》「ワルキューレ」からつけられた。NASAはこれまでヒューマノイドを研究し、何年にもわたって試験《しけん》をかさね、このロボットを完成《かんせい》させた。おおくのセンサーとアクチュエータ（アームや脚《あし》を動かす装置《そうち》）をもち、むずかしい作業もおこなえる。R5ヴァルキリーのつぎなるミッションは、火星に旅立つことだ。実現《じつげん》すれば、人間よりもさきに火星におり立つことになる。

色つきのサンバイザーの内側《うちがわ》に、3Dビジョンシステムとカメラがおさめられている。
人間のように首をかしげたり、回したりできる。
それぞれのアームに7つの関節《かんせつ》とアクチュエータがある。
前方へたおれても、胸《むね》のパッドがボディをまもってくれる。
NASA

月面探査機《たんさき》

最新《さいしん》の月面探査機《たんさき》の1つが、全地形用6足歩行型《がた》のATHLETE（アスリート）だ。巨大《きょだい》な昆虫《こんちゅう》のようなこのロボットは、6本の脚《あし》を動かして歩き、でこぼこの月面も車輪《しゃりん》を回転させてすすむことができる。物体をひっかけるフックと、あなをあけるための機器《きき》をそなえ、ほかの探査機《たんさき》の100倍ものスピードで走行することができる。

高さ
1.8メートル

重さ
136キログラム

電源
バッテリー

「**がんじょうでたくましい**
全電動ヒューマノイドロボットの
R5ヴァルキリーは、どんなに**きびしい**
環境《かんきょう》でもはたらくことができる」
NASA

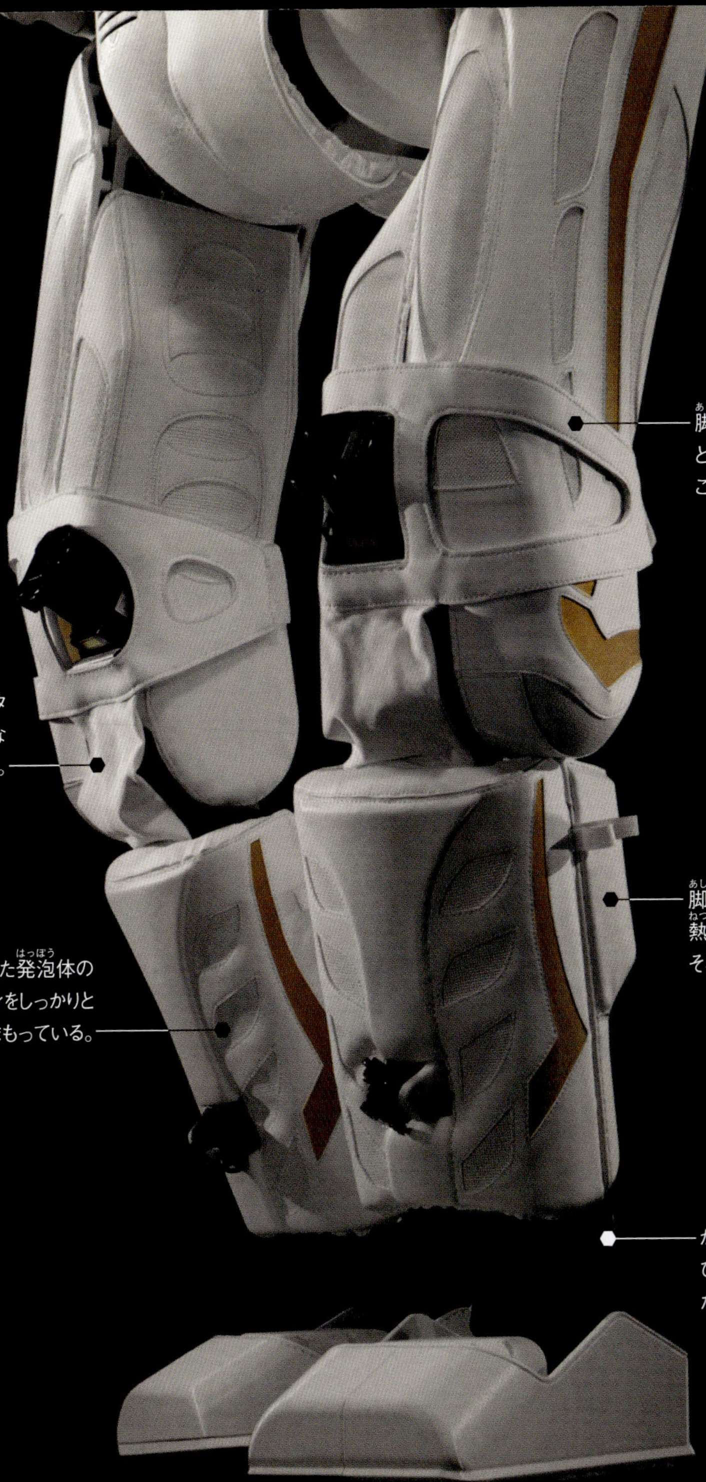
脚《あし》をかんたんにとりはずして交換《こうかん》することができる。
脚《あし》にアクチュエータがあり、なめらかな動きができる。
脚《あし》のプラスチック製《せい》ボディには、熱《ねつ》をおさえるための送風機《き》がそなわっている。
ぬのでおおわれた発泡《はっぽう》体のカバーが、ボディをしっかりとまもっている。
がっしりとした脚《あし》と、はばがひろい足で、バランスをたもちながら歩くことができる。

未来《みらい》のために

開発チームは、ヴァルキリーが将来《しょうらい》、宇宙《うちゅう》飛行士《ひこうし》とともに作業ができるよう、器用《きよう》さをより高めるための研究をかさねている。

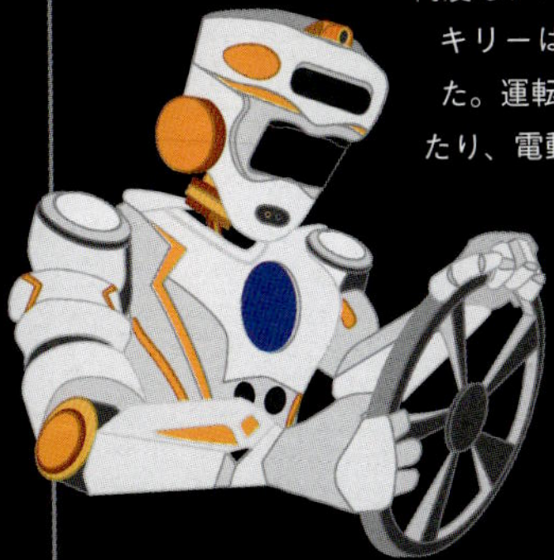

何度もテストをくりかえし、ヴァルキリーは最高《さいこう》の能力《のうりょく》を手に入れた。運転したり、はしごをのぼったり、電動工具をつかったりでき、不安定《ふあんてい》な場所でもよろけずに歩くことができる。火星におり立ったとき、そんな万全《ばんぜん》の準《じゅん》備《び》がきっと役に立つだろう。

最新《さいしん》のヴァルキリーの手は、人間のように器用《きよう》に動かせるよう改良《かいりょう》されている。両手に親指と3本の指があり、ものをそっとつかんだり、物体や装置《そうち》をていねいにあつかったり、さまざまな作業を正確《せいかく》におこなうことができる。アクチュエータによって手首が回り、より自然《しぜん》に動くようになった。

GLOSSARY 用語解説《かいせつ》

アクチュエータ

ロボットの動くしかけになる部品。モーターやアームなど。

圧電性《あつでんせい》

圧力《あつりょく》をかけると電荷《でんか》がうまれる性質《せいしつ》、またはその性質《せいしつ》をもつもの。

アバター（分身）

ある場所に行く(いる)ことができない人のかわりに、そこに存在《そんざい》するもの。

アプリケーション（アプリ）

特別な目的のために設計《せっけい》されたソフトウェア。

アルゴリズム

コンピュータが、問題を解決《かいけつ》したり、作業をおこなったりするためにおこなう計算や処理《しょり》の手順。

アンドロイドロボット

人間をまねてつくられた人造《じんぞう》人間。ヒューマノイドロボットとはことなる。現在《げんざい》はフィクションの世界にしか存在《そんざい》しない。

医療《いりょう》用支援《しえん》ロボット

からだが不自由な人の動きや作業をたすけるロボット。医療行為《いりょうこうい》を手伝うロボットをさすこともある。

宇宙《うちゅう》ロボット

惑星《わくせい》や衛星《えいせい》など、地球外で探査《たんさ》をおこなうために設計《せっけい》されたロボット。

HD

「高解像度《こうかいぞうど》」の略語《りゃくご》。映像《えいぞう》、画像《がぞう》、音声データの解像度《かいぞうど》が高い(こまかい)ことをあらわす。

AUV

「自律《じりつ》型無人潜水《せんすい》機」の略語《りゃくご》。水中で自律《じりつ》的に探査《たんさ》をおこなう無人潜水《せんすい》機。

MAV

超《ちょう》小型無人航空機。

LED

「発光ダイオード」の略語《りゃくご》。電圧《でんあつ》をかけると光る。

エンドエフェクタ

ロボットアームのさきに接続《せつぞく》するパーツ。さまざまな種類のものがあり、それぞれ特殊《とくしゅ》な仕事ができる。

OS

「オペレーティングシステム」の略《りゃく》。コンピュータのハードウェアとソフトウェアを管理し、操作《そうさ》しやすい状態《じょうたい》にするソフトウェア。ROSは「ロボット・オペレーティング・システム」の略《りゃく》。

オートマタ

人間や動物の行動をまねるが、知能《ちのう》をもたないマシン。あらかじめきめられた動きしかできない。

外骨格《がいこっかく》

からだの表面をおおうかたい構造《こうぞう》物。昆虫《こんちゅう》のおおくが外骨格《がいこっかく》をもっている。ロボットにもつかわれる。

顔認証《にんしょう》

ロボットが人間の顔をおぼえたり、顔の表情《ひょうじょう》を認識《にんしき》して反応《はんのう》したりする能力《のうりょく》。

可食《かしょく》ロボット

人間や動物がのみこむと、その体内で仕事をするロボット。人体に無害で、仕事がおわれば体内で部品がとける。現在《げんざい》はまだ完全な可食《かしょく》ロボットが開発されていない。

加速度

速度の変化のこと。

加速度計

加速度をはかる装置《そうち》。

家庭用支援《しえん》ロボット

家庭で人間の作業を手伝うロボット。からだが不自由な人びとをサポートするために設計《せっけい》されたものもある。

家庭用ロボット

家庭で人びとのためにはたらくよう設計《せっけい》されたロボット。

環境《かんきょう》

ロボットやマシンがはたらく場所やその状況《じょうきょう》。

器用さ

アームやエンドエフェクタなどをつかって作業をおこなうときの正確《せいかく》さや手ぎわのよさ。

協働ロボット

人間といっしょにはたらけるよう設計《せっけい》されたロボット。そばではたらく人間をきずつけないよう、高い安全性《せい》がもとめられる。コボットともよばれる。

近接《きんせつ》センサー

接近《せっきん》したロボットと物体の距離《きょり》がはかれるよう設計《せっけい》されたセンサー。

空気圧《くうきあつ》

せまい空間で圧力《あつりょく》をくわえたときに空気が移動《いどう》する現象《げんしょう》。空気圧《くうきあつ》をつかってコンポーネントを動かすロボットもある。

クラウド

インターネットをとおしてファイルの保存《ほぞん》などをおこなう特殊《とくしゅ》なコンピューティングサービス。

グリッパー
物体をつかむためのロボットのパーツ。

コード
コンピュータを動かすためのプログラミング言語でかかれた指示《しじ》。

コンソール
マシンやロボットを操作《そうさ》するための装置《そうち》。

コンピュータ
データをあつかう電子装置《そうち》。

コンピュータチップ
シリコンなどの半導体《はんどうたい》でできた小さな基板《きばん》の上にある電子回路のあつまり。集積回路、ICともよばれる。

コンポーネント
装置《そうち》の一部のこと。ロボットでは、センサーやタッチスクリーンなど、部品があつまってできた一部分をさす。

作業用ロボット
人間のかわりに作業をおこなえるよう設計《せっけい》されたロボット。

産業用ロボット
製品《せいひん》工場ではたらくロボット。アームが1本だけのタイプがおおい。さまざまな方向に動くことができ、道具をつかって作業をすることもできる。世界中の工場でつかわれている。

三辺測量《そくりょう》
GPSがつかう位置確認《かくにん》方法。GPS装置《そうち》が3個《こ》のGPS衛星《えいせい》から場所と時間情報《じょうほう》をうけとり、その情報《じょうほう》をつかって現在《げんざい》位置情報《じょうほう》を正確《せいかく》にわり出す。

GPS
「全地球測位《そくい》システム」のこと。複数《ふくすう》の人工衛星《えいせい》からうけとる無線信号をつかい、地球上の位置をしることができる。信号を受信するまでの時間から、GPS受信器の位置を誤差《ごさ》数メートルの正確《せいかく》さでしることができる。

自動
人間のたすけをかりずに機械がみずから動くこと。

シミュレーション
なんらかの装置《そうち》の動作をコンピュータ上でモデル化し、そのモデルをつかって実験すること。オペレータはロボットシミュレーションをつかい、ロボットがどのように指示《しじ》を理解《りかい》して実行するか、安全な環境《かんきょう》でしることができる。

ジャイロスコープ
輪やディスクなどが、回転軸《じく》を中心として、自由に角度をかえながら高速で回る装置《そうち》。輪やディスクがかたむいても、回転軸《じく》の方向は一定にたもたれるので、マシンが安定する。

ジョイスティック
マシンを操作《そうさ》するための小さなレバー。

触覚《しょっかく》
何かがふれたときの感覚。振動《しんどう》や機械的な抵抗《ていこう》をつかって、人間に触覚《しょっかく》をつたえるロボットもある。

自律的《じりつ》（自律型《じりつ》／自律性《じりつせい》）
人工のマシンなどが人間のたすけをかりずにみずから決定し、それにもとづいて行動できること。

人工装具《そうぐ》
脚《あし》や手などをなくした人が、それをおぎなうためにつける人工の用具。

人工知能《ちのう》（AI）
コンピュータプログラムやマシンによって知的な行動をおこなうために人間の知能《ちのう》をまねて実現《じつげん》した知能《ちのう》。

水圧《すいあつ》（油圧《ゆあつ》）
せまい空間で、液体《えきたい》に圧力《あつりょく》がかかって液体《えきたい》が移動《いどう》する現象《げんしょう》。水圧《すいあつ》（油圧《ゆあつ》）によってコンポーネントを動かすロボットもある。

ステレオカメラ
2個《こ》以上のレンズ、あるいは2台以上のカメラを同時につかい、人間の立体視《し》とおなじような効果《こうか》がえられるカメラ。

スラスター
宇宙《うちゅう》機の小型ロケットエンジンや、船や潜水《せんすい》艇《てい》の補助《ほじょ》ジェットまたはプロペラのこと。機体や船体の位置や、すすむ方向をかえるときにつかう。

3D
「3次元」のこと。奥行《おくゆ》き、高さ、長さをしめす。

スワームロボット
知能《ちのう》をもち、自律《じりつ》的に動くことができる小型ロボット。集合体の一部として動くこともできる。

生体模倣《もほう》ロボット
植物や動物など、自然界からヒントをえて設計《せっけい》されたロボット。

赤外線
赤色の可視《かし》光線よりも波長が長く、人間の目には見えない光。赤外線をつかってナビゲーションやコミュニケーションをおこなうロボットもある。

センサー
周囲の情報《じょうほう》をあつめるロボットやマシンのコンポーネント。目のはたらきをするカメラなど、さまざまな種類のセンサーがある。

潜水艇《せんすいてい》
水中ではたらくために設計《せっけい》された装置《そうち》。

操縦《そうじゅう》型ロボット
人間によって部分的あるいは完全にコントロールされるロボット。じゅうぶんな自律性《じりつせい》をもたないため、「完全なロボット」とはいえない。

送信器
信号をつくったり、送信したりする装置《そうち》。

ソーシャルロボット
人間とコミュニケーションをとったり、会話をしたりできるよう設計《せっけい》されたロボット。

ソナー
「音波によるナビゲーションと距離《きょり》の測定《そくてい》」のこと。音波をおくり、物体にぶつかってはねかえった反射《はんしゃ》波を測定《そくてい》する。ソナーをつかって周囲の物体を検知《けんち》するロボットもある。

ソフトウェア
コンピュータハードウェアの制御《せいぎょ》や操作《そうさ》をするためのオペレーティングシステム、プログラム、ファームウェア（書きかえできないプログラム）のこと。

ソフトロボット
かたい物質《ぶっしつ》でできたロボットにたいし、やわらかく、かたちをかえやすい素材《そざい》でつくられたロボット。

タブレット
ポータブル式コンピュータの1種。タッチパネルで入力したり、アプリケーションから情報《じょうほう》を出力したりできる。

中央演算処理装置《えんざんしょりそうち》（CPU）
コンピュータがおこなうほとんどの演算《えんざん》や処理《しょり》をコントロールする装置《そうち》。マイクロプロセッサ。

ティーチングペンダント
ロボットに作業を指示《しじ》したり、プログラミングをおこなったりするための電子装置《そうち》。ロボットに接続《せつぞく》してつかわれることがおおい。

データ
ロボットや人工知能《ちのう》があつめて保存《ほぞん》する測定《そくてい》値《ち》などの基本《きほん》的な情報《じょうほう》。コンピュータはデータをつかってロボットの動きをきめる。

デバッグ
プログラムのエラーを見つけて修正《しゅうせい》すること。

トランジスタ
電流を増幅《ぞうふく》したり、きりかえたりするための小さな装置《そうち》。トランジスタがあつまって集積回路をつくる。

トレッド
ロボットの車輪やキャタピラのまわりの地面と接触《せっしょく》するあつみのある部分。

ドローン
遠隔操作《えんかくそうさ》で飛ぶ無人航空機。高い知能《ちのう》や自律性《じりつせい》をもたないため、ロボットとはよべないドローンもある。

ナビゲーション
人間やロボットが現在《げんざい》位置を正確《せいかく》にしり、ルートを計画してすすむための手順。

2足歩行型ロボット
2本の脚《あし》をつかって移動《いどう》するロボット。

ネットワーク
情報《じょうほう》やデータを通信できる装置《そうち》がつながってできた集合体。サイズやレイアウトによってさまざまな種類にわけられる。

ハードウェア
コンピュータを構成《こうせい》する物理的な部分。外側のケースや、内部の電子回路などがある。

バイオニック（生体工学の）
人工的なからだの一部をもっていること。

ヒューマノイドロボット
人間をモデルにしてつくられた、顔や胴体《どうたい》をもつロボット。ヒューマノイドロボットのおおくは、頭とアーム、脚《あし》をもつ。

フローチャート
手順をブロックであらわした図。コンピュータプログラムがおこなっている作業や意思決定をしることができる。

プログラミング
コンピュータに指示《しじ》をあたえる手順を書き出す作業。

プログラミング言語
人間がコンピュータに指示《しじ》をあたえるためにつくられた、コンピュータが理解《りかい》できる言語。

プログラム
コンピュータに特定の仕事をさせるための指示《しじ》データのあつまり。

プロペラ
物体を前進させるためにつかう機械的装置《そうち》。中央の回転軸《じく》に、はばがひろいブレード（羽）が2枚以上、かたむきをつけてとりつけられている。

変換《へんかん》器
圧力《あつりょく》や光など、さまざまなエネルギーの物理量を電気信号にかえる装置《そうち》。

ポータブル
かんたんにもちはこんだり、移動《いどう》させたりできること。

ホームアシスタント
マイク、特殊《とくしゅ》なソフトウェア、インターネット接続《せつぞく》をつかい、人間の質問《しつもん》にこたえたり、指示《しじ》にしたがったりする家庭用AI。

マイク

音波をとりこんでデジタル信号に変換《へんかん》し、増幅《ぞうふく》したり、送信したり、録音したりする装置《そうち》。

マイクロコントローラ

マイクロプロセッサをふくむコントロール装置《そうち》。

マイクロプロセッサ

コンピュータのほとんどの動作をコントロールするコンピュータの心臓《しんぞう》部。CPU（中央演算処《えんざんしょ》理《り》）ともよばれる。

マシン

エネルギーで動いて作業をする人工のものや装置《そうち》。

モーター

電気を機械的な動きにかえる装置《そうち》。ロボットを動かすためにつかわれる。

モジュール（基板《きばん》）

ロボットやコンピュータの機能《きのう》的にまとまった部分。単独《たんどく》で設計《せっけい》やテストができる。いろいろなモジュールを1つにまとめて完成品ができる。

モニター

コンピュータの情報《じょうほう》を表示《ひょうじ》するためのスクリーン。

UAV

無人航空機のこと。遠隔操作《えんかくそうさ》や搭載《とうさい》コンピュータによってコントロールされる。

LiDAR（ライダー）

「光の検出《けんしゅつ》と距離《きょり》の測定《そくてい》」の略語《りゃくご》。光線をおくり、それが物体にあたったときの反射光《しゃこう》を測定《そくてい》する。LiDARをつかって周囲の物体を感知するロボットもある。

レーザー

高いエネルギー密度《みつど》の光ビームをはなつ装置《そうち》。光線そのものをさすこともある。

レーダー

「電波の検出《けんしゅつ》と距離《きょり》の測定《そくてい》」のこと。電波をおくり、物体にあたってはねかえった反射《はんしゃ》波を測定《そくてい》する。レーダーをつかって周囲の物体を検知《けんち》するロボットもある。

ローター（回転子／回転翼《よく》）

中心軸《じく》のまわりを回転するマシンの一部。おもに航空機を空中にもちあげるためにつかわれるが、ジャイロスコープにももちいられている。

ローバー（探査《たんさ》機）

とおくはなれた惑星《わくせい》へ行き、地形をしらべたり、サンプルを採取《さいしゅ》したり、測定《そくてい》をおこなったりするために設計《せっけい》されたロボット。

6足歩行型ロボット

昆虫《こんちゅう》をモデルにしてつくられた6本の脚《あし》をつかって歩くロボット。

ロボット

さまざまな作業ができるようコンピュータにプログラミングされた動くマシン。ほとんどのロボットが環境《かんきょう》を感知し、自律《じりつ》的に反応《はんのう》することができる。

ロボットアーム

コンピュータ制御《せいぎょ》された関節をもつ万能《ばんのう》型アーム。道具をつかったり、工場での作業をおこなったりする。もっともひろくつかわれているロボットの種類である。

ロボット技術《ぎじゅつ》者

ロボットの開発や研究を専門《せんもん》とする科学者や技術《ぎじゅつ》者。

ワイヤレス

ケーブルなどで接続《せつぞく》しなくても、マシンやロボットがデータを送受信できる技術《ぎじゅつ》。

INDEX さくいん

あ行

か行

さ行

た行

な行

は行

ま行

や行

ら行

わ行

ACKNOWLEDGMENTS

謝《しゃ》辞《じ》

図版クレジット

以下の図版提供者に感謝の意を表する。

（位置：a－上；b－下；c－中央；l－左；r－右；t－最上部）

1 The Ripper Group International: (c). **2-3 © Engineered Arts Limited:** (c). **4 Alamy Stock Photo:** Aflo Co. Ltd. (br). **5 Dorling Kindersley. Marsi Bionics. 6 Dorling Kindersley. Festo. 7 Dorling Kindersley. NASA:** JSC (bl). **8 Dorling Kindersley. 10-11 Alamy Stock Photo:** dpa picture alliance (c). **12 Alamy Stock Photo:** Chronicle (bl); ZUMA Press, Inc (bc). **Dorling Kindersley. Getty Images:** baranozdemir (br). **13 Dorling Kindersley. Rex by Shutterstock:** Tony Kyriacou (bl). **14 Rex by Shutterstock:** Carnegie Mellon University (tr). **Rotundus AB:** (cr). **14-15 Festo. 15 Dorling Kindersley. Getty Images:** Monty Rakusen (tl). **NASA:** JPL (cr). **16 Alamy Stock Photo:** Malcolm Park editorial (bl). **Rex by Shutterstock:** Cardiff Univeristy / Epa (cl). **16-17 Alamy Stock Photo:** World History Archive (tc). **17 123RF.com:** tomas1111 (bc). **Alamy Stock Photo:** North Wind Picture Archives (bl). **18 akg-images:** Eric Lessing (tl). **Alamy Stock Photo:** INTERFOTO (bl). **18-19 Rex by Shutterstock:** Everett Kennedy Brown / EPA (c). **19 akg-images:** (tr). **Alamy Stock Photo:** Granger Historical Picture Archive (cr). **20-21 Getty Images:** Bettmann (bc). **20 Alamy Stock Photo:** Art Collection 3 (tc). **Getty Images:** Historical (cl); Science and Society Picture Library (c). **21 Alamy Stock Photo:** Granger Historical Picture Archive (tr). **Getty Images:** Andrew Burton (tl). **22-23 Alamy Stock Photo:** Paramountn Pictures (c). **22 Alamy Stock Photo:** Chronicle (tl); World History Archive (cl). **Rex by Shutterstock:** Universal History Archive / Universal Images Group (tc). **23 Alamy Stock Photo:** AF Archive (br); Everett Collection Inc (cr). **Dreamstime.com:** Mark Eaton (tr). **24-25 Alamy Stock Photo:** Aflo Co. Ltd. (bc). **24 123RF.com:** Alexander Kolomietz (bl). **Getty Images:** The Washington Post (tl). **25 Dorling Kindersley:** Richard Leeney (bc/ball). **Marsi Bionics:** (cr). **Rimac Automobili:** (tl). **26 ABB Ltd.. Dorling Kindersley. Leka:** (cl). **NASA:** JPL (bl). **27 ASUS:** (cr). **Dorling Kindersley. Festo. Getty Images:** David Hecker (tl); Chip Somodevilla (tr). **Marsi Bionics. 28 ASUS. 29 ASUS. 30-31 Dorling Kindersley. 32-33 Courtesy of Boston Dynamics. 32 Courtesy of Boston Dynamics. 33 Courtesy of Boston Dynamics. 36-37 Marsi Bionics. 36 ReWalk Robotics GmbH:** (bl). **37 Marsi Bionics:** (tc). **38 Dorling Kindersley:** Dreamstime.com / Prykhodov (tl). **38-39 ASUS. 39 Dorling Kindersley. 40 iRobot:** (cr). **The Kobi Company:** (tl). **Pillo Inc:** (bl). **41 iRobot. 42-43 HOOBOX Robotics:** (すべて). **44-45 Anki. 44 Anki. 45 Anki. 48-49 Leka:** (タブレットを除くすべて). **48 Dorling Kindersley. 50-51 Dorling Kindersley. 52 Dorling Kindersley. 52-53 Dorling Kindersley. 53 Getty Images:** Bloomberg (bl). **54-55 Dorling Kindersley. 58-59 Getty Images:** 3alexd (c). **58 Intuitive Surgical, Inc.. 59 Intuitive Surgical, Inc.:** (br). **60 Cobalt Robotics:** Gustav Rehnby (cl, bl). **OC Robotics:** (cr). **60-61 Stanley Robotics:** (tc). **61 iRobot. Rotundus AB. Simbe Robotics Inc:** (cl). **64-65 Dorling Kindersley:** (すべて). **66-67 Dorling Kindersley. 68-69 Dorling Kindersley. 70-71 Dorling Kindersley. 72-73 Piaggio Fast Forward:** (すべて). **76-77 Dorling Kindersley. 76 Dorling Kindersley. Getty Images:** David Hecker (tl). **78-79 Dorling Kindersley. 80-81 Matthew Shave for Stylist Magazine:** (c). **81 Rex by Shutterstock:** Ken McKay / ITV (crb). **Matthew Shave for Stylist Magazine. 82 © Engineered Arts Limited:** (bl). **Swisslog Healthcare:** (tl). **Waseda University., Tokyo, Japan:** Atsuo Takanishi Lab. (c). **83 Compressorhead:** (tl). **Rex by Shutterstock:** Aflo (c, br). **Toyota (GB) PLC:** (bl). **84-85 ABB Ltd.:** (c). **84 Getty Images:** AFP (bl). **85 Getty Images:** Haruyoshi Yamaguchi / Bloombert (br). **86-87 Moley Robotics:** (すべて). **88-89 Dorling Kindersley. 90 Dorling Kindersley. 90-91 Dorling Kindersley. 91 Getty Images:** BSIP / Universal Images Group (tc). **92-93 Dorling Kindersley. 94-95 MegaBots, Inc:** (c). **94 MegaBots, Inc. 96 Dorling Kindersley. 96-97 Dorling Kindersley. 97 AIST:** (tr). **Rex by Shutterstock:** APA-PictureDesk GmbH (br). **98-99 Festo. 100-101 Farady Future. 100 Farady Future. 101 Farady Future. 102-103 Festo. 104-105 Teddy Seguin:** © Osada / Seguin / DRASSM (c). **105 Teddy Seguin:** © Osada / Seguin / DRASSM (br). **108-109 Festo. 109 Festo. 110-111 Festo:** (c). **112-113 Harvard John A. Paulson School of Engineering and Applied Sciences:** (すべて). **114 Courtesy of Boston Dynamics:** (cl). **Johns Hopkins University Applied Physics Laboratory:** (br). **SRI International:** (tr). **115 National Oceanography Centre, Southampton:** (tc). **RSE:RobotsISE.org. Stanford News Service. :** Linda A. Cicero (br). **116-117 Festo:** (すべて). **120-121 Eelume AS:** (すべて). **122-123 Eelume AS. 124-125 Festo. 128 Harvard John A. Paulson School of Engineering and Applied Sciences. 128-129 Harvard John A. Paulson School of Engineering and Applied Sciences. 129 Harvard John A. Paulson School of Engineering and Applied Sciences. 130-131 NASA:** JSC (c). **132-133 NASA:** JPL (c). **133 NASA:** JPL (c). **136-137 The Ripper Group International:** (c). **136 The Ripper Group International. 138-139 HANKOOK MIRAE TECHNOLOGY, www.k-technology.co.kr. 138 Getty Images:** Chung Sung-Jun (ca). **HANKOOK MIRAE TECHNOLOGY, www.k-technology.co.kr:** (tl). **140 Lockheed Martin:** (tr). **Massachusetts Institute of Technology (MIT):** Underworlds is a project by the MIT Senseable CIty Lab and Alm Lab (cl, c, bc). **USC Institute for Creative Technologies:** (br). **141 Farshad Arvin:** (bc). **DVIDS:** Sgt Cody Quinn (tr). **142-143 Sarcos:** (すべて). **144-145 Carnegie Mellon University. 146-147 Carnegie Mellon University:** (c). **150-151 NASA:** JSC (c). **150 NASA:** JPL (br)

その他の図版 © Dorling Kindersley
参考情報：**www.dkimages.com**

【翻訳者】

喜多 直子（きた なおこ）

和歌山県出身。訳書に『サファリ』『ダイナソー』（大日本絵画）、『名画のなかの猫』『ファット・キャット・アート』（エクスナレッジ）、『まぎらわしい現実の大図鑑』（東京書籍）、『アレックス・ファーガソン 人を動かす』（日本文芸社）、『レアル・マドリードの流儀』（東邦出版）などがある。

【翻訳協力】

榊原 久司（さかきはら ひさし）

株式会社トランネット http://www.trannet.co.jp/

未《み》来《らい》を変《か》えるロボット図《ず》鑑《かん》

2019年9月20日　第1版第1刷発行

監修者　ルーシー・ロジャーズほか
著　者　ローラ・ブラーほか
訳　者　喜多直子
発行者　矢部敬一
発行所　株式会社 創元社
https://www.sogensha.co.jp/
〔本社〕
〒541-0047　大阪市中央区淡路町4-3-6
Tel. 06-6231-9010　Fax. 06-6233-3111
〔東京支店〕
〒101-0051　東京都千代田区神田神保町1-2 田辺ビル
Tel. 03-6811-0662
組版・装丁　HON DESIGN

 ISBN978-4-422-50001-0 C0050